国家棉花市场监测系统

- 国家电子政务工程重点项目
- 中国棉花行业市场监测与信息发布权威渠道
- 中储棉花信息中心有限公司承担建设与运行管理任务

国家棉花市场监测系统是国家为满足棉花市场宏观调控决策需要而专门批准设立的棉花市场监测体系,是国家重点电子政务工程建设项目之一,主要职能是"满足棉花市场宏观调控决策需要,正确引导国内棉花生产和消费"。

国家棉花市场监测系统(下称"监测系统")依托覆盖全国主要棉花产销区的全产业链立体化监测网络体系开展监测工作。目前监测网络体系包括国家棉花监测网络信息中心(即中储棉花信息中心)、区域办事处、监测站和农户监测点四个层次,年数据采集量超过30万条,年发布相关监测报告120余份。

依托国家棉花市场监测系统产出的监测成果包含"棉花价格指数""专项调查报告""市场分析报告"三大类和一个国家棉花数据中心(产业数据库),为政府决策提供科学依据,正确引导国内棉花生产和消费发挥了重要作用。其中,国家棉花价格指数是国家研究实施棉花产业宏观调控政策的重要参考,是中央储备棉轮换底价的重要组成部分,监测系统上报的政策建议、数据报表、行业信息等历年来均得到国家有关部门的肯定和运用,近年来通过集团上报的信息数据多次被中共中央办公厅和国务院办公厅采用。

国家棉花数据中心是依托国家棉花市场监测系统建立的官方数据库,主要为满足棉花市场宏观调控决策需要,同时服务好涉棉企业。汇聚和融入了监测系统多年的研究成果,收录了国内外涉棉产业链各个环节海量一手数据,具有时间跨度长(从1949年的棉花产销存数据开始到最新的各类数据)、覆盖范围广(包括国内外涉棉行业价格、国内外涉棉行业产需数据、国内外宏观经济数据等三大板块70多类数据,近千万条历史数据)、时效性强(实时数据能够每日同步更新)的独特优势,为国家相关部门和行业研究者随时了解掌握国内外市场最新形势和相关数据提供便捷服务,切实发挥大数据的动态分析与趋势预测作用。

地址:北京市石景山区京原路19号中储粮油脂大厦11层　　网址:http://www.cncotton.com

中国储备棉管理有限公司（简称中储棉公司）成立于2003年，总部位于北京，是执行国家宏观调控政策的国有独资公司，2016年11月整体并入中储粮集团公司，成为中储粮集团全资专业化子公司。中储棉公司具体负责中央储备棉的经营管理，承担中央直属棉花储备库建设任务，履行保护棉农利益、保障纺织供应、稳定棉花市场的职责。目前，中储棉公司下辖26家直属企业，其中仓储类企业20家，非仓储类企业2家，在建4家。中储棉公司自成立以来，认真落实国家下达的宏观调控任务，有效平衡了国内棉花产需供求，平稳了棉花市场价格，为国家供给侧结构性改革作出积极贡献，促进了棉花及纺织产业持续健康发展。

经营范围
BUSINESS SCOPE

中央储备棉的购销、储存、加工；进出口业务；仓储设施的租赁、服务；棉花储备库的建设、维修、管理；以及相关的信息咨询服务。

经营宗旨
BUSINESS AIM

严格执行国家下达的各项调控政策。确保中央储备棉数量真实、质量良好、储存安全、调运畅通，确保中央储备棉储得进、管得好、调得动、用得上，维护国家利益，服务宏观调控；强化管理，搞活经营，不断提高中央储备棉的经营管理水平和经济效益，确保国有资产保值增值。

全资子公司
SUBSIDIARY COMPANY

中储棉阜阳有限公司	中储棉兰州有限公司	中储棉菏泽有限责任公司
中储棉徐州有限公司	中储棉盐城有限公司	华远盈盛有限公司
中储棉九江有限公司	中储棉漯河有限公司	中储棉永安有限公司
中储棉绍兴有限公司	中储棉花信息中心有限公司	中储棉（南通）有限公司
中储棉西安有限公司	中储棉德州有限责任公司	中储棉山东诸城有限公司
中储棉武汉有限公司	中储棉阿克苏有限公司	中储棉新疆（乌鲁木齐）有限责任公司
中储棉岳阳有限公司	中储棉四川有限责任公司	中储棉新乡有限公司
		中储棉连云港有限公司

控股子公司
HOLDING COMPANY

天津中储棉有限公司　　中储棉青岛有限公司
中储棉广东有限责任公司　　中储棉库尔勒有限公司

地址：北京市西城区华远街17号
邮编：100032
电话：010-83326505

中储棉花信息中心有限公司
CHINA NATIONAL COTTON INFORMATION CENTER LTD. COMPANY

ABOUT
CNCIC
中储棉花信息中心有限公司

专注于提供世界一流的棉花综合信息服务

Devote to provide world's first-rate integrative cotton information service

中储棉花信息中心有限公司是中国储备棉管理有限公司的全资子企业，成立于2004年，主要业务是建设和维护国家棉花市场监测系统，为国家有关部门棉花宏观调控决策提供信息参谋服务，同时为国内外涉棉企业提供市场信息、专业咨询等服务。

信息中心全体员工始终坚持"共享价值，创新未来"的企业价值观，秉承"志向高远、脚踏实地、朝气蓬勃、胸怀宽广、勇担责任、务实创新"的企业精神，专注于提供世界一流的棉花综合信息服务。

我们的产品

· 研究报告
· 数据中心
· 网站信息
· 行业书籍
· 棉花电子地图
· 广告宣传
· 短信资讯

联系人：于经理
010-83020101

地址：北京市石景山区京原路19号中储粮油脂大厦11层

ABOUT CNCOTTON
中国棉花网

及时、准确、全面、权威
Timely，Accurate，Comprehensive，Authoritative

中储棉信息中心微信订阅号

中国棉花网APP

中国棉花网是中储棉花信息中心有限公司直属网站，创建于1999年5月。作为中国棉花行业颇具影响力的垂直门户网站之一，中国棉花网始终秉承"及时、准确、全面、权威"的服务宗旨，以"服务国家宏观调控、服务广大会员、服务涉棉企业"为指导思想，开拓创新，砥砺前行。通过二十年的服务与运行，逐步建立了以"中国棉花网"为主的信息发布矩阵和新媒体宣传阵地（包括中国棉花网APP、小程序、微信公众号、头条号、同花顺号、微视频等），网站有效注册会员累计超过6万家，信息年均浏览量超过500万+。

国家棉花数据中心是中储棉信息中心、国家棉花市场监测系统自主研发的大型数据终端，主要在满足棉花市场宏观调控决策需要的基础上，更好地服务涉棉企业。综合运用智能监测，涵盖了宏观经济数据、行业产需数据、市场价格数据、个性化分析等内容，展现了国内外棉花全产业链各环节数据，包含棉花价格指数体系、棉纱价格、植棉面积、棉花历史产量、消费量、库存量、进出口等重要数据。

中国棉花网的优势：

※ 及时的资讯服务，让您对棉花市场的大小事件一览无余
※ 国家棉花价格指数、国际棉花指数和郑棉期货价格，让您随时洞悉行情变幻
※ 提供国内主要地区现货价格行情，助您及时把握市场风云
※ 全面的国内、国际涉棉行情信息，帮您实现一"网"打尽
※ 深入的棉花市场分析预测，为您提供决策参考
※ 大型的棉花专业统计数据库，为您的分析研究提供第一手数据
※ 广泛的棉花市场监测网络体系，使棉花专业资讯服务物超所值
※ 权威的专业机构和专家队伍，是资讯服务的强大后盾
※ 领先的技术与不断创新的能力，是保持专业水准的坚实基础

中国棉花网联系电话：010-83020101

理事长单位：

中国储备棉管理有限公司

副理事长单位：（以下排名不分先后）

中储棉漯河有限公司
中储棉岳阳有限公司
中储棉武汉有限公司
中储棉徐州有限公司
中储棉青岛有限公司
中储棉绍兴有限公司
中储棉德州有限责任公司
中储棉菏泽有限责任公司
华远盈盛有限公司

编委会

主　　任 / 廉凤国

副主任 / 沈　澎　潘　娜　胡建军　刘克曼　彭　磊　许阳晴　黄　旭　张祥发　陈学聪　姚　莉　常　明

委　　员 / 焦志刚　王　磊　翟雪玲　史书伟　徐潇源　陈　丽

编辑部

主　　编 / 焦志刚

副主编 / 王　磊

执行主编 / 裴　婷

编　　辑 /（按姓氏拼音排序）

何银官　韩希婧　贾小凡　李　伟　林　叶　陆　瑶　卢　平　孙自强　魏　倩
王彦章　王力生　王晓蓓　郗　今　徐　敏　杨　肪　张云云　张共伟　张　露
张建华　张岩岩

发行部

主　　任 / 焦志刚

副主任 / 王　磊

成　　员 / 袁　罡　王　伟

2022/2023
中国棉花年鉴

CHINA COTTON ALMANAC

中储棉花信息中心有限公司

中国出版集团
中译出版社

前 言

2022/2023年度，在乌克兰危机持续、多国央行继续收紧货币政策等多重负面因素叠加的影响下，全球经济仍处于不稳定状态，中国经济彰显强大韧性，总体保持回升向好态势。我国棉花种植面积、产量双下降，资金借机入场炒作，棉花价格震荡上涨，随着国家宏观调控政策出台及新棉供应增加，棉花价格逐步回落并趋于稳定。下游市场受需求不足、成本传导压力大等因素影响，棉纺织企业经营持续承压。《中国棉花年鉴2022/2023》全面系统客观地反映了2022/2023年度中国棉花市场运行情况，主要涵盖行业发展概况、主要产棉省区概况、年度报告、监测报告、统计资料、大事记、政策文件和附录等八个部分。

《中国棉花年鉴》（以下简称《年鉴》）是集中反映棉花行业年度发展与趋势的工具书，《年鉴》集权威性、史实性、研究性、收藏性为一体，主要面向国内外棉花加工流通、纺织企业、金融与投资、贸易与咨询、科研与教育机构以及各级政府管理部门和行业社团组织发行。

本书涉及大量统计数据和史实资料，总体上按照棉花年度计算（2022年9月1日至2023年8月31日）。除国家棉花市场监测系统外，统计数据主要来源于国家统计局、棉花主产省（市、自治区）统计局、中国海关总署、中国纺织品进出口商会、郑州商品交易所、美国农业部（USDA）、国际棉花咨询委员会（ICAC）和美国洲际交易所（ICE）等相关机构。

为增强可读性，我们在编写过程中对部分数据进行了二次整理，相应部分的原始数据以原出版单位为准，年度报告中所涉及的数据、资料、观点均由文章作者提供，政策文件部分均采用相关部门的政策原文，未标明来稿单位的文章均由《年鉴》编辑部编撰。

在编写过程中，相关部门给予我们大力支持，各相关单位、地方有关机构也给予了热情帮助，我们在此表示诚挚的感谢。

由于编写时间较紧，书中难免有不足之处，望各位读者不吝赐教，我们将认真改进，把《年鉴》做得更好，为推动中国棉花行业发展贡献微薄之力。

《中国棉花年鉴》编委会

2024年1月

目录

第一部分　行业发展概况

行业运行概况	003
棉花生产	004
棉花收购	004
棉花加工	005
棉花消费	005
棉花库存	008
棉花价格	009
棉花进出口	011
国际市场	013

第二部分　主要产棉区概况

新疆维吾尔自治区	021
新疆生产建设兵团	023
山东省	024
河北省	028
江苏省	030
江西省	032
湖南省	034
浙江省	035

第三部分　年度报告

2022/2023年度中国棉花生产形势分析	041
2022/2023年度中国棉花加工行业运行现状	045

2022/2023 年中国棉纺织行业经济运行状况分析　　　　　　　　　　　　　　048
2022/2023 年度郑州棉花期货市场运行情况　　　　　　　　　　　　　　054
2022/2023 年度全球棉花和纺织市场报告　　　　　　　　　　　　　　　061
2022/2023 年度储备棉轮入情况概述　　　　　　　　　　　　　　　　　072

第四部分　监测报告

2022 年中国植棉意向同比增加 1.8%　　　　　　　　　　　　　　　　　077
2022 年中国棉花实播面积同比增加 2.5%　　　　　　　　　　　　　　　078
2022 年中国棉花长势调查报告（6 月）　　　　　　　　　　　　　　　　080
2022 年中国棉花长势调查报告（8 月）　　　　　　　　　　　　　　　　088
2022 年中国棉花产量调查报告　　　　　　　　　　　　　　　　　　　　095

第五部分　统计资料

棉花生产　　　　　　　　　　　　　　　　　　　　　　　　　　　　　099
表 5-1　　1978—2023 年中国棉花生产情况表　　　　　　　　　　　　　099
表 5-2　　2022/2023 年度分省棉花生产情况表　　　　　　　　　　　　100
表 5-3　　2022/2023 年度山东省棉花生产情况表　　　　　　　　　　　101
表 5-4　　2022/2023 年度河南省棉花生产情况表　　　　　　　　　　　102
表 5-5　　2022/2023 年度河北省棉花生产情况表　　　　　　　　　　　103
表 5-6　　2022/2023 年度天津市棉花生产情况表　　　　　　　　　　　103
表 5-7　　2022/2023 年度陕西省棉花生产情况表　　　　　　　　　　　104
表 5-8　　2022/2023 年度江苏省棉花生产情况表　　　　　　　　　　　104
表 5-9　　2022/2023 年度安徽省棉花生产情况表　　　　　　　　　　　105
表 5-10　 2022/2023 年度湖北省棉花生产情况表　　　　　　　　　　　105
表 5-11　 2022/2023 年度湖南省棉花生产情况表　　　　　　　　　　　106
表 5-12　 2022/2023 年度江西省棉花生产情况表　　　　　　　　　　　107
表 5-13　 2022/2023 年度甘肃省棉花生产情况表　　　　　　　　　　　107

棉花购销　　　　　　　　　　　　　　　　　　　　　　　　　　　　　108
表 5-14　 2022/2023 年度中国棉花收购、加工与销售进度统计表　　　108

棉花价格　　　　　　　　　　　　　　　　　　　　　　　　　　　　　110
表 5-15　 2022/2023 年度国家棉花价格指数月平均价格表　　　　　　110
表 5-16　 2022/2023 年度国家棉花价格指数及中国棉花收购价格指数日价格表　　111
表 5-17　 2022/2023 年度国内各等级棉花分月价格表　　　　　　　　121

表 5-18	2022/2023 年度中国主要地区棉花价格表	121
表 5-19	2022/2023 年度中国棉花收购价格指数月均值表	124
表 5-20	2022/2023 年度中国主要地区籽棉收购折皮棉成本月平均价格表	125
表 5-21	2022/2023 年度内地与新疆棉籽月均价对比表	126
表 5-22	2022/2023 年度中国棉花、纯棉纱及涤纶短纤月平均价格表	126
表 5-23	2022/2023 年度郑州棉花期货主力合约日交易量价统计表	128
表 5-24	2022/2023 年度郑州棉花期货与现货月平均价格表	138
表 5-25	2022/2023 年度国内外现货月平均价格对比表	139
表 5-26	2022/2023 年度国际棉花指数日价格表	140
表 5-27	2022/2023 年度国际期、现货月平均价格对比表	148
表 5-28	2022/2023 年度ICE棉花期货近月合约日结算价格表	149

花纱布进出口   153

表 5-29	2022/2023 年度中国棉花进口分国别统计表	153
表 5-30	2022/2023 年度中国棉花出口分国别和地区统计表	154
表 5-31	2022/2023 年度棉花进口分月统计表	155
表 5-32	2003/2004 年度以来进口棉占中国用棉总量比例表	155
表 5-33	2022/2023 年度棉纱进出口分月统计表	156
表 5-34	2022/2023 年度棉布进出口分月统计表	157
表 5-35	2022/2023 年度纺织品服装出口额分月统计表	157

棉花消费   158

| 表 5-36 | 2022/2023 年度全国纺织生产分月统计表 | 158 |

中国棉花产销存预测   159

| 表 5-37 | 2001/2002 年度以来国内棉花产销存预测与价格对比表 | 159 |

全球棉花产销存预测   163

表 5-38	2003/2004 年度以来全球棉花产销存预测表	163
表 5-39	2003/2004 年度以来主要国家棉花产量预测统计表	167
表 5-40	2003/2004 年度以来主要国家棉花消费量预测统计表	169
表 5-41	2003/2004 年度以来主要国家棉花进口量预测统计表	172
表 5-42	2003/2004 年度以来主要国家棉花出口量预测统计表	174
表 5-43	2003/2004 年度以来主要国家棉花期末库存预测统计表	176
表 5-44	2022/2023 年度主要国家棉花产销存预测表	178
表 5-45	2003/2004 年度以来全球棉花种植面积和单产统计表	179
表 5-46	2013/2014 年度以来ICE期货近月合约均价与美棉出口量对比表	180
表 5-47	2022/2023 年度美棉出口装运量分月统计表	181

第六部分　大事记

国内棉花	185
国际市场	186
纺织市场	187
宏观经济	188

第七部分　政策文件

2023年粮棉进口关税配额申请和分配细则的公告	195
商务部海关总署关于公布《进口许可证管理货物目录（2023年）》的公告	198
商务部海关总署关于公布《出口许可证管理货物目录（2023年）》的公告	204
《2023年农产品进口关税配额再分配公告》	232
关于2023年中央储备棉销售的公告	237
关于发布《2023年中央储备棉销售竞价交易办法》的公告	238
关于发布《2023年中央储备棉销售实施细则》的公告	244
关于停止《2023年中央储备棉销售》的公告	248
中华人民共和国国家发展和改革委员会公告	269
关于完善棉花目标价格政策实施措施的通知	271
新疆生产建设兵团2023—2025年棉花目标价格政策实施方案	272

第八部分　附　件

附录1　国内主要涉棉机构通讯录	279
附录2　国内主要棉花纤维检验机构	280

行业发展概况

第一部分

行业运行概况

2022/2023年度（2022年9月1日至2023年8月31日），在外部环境方面，美欧加息给全球经济带来诸多风险，俄乌冲突导致全球经济格局改变，我国经济恢复面临内需动力不足问题；在纺织市场方面，整个行业总量规模下滑，负重前行；在棉花行业方面，国内外棉花供应状况明显好转，国内棉价先抑后扬，国外棉价走势偏弱。

全球经济增速明显放缓。 2023年以来，为应对通胀问题，美欧延续货币紧缩政策，导致银行流动性风险频发，一些银行接连宣布巨亏或破产，市场信心受挫。国际评级机构惠誉在8月初将美国长期外币发行人违约评级从AAA下调至AA+。此外，由于俄乌冲突仍在持续，欧洲经济局势愈发令人担忧。标普公司欧元区综合采购经理人指数（PMI）从7月的48.6降至8月的47（PMI指数低于50荣枯线表示经济衰退），创下2020年11月以来的最低水平。据国际货币基金组织（IMF）预测，2023年全球各国国内生产总值（GDP）增幅3%，增速同比下降0.5个百分点。

我国经济走势呈现出V形。 2022年中国国内生产总值（GDP）同比增长3%，比年度增速目标低2.5个百分点。总体来看，经济走势呈现出V形。一季度中国经济平稳开局，国民经济稳定增长，GDP同比增长4.8%；二季度受国内疫情反复的影响，经济受冲击较大，但随着国内稳增长措施密集出台，经济实现了正增长；三季度国内疫情对宏观经济的扰动再现，国内外需求偏弱，为了应对经济下行压力，各项稳增长政策再度加码，助力国内经济基本面持续修复；四季度随着疫情防控政策转变迎来感染高峰，国内消费和生产受到较大影响，加剧宏观经济波动，经济增速再度放缓，同比增长2.9%。

全球棉花供应由产不足需转变为供应宽松。 据国际棉花咨询委员会（ICAC）数据显示，2022/2023年度全球棉花产量2 484万吨，同比减少41万吨；消费量2 368万吨，同比减少216万吨；产量高于消费量116万吨，与2021/2022年度产量低于消费量59万吨的情况相比，由产不足需转变为供应宽松。

我国棉花供应紧张状况有所缓解。 据国家棉花市场监测系统数据，2022/2023年度我国棉花产量672万吨，同比增加92万吨；消费量770万吨，同比增加40万吨；产量低于消费量98万吨，与2021/2022年度产量低于消费量150万吨的情况相比，供应紧张状况有所缓解。

国内棉价走势整体强于国际棉价。 2023年3月至8月，国内棉价持续上涨，国际棉价以箱体震荡为主，内外棉价差由大幅倒挂逐步恢复至正常状态。截至2023年8月31日，国家棉花价格B指数为18 150元/吨，较2022年9月1日上涨2 153元/吨，涨幅13.5%；国际棉花M指数折人民币价格为17 190元/吨（含关税1%、增值税9%，不含港杂费），较2022年9月1日下跌4 889元/吨，跌幅22.1%；内外棉价差为960元/吨，与2022年9月1日–6 082元/吨的价差形成鲜明对照。

棉花生产

2022年度全国天气基本正常，春播时风调雨顺，夏季部分产棉区出现了高温天气，影响棉花正常发育。其中新疆大部分棉区气温高于往年正常水平，对棉花生长造成了一定影响，导致亩均产量小幅下降；黄河流域棉花面积下降较多，阶段性干旱和降雨不利于棉花生长，导致单产和总产有所下降；长江流域天气基本正常，棉花总产略有增加。

据国家棉花市场监测系统调查，2022年度新疆棉花单产受到一定影响，但在面积增加的情况下，总产量同比略有增加。具体原因如下：一是2022年国家继续在新疆实施棉花目标价格补贴政策，坚定了新疆棉农的植棉信心；二是2022年国内棉花价格处于高位，棉花种植收益明显增加，植棉积极性提高；三是随着南疆棉花机械化生产率提高，部分分散的土地破梗重新整合，棉花播种面积进一步增加。

2022年度黄河流域棉花种植总面积427.1万亩，同比下降6.4%；长江流域棉种植总面积260.4万亩，同比下降0.2%，黄河流域和长江流域棉花播种面积均下降且降幅进一步收窄的主要原因如下：一是内地棉花机械化率较低，人工种植采摘成本相对较高，加上农资价格大幅上涨，植棉收益下降，棉农种植积极性下降；二是2021年度以来粮食价格大幅上涨，部分棉农倾向种粮；三是新疆棉花补贴水平未在内地实行，棉农植棉意愿较低，内地棉花播种面积持续呈现下降态势。随着棉价上升至11年来高位，内地棉农植棉信心有所恢复，植棉积极性提高，致使内地棉花播种面积降幅显著收窄。

棉花收购

2022年新棉收购行情呈现出"V"字形走势，先是收购价格跟随期货价格不断创新低，随后触底反弹收复前期跌幅并逐步回归到较为正常的棉花价格，出现这样的走势主要有以下三方面原因：

一是2021年棉花加工收购企业持续抬价抢收，导致籽棉收购价格一度涨至11元/千克以上，部分加工企业的新棉成本在25 000元/吨以上，但同期期货价格最高接近23 000元/吨，期货市场一直未能给予棉花企业套保空间。2022年6月开始，郑棉期货价格开始大幅下跌，期货价格从22 000元/吨跌至12 270元/吨，多数未套保轧花企业亏损严重。在2022年度新棉收购时，新疆轧花企业一方面背负了上一年度的巨额债务压力，另一方面新疆发放贷款的银行鉴于上一年度轧花企业亏损严重，收购面临巨大风险，纷纷加大了贷款资金使用监管力度，尤其对籽棉收购价格监管更趋严格，很大程度上防止再次出现企业无序抬价的风险。

二是2022年籽棉收购时期，疫情给新疆地区籽棉交售、加工、销售带来影响，部分地区缺少采棉机棉农无法实现跨区域交售，轧花企业无法正常收购和加工等。此外，由于上年度亏损严重，加之收购时期遇到的各种困难和问题，轧花企业收购积极性低。

三是籽棉收购期间郑棉期货价格连续下跌，导致籽棉收购价格一路跟随走低,在收购高峰期,期货价格最低跌到 12 000 元／吨。由于这一价格严重脱离了棉花供需基本面和棉花价值,加之国家轮入新疆棉稳定棉市,郑棉期货价格随即连续反弹,并在收购末期站上了 15 000 元／吨。2022 年,在综合因素影响下,轧花企业低价收购高价售卖,打了一场翻身仗,很大程度上缓解了企业上一年度的债务压力。

综上,在这样的棉花生产大背景下,2022 年新疆籽棉收购价格最终呈现"V"字反转走势。

棉 花 加 工

2022/2023 年度棉花加工技术现状及发展趋势。 一是棉花加工热能回收技术初步改善了生产作业环境,有效减少了设备故障率、提高了生产效率;二是国产机械采摘技术大幅提升了棉花机械化采收率;三是棉花质量追溯技术快速推动了质量补贴政策落地;四是棉花异性纤维清理技术取得较大突破,为我国棉花加工异性纤维识别剔除技术的发展与进步提供了较好的示范效应。

2022/2023 年度棉花加工企业经营效益情况及结构变化。 受棉花目标价格补贴、种植结构调整等多重因素影响,棉花加工企业经营效益不确定性增强,棉花加工经营风险增大。一是棉花种植结构调整影响棉花加工经营布局;二是棉花期货震荡运行加剧棉花加工经营风险。

2022/2023 年度棉花加工设备销售变化情况。 受冰雹、高温等极端天气、棉花期货市场震荡、棉纺织出口受阻等棉花产业多重不确定性因素影响,棉花加工企业经营信心不足,棉花加工技术改造持续低迷,棉花加工设备销售依旧处于低位,主要集中在提质增效、质量追溯、通风除尘等方面的技术改造与设备销售。一是棉花智能化加工集成示范初见成效,实现了棉花加工过程质量监测与调控;二是棉花质量追溯政策推动技术与装备发展;三是棉花新型通风除尘技术与装备应用推广,将进一步优化棉花加工工艺,推动通风除尘技术水平提升。

2022/2023 年度,我国棉花加工行业发生了较大的变化,政策的新调整、技术的新突破、经营的新变数等等,均需要行业不同环节的参与者发挥能动性,通力合作,确保棉花加工可持续、高质量发展。建议:一是加大政策引导,有序推动采棉机优化升级。二是优化棉花目标价格补贴政策,确保棉花产业安全。三是加大棉花质量追溯与调控技术示范,着力提升棉花加工质量。

棉 花 消 费

棉花消费量小幅增长。 2022/2023 年度,国内社会生活逐步恢复常态化带动纺织消费有所好转,但棉纺产品出口持续承压,棉花消费总体实现弱复苏状态。根据国家棉花市场监测系统数据,2022/2023 年度我国棉花消费量 770 万吨,同比增长 5.48%。

棉花消费集中于沿海沿江地区。 国家统计局数据显示,2022/2023 年度,福建省纱产量 469.6 万吨,

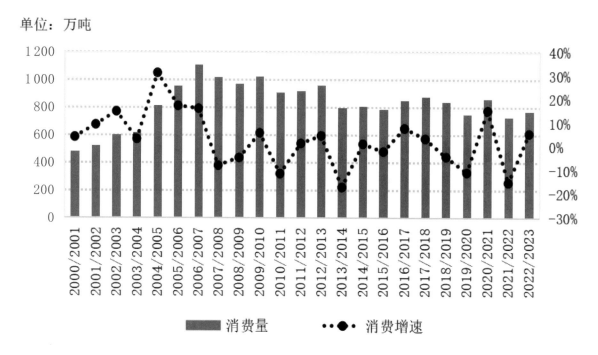

图 1-1　2000/2001—2022/2023 年度我国棉花消费量及同比增幅

连续五年居全国首位，占全国纱产量的 19.1%。山东省稳居全国第二位，产量 368.2 万吨，占比由上年度 13% 上升至 15%。江苏省纱产量 299.6 万吨，由上年度第五位上升至第三位。湖北省纱产量 284.0 万吨，从上年度全国第三位下降到第四位。整体来看，2022/2023 年度，全国纱产量排名前四的省份产量占比 58.0%，同比上升 1.2 个百分点。

表 1-1　2022/2023 年度我国主要地区纺纱产量及占比情况

单位：万吨

排名	地区	纱产量	占比（%）
1	福建	469.6	19.1
2	山东	368.2	15.0
3	江苏	299.6	12.2
4	湖北	284.0	11.6
5	新疆维吾尔自治区	207.3	8.5
6	河南	199.8	8.1
7	浙江	143.1	5.8

续表

排名	地区	纱产量	占比（%）
8	江西	122.3	5.0
9	湖南	100.8	4.1
10	四川	65.1	2.7
11	安徽	55.6	2.3
12	河北	47.9	2.0
13	陕西	33.2	1.4
14	广东	26.1	1.1
15	宁夏	10.9	0.4

数据来源：国家统计局。

纺织品服装内销增长、出口减少。 随着国内疫情防控措施优化和稳增长、稳预期政策陆续出台，经济运行出现积极变化，纺织市场产销形势好于上年。据国家统计局数据，2022/2023年度我国服装鞋帽、针、纺织品类零售额13 844.6亿元，同比增加366.1亿元，增幅2.72%。海外高通胀高利率背景下经济下行压力增加，居民消费需求持续受到抑制，同时美国对涉疆产品实施禁令使我国纺织品服装出口压力进一步加大。据海关总署数据统计，2022/2023年度我国纺织品服装累计出口额为3 029.4亿美元，同比减少348.2亿美元，减幅10.3%。

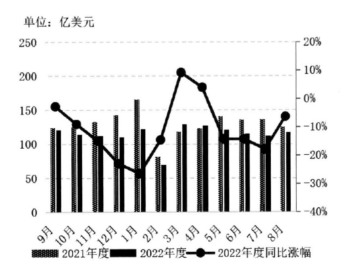

图1-2 2022/2023年度我国服装鞋帽、针、纺织品类零售额变化

（来源：国家统计局）

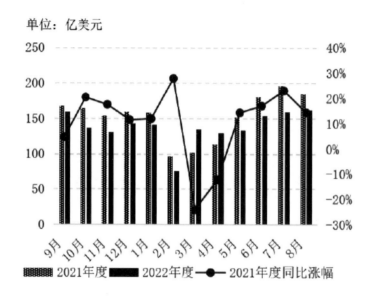

图1-3 2022/2023年度我国纺织品服装出口额变化

（来源：海关总署）

棉花库存

棉花产量大幅增加导致库存增加。 根据国家棉花市场监测系统对中国棉花产销存的预测，2022/2023年度我国棉花期初库存528.74万吨，同比增加3.95%；棉花产量671.9万吨，同比增加15.82%；期末库存571.29万吨，同比增加8.05%；库存消费比74.02%，同比增加1.87个百分点。

纺织企业棉花库存保持低位。 2022年国内疫情防控形势仍较严峻，生产、消费、物流均受到较大抑制，年底疫情防控措施调整带动市场信心增强，纺织企业少量备货，春季家纺市场回暖对纺织企业补充棉花库存起到一定提振作用，但纺织订单总体表现平淡，清明节过后市场活跃度进一步降温，棉纱累库现象有所显现。此外，全球终端贸易商服装库存高企，美国涉疆产品禁令的影响持续发酵，国内纺织品服装出口美欧市场被要求溯源增多，纺织企业对承接国际订单的形势持谨慎偏悲观的态度。以上多重因素导致纺织企业采购原料棉花节奏保守，多坚持随用随采的方式。国家棉花市场监测系统监测数据显示，截至2023年8月底，全国纺织企业棉花库存折天数为28.3天（含到港进口棉数量），推算全国棉花工业库存约59.7万吨，同比下降6.7%。

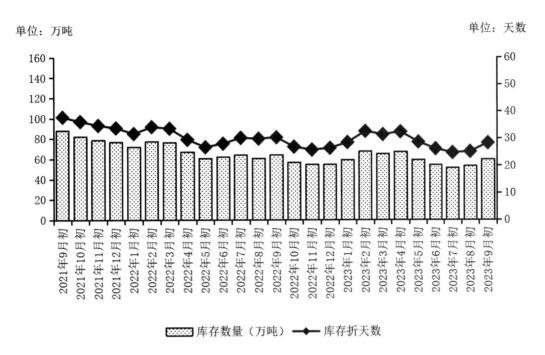

图 1-4　2021—2023 年度我国棉花库存量变化

棉 花 价 格

国内皮棉价格逐步回升。 2022/2023 年度，受疫情影响，新疆棉花采摘受限，新棉上市也有所推迟。收购初期籽棉收购价格先涨后跌，在收购稳步展开后价格从 5.66 元/千克缓慢上涨至最高 6.2 元/千克左右，较上年度大幅下降。国内下游纺织市场在年度初期较为低迷，棉花价格承压下行，国家棉花价格 B 指数跌至年度最低 14 920 元/吨。2022 年 12 月国内疫情防控措施优化调整后，业内对国内消费恢复的信心增强，然而 2023 年纺织市场"金三银四"表现不及预期，棉花价格上涨后有所回落。4 月之后在棉花种植面积下滑、极端天气、棉花商业库存紧张、籽棉抢收预期等轮番炒作下，国内棉花价格持续上涨。为保障纺织企业用棉需要，国家有关部门加大宏观调控力度，于 7 月中下旬先后发布销售中央储备棉和增发 75 万吨棉花进口滑准税配额公告，棉花价格上行趋势渐缓。截至 2023 年 8 月底（棉花年度结束时），国家棉花价格 B 指数上升至 18 150 元/吨的年度最高点。

内外棉价差由负转正。 2022/2023 年度，国内消费温和复苏，棉纺织企业原料需求回升，叠加棉花减产担忧加重，国内棉价总体呈上涨态势。国际市场受通胀压力持续、美欧激进加息、金融市场风险隐忧不断等影响，消费延续偏弱局面，国际棉花价格承压运行，导致国内棉价走势整体强于国际棉价。内外棉花价差不断回缩，至 2023 年 5 月前后逐步由负转正，扭转了长达 14 个月的倒挂局面。截至 2023 年 8 月底（棉花年度结束时），国际棉花指数（M）1% 关税折人民币进口成本为 17 190 元/吨（不含港杂费和运输费），较国家棉花价格 B 指数低 960 元/吨。

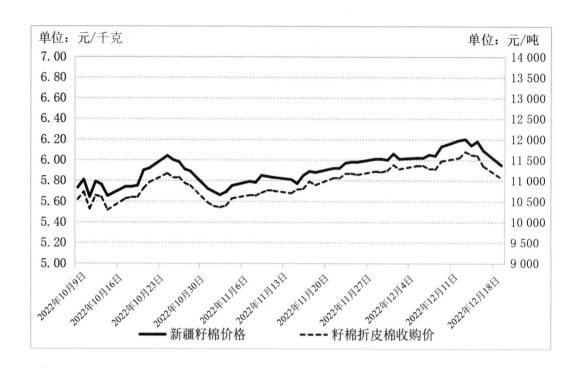

图 1–5 2022/2023 年度新疆棉花收购价格走势①

① 图 1–5 籽棉价格为白棉 3 级，籽棉折皮棉为平均收购成本（不含加工费，不算损耗）。

图 1–6 2022/2023 年度国内外棉花现货价格走势对比

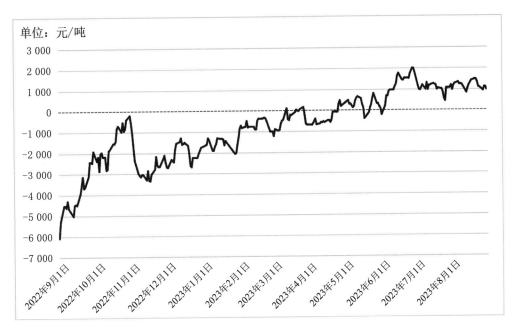

图 1-7　2022/2023 年度内外棉花价差走势

棉花进出口

2022/2023 年度，我国棉花进口量为 142.45 万吨，同比减少 30.38 万吨，减幅 17.58%，出口量为 1.75 万吨，同比减少 1.14 万吨，减幅 39.45%。

一、棉花进口量同比减少 17.58%

1. 按国别和地区统计

2022/2023 年度，我国棉花进口量为 142.45 万吨，同比减少 30.38 万吨，减幅 17.58%。

表 1-2　2022/2023 年度中国棉花进口分地区统计

单位：万吨

国别	数量	国别	数量
合计	142.45	埃及	1.53
美国	71.60	贝宁	1.33
巴西	43.76	布基纳法索	0.67
澳大利亚	11.35	哈萨克斯坦	0.48
苏丹	2.81	以色列	0.34

续表

国别	数量	国别	数量
印度	2.37	马里	0.32
缅甸	1.73	阿根廷	0.23
土耳其	1.64	乍得	0.12
墨西哥	1.53	其他	0.65

数据来源：中国海关总署（不含已梳的棉花）

2. 按时段统计

2022/2023 年度，我国棉花进口有两个高峰时段，一个是 2022 年 10 月至 2023 年 1 月，这段时间月均进口量达到 15.44 万吨，另一个是 2023 年 8 月，当月进口量达到 17.50 万吨。其余时间的进口量在 7 万—10 万吨。2022 年 9 月—2023 年 8 月，我国棉花月均进口量为 11.87 万吨，同比减少 2.53 万吨。全年度最高进口量为 2022 年 11 月，达到 17.80 万吨。

二、棉花出口量下降 39.40%

2022/2023 年度，我国棉花出口量为 17 490 吨，同比减少 11 370 吨，减幅 39.40%。

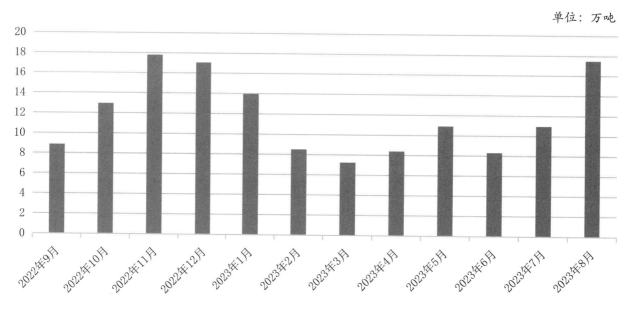

图 1-8　2022/2023 年度中国棉花进口分月统计图

表 1-3　2022/2023 年度中国棉花出口分地区统计

单位：万吨

国别	数量	国别	数量
合计	1.749	印度尼西亚	0.053

续表

孟加拉国	0.975	乌兹别克斯坦	0.025
越南	0.547	泰国	0.01
马来西亚	0.124	其他	0.007

数据来源：中国海关总署（不含已梳的棉花）。

国 际 市 场

一、概述

根据美国农业部（USDA）的数据，2022/2023年度全球棉花期初库存减少1.69%，产量增加1.82%，进口量减少12.27%，消费量减少4.04%，出口量减少14.27%，期末库存增加8.51%。由于产量增加而消费量明显减少，全球期末库存明显上升，棉花基本面由上年度的供需紧平衡变为供大于需。

2022/2023年度，ICE棉花期货近月合约平均价84.82美分/磅（1磅=0.45359237千克），同比下跌34.48美分/磅，跌幅28.90%；国际棉花指数（M）平均价99.65美分/磅，同比下跌35.48美分/磅，跌幅26.26%。2023年8月31日，ICE棉花期货主力合约（2023年12月合约）收盘价为87.82美分/磅，较2022年8月31日（2022年12月合约）下跌25.39美分/磅，跌幅22.43%。

表1–4 2022/2023年度全球产销存预测表

单位：万吨

年度	期初库存	产量	进口量	消费量	出口量	期末库存
2022/2023	1 662.09	2 539.49	820.64	2 428.17	806.23	1 803.53
2021/2022	1 690.70	2 494.03	935.40	2 530.59	940.48	1 662.09
同比（±）	-28.61	45.46	-114.76	-102.42	-134.25	141.44

数据来源：美国农业部。

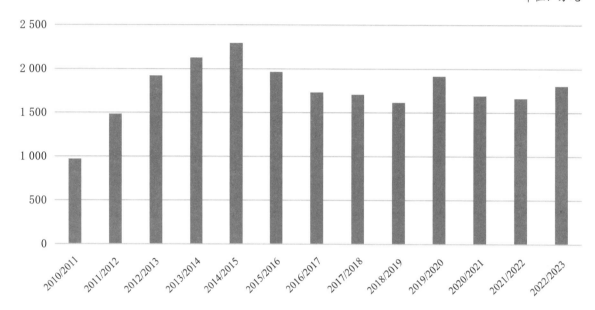

图1-9 2010/2011—2022/2023年度全球棉花库存变化趋势

二、产需状况

1．产量

2022/2023年度，中国、印度、土耳其、巴西和乌兹别克斯坦均大幅增产。中国产量增加84.9万吨，印度增加43.5万吨，土耳其增加24.0万吨，巴西增加19.6万吨，乌兹别克斯坦增加9.4万吨。美国、巴基斯坦、西非产量大幅下降，美国产量减少66.5万吨，巴基斯坦减少45.7万吨，西非减少42.7万吨。澳大利亚产量小幅减少。

表1-5　2022/2023年度主要国家棉花产量同比对比表

单位：万吨

年度	中国	印度	美国	巴基斯坦	乌兹别克斯坦	巴西	土耳其	澳大利亚	西非
2022/2023	668.4	572.6	315.0	84.9	71.9	255.2	106.7	126.3	87.5
2021/2022	583.5	529.1	381.5	130.6	62.5	235.6	82.7	127.4	130.2
同比（±）	84.9	43.5	-66.5	-45.7	9.4	19.6	24.0	-1.1	-42.7

数据来源：美国农业部。

2．消费量

2022/2023年度，由于中国棉纱进口大幅下降，依赖中国市场的亚洲国家棉花消费量明显减少。中国棉花消费量为816.5万吨，同比增加81.7万吨；印度消费量减少32.6万吨，为511.7万吨；巴基斯坦消费量减少43.6万吨，为189.4吨；孟加拉国消费量减少 24 万吨，为 167.6 万吨；越南消费量减少 5.5 万吨，为 140.4 万吨；土耳其消费量减少 23.9 万吨，为 163.3 万吨；巴西消费量减少 2.1 万吨，为 69.7 万吨。

表 1–6　2022/2023 年度主要国家棉花消费量同比对比表

单位：万吨

年度	中国	印度	巴基斯坦	孟加拉国	土耳其	越南	巴西
2022/2023	816.5	511.7	189.4	167.6	163.3	140.4	69.7
2021/2022	734.8	544.3	233.0	191.6	187.2	145.9	71.8
同比（±）	81.7	−32.6	−43.6	−24.0	−23.9	−5.5	−2.1

数据来源：美国农业部。

3．进口量

2022/2023 年度，中国、孟加拉国、越南、土耳其和印度尼西亚的进口量减少，印度进口量增加，巴基斯坦进口量没有变化。中国进口量减少 35 万吨，为 135.7 万吨；孟加拉国减少 31.6 万吨，为 152.4 万吨；越南减少 3.5 万吨，为 140.9 万吨；土耳其减少 29.1 万吨，为 91.2 万吨；印度尼西亚减少 19.9 万吨，为 36.2 万吨；印度增加 15.8 万吨，为 37.6 万吨；巴基斯坦没有变化，为 98 万吨。

表 1–7　2022/2023 年度主要国家棉花进口量同比对比表

单位：万吨

年度	中国	孟加拉国	越南	土耳其	巴基斯坦	印度尼西亚	印度
2022/2023	135.7	152.4	140.9	91.2	98.0	36.2	37.6
2021/2022	170.7	184.0	144.4	120.3	98.0	56.1	21.8
同比（±）	−35	−31.6	−3.5	−29.1	0	−19.9	15.8

数据来源：美国农业部。

4．出口量

2022/2023 年度，除澳大利亚出口量增加外，其他主要出口国家和地区的出口量均有所减少。美国出口减少 37.4 万吨，为 277.9 万吨；巴西减少 23.3 万吨，为 144.9 万吨；印度减少 57.6 万吨，为 23.9 万吨；西非减少 55.1 万吨，为 84.9 万吨；希腊减少 2.1 万吨，为 29 万吨；澳大利亚增加 56.4 万吨，为 134.3 万吨。

表1–8 2022/2023年度主要国家棉花出口量同比对比表

单位：万吨

年度	美国	巴西	澳大利亚	印度	西非	希腊
2022/2023	277.9	144.9	134.3	23.9	84.9	29.0
2021/2022	315.3	168.2	77.9	81.5	140.0	31.1
同比（±）	-37.4	-23.3	56.4	-57.6	-55.1	-2.1

数据来源：美国农业部。

5．期末库存

2022/2023年度，中国、澳大利亚和巴基斯坦的期末库存减少，印度、巴西、美国和阿根廷的期末库存增加。中国减少14.5万吨，为814.3万吨；澳大利亚减少4.1万吨，为103.9万吨；巴基斯坦减少8.7万吨，为33.2万吨；印度增加74.6万吨，为257.4万吨；巴西增加40.8万吨，为125.3万吨；美国增加4.3万吨，为92.5万吨；阿根廷增加12.8万吨，为45.1万吨。

表1–9 2022/2023年度主要国家棉花期末库存同比对比表

单位：万吨

年度	中国	印度	巴西	澳大利亚	美国	巴基斯坦	阿根廷
2022/2023	814.3	257.4	125.3	103.9	92.5	33.2	45.1
2021/2022	828.8	182.8	84.5	108.0	88.2	41.9	32.3
同比（±）	-14.5	74.6	40.8	-4.1	4.3	-8.7	12.8

数据来源：美国农业部。

三、价格走势

2022/2023年度，ICE棉花期货在前两个月出现较大幅度下跌，其余时间均呈现非常平稳的状态，大致可分为两个阶段。第一个阶段是年度前两个月（2022年9月—10月），这段时间ICE期货价格快速下跌，从最高点113.29美分跌至最低点72美分，累计下跌41.29美分，跌幅达36.45%；第二个阶段从2022年11月直至年度结束，这段时间ICE期货价格长时间在80美分附近窄幅盘整，既没有明显下跌，也没有明显上涨。

2022/2023年度，ICE期货近月合约最高价是2022年9月1日的113美分，较2021/2022年度低45.02美分，最低价是2022年10月31日的72美分，较2021/2022年度低17.89美分，年度平均价为84.82美分，较2021/2022年度低34.48美分。

2022/2023年度，代表进口棉中国主港到岸均价的国际棉花指数（M）与ICE棉花期货近月合约走势保持一致，最高价是2022年9月1日的134.05

美分，较 2021/2022 年度低 37.46 美分，最低价是 2023 年 6 月 28 日的 89.70 美分，较 2021/2022 年度低 13.97 美分，年度平均价为 99.65 美分，较 2021/2022 年度下跌 35.48 美分。

单位：美分/磅

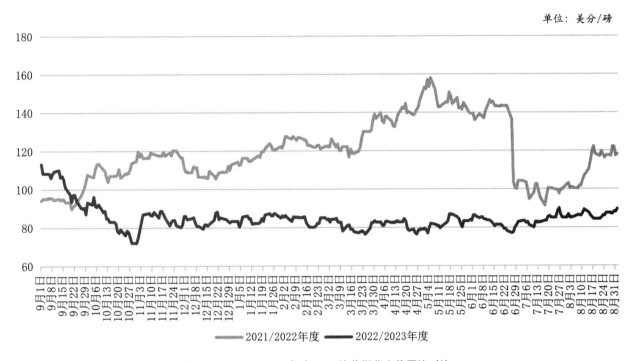

图 1-10　2022/2023 年度 ICE 棉花期货走势同比对比

单位：美分/磅

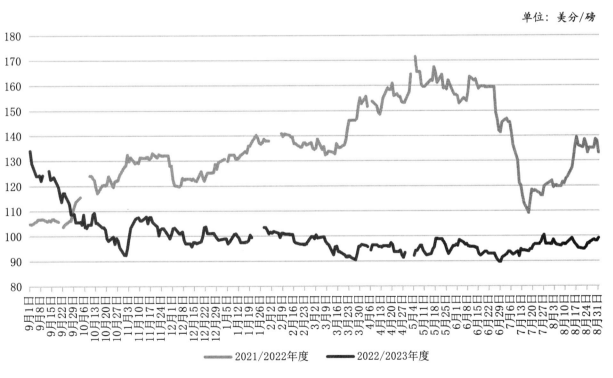

图 1-11　2022/2023 年度国际棉花指数（M）走势及同比对比

主要产棉区概况

第二部分

新疆维吾尔自治区

一、棉花生产

（一）棉花面积、总产量和单产

据国家统计局公布数据显示，2022年新疆棉花种植面积3 745.3万亩（其中地方2 469万亩，兵团1 276万亩），较上年减少14.15万亩，降幅0.38%；总产量539.1万吨（其中地方323.6万吨，兵团215.5万吨），占全国棉花产量的90.2%，总产量较上年增加26.2万吨，增幅5.1%；单产143.94千克/亩（其中地方131.07千克/亩，兵团160.35千克/亩），较上年增加7.5千克/亩，增幅5.5%。

（二）种植品种、成本及收益

据自治区发展改革委成本及收益直报调查数据显示，2022年棉花亩成本2 508.2元，与上年相比增加47.7元，增幅1.94%；受棉花收购价格大幅下降直接影响，2022年棉花亩均产值2 456.38元，与上年相比减少1 303.42元，减幅34.67%。受棉花产值减少、成本增加等因素影响，2022年我区棉花每亩净利润、现金收益均大幅减少，每亩净利润-51.83元，较上年相比减少1 351.12元，减幅103.99%；每亩现金收益734元，较上年相比减少1 430.66元，减幅66.09%。

（三）目标价格补贴实施情况

1. 进一步完善改革政策

2022年，自治区人民政府强化对棉花产业工作的组织领导，针对近几年特别是2021年度棉花产业的突出和难点问题，在深入调研的基础上，制定实施一系列政策措施，推进棉花全产业的良性发展。自治区人民政府及相关部门先后印发实施《自治区棉花产业发展2022年度工作要点》《自治区棉花加工企业诚信经营评价管理办法》等政策文件，从巩固优质棉基地地位、持续提升棉花质量、促进棉花全产业链融合发展、优化棉花加工产能和促进棉花销售等方面制定了具体目标和任务措施。

2. 切实稳定棉花生产

一是引导棉花生产向优势产区集中。结合棉花重要农产品保护区划定工作，将棉花种植区域重点向25个植棉大县集中，6个百万亩以上植棉地州棉花生产优势进一步显现。

二是不断优化棉花品种结构。积极引导各地统一使用优质棉种，筛选出优质高产、各项品质指标协调的适合当地生态区域特点的优质棉花品种，将全区万亩以上棉花品种控制在40个以内。

三是强化棉花生产技术服务指导。在春季棉花播种、夏季田间管理等关键农时，组织专业技术人员赴南北疆6个主要植棉地州开展技术服务工作，指导各地加大精量播种、干播湿出、智能水肥一体化、标准化化学打顶等技术推广应用。

四是加大生产先进实用技术培训。组织召开全区干播湿出技术推广视频会，加大标准化干播湿出技术模式应用，全面提高棉花生产水资源利用率。制定印发《自治区棉花适时打顶技术要点》，指导各地做好标准化人工、化学、机械打顶，全区棉花打顶质量明显好于上年。

3. 做好新棉收购保障工作

自治区党委、政府高度重视棉花收购工作，要求统筹好疫情防控和棉花收购工作。针对新棉采收、加工、运输等环节存在的突出问题，自治区多次召开专题会议研究部署相关工作，先后印发了《关于做好2022年度新棉收购工作的通知》《关于做好疫情防控期间棉花采收、加工、入库、公检等工作的通知》《关于疫情形势下保障我区棉花收购加工技术服务人员、车辆及物资等定向流动的工作方案》等政策文件，安排部署新棉收购工作，并针对棉花收购中的突出问题，及时出台政策措施和解决方案。自治区成立棉花工作协调小组，建立了自治区、各（州、市）上下协调联动机制，加强对棉花收购情况的日调度工作。各地、各部门加强了协调工作机制，努力解决棉花收购各环节堵点问题，各项工作措施逐步落实到位，棉花收购加工进度明显加快。

4. 加强政策宣传培训

印发《致广大植棉户的公开信》《致棉花加工企业的公开信》等政策宣传资料，举办自治区棉花目标价格政策视频培训，通过电视、报纸、广播、新媒体等多种途径广泛宣传和解读棉花目标价格政策，从正面重点宣传目标价格政策对棉农的托底保障作用，加强舆论引导，引导棉农积极交售、棉花加工企业诚信经营。各地均设立服务和举报电话，及时处理棉农和企业反映的问题，回应社会关切，有序推进棉花收购工作。

5. 加强事中事后监管

开展棉花加工企业诚信经营评价和棉花加工企业公示工作，对上年度有不良行为的企业进行信用评价和惩戒，分六批公示 751 家参与本年度棉花目标价格改革的加工企业，提高了棉花加工企业质量、信用和规范经营的意识，加强了行业自律。印发《2022 年度自治区棉花市场秩序和质量专项整治工作实施方案》，组织开展棉花市场秩序和质量专项整治行动，加大对棉农、棉花经纪人、棉花加工企业等市场主体的监管，强化棉花质量监督管理，确保我区新棉收购工作顺利进行。

（四）生产特点

2022 年气候总体有利于棉花生长，从 9 月下旬开始我区新棉陆续上市。受疫情影响，采棉机跨区域作业受到限制，总体采收进度慢于去年同期水平。

自治区在棉花主产区相同生态区域内全面推行一个主栽品种和两个辅助品种，地方主推品种已由 2021 年的 45 个减少到 2022 年的 40 个。加快产业结构调整，棉花种植区域向 25 个重点植棉大县集中。

二、棉花收购加工与销售利润

（一）收购加工进度慢于去年同期

因新年度棉花收购价格与棉农心理预期差距较大，棉农惜售心态浓厚；棉花加工企业受上年经营状况不佳的影响，规避风险意识普遍增强，棉花收购也较为谨慎，加之疫情等原因造成的棉花加工企业开工不正常，棉花收购加工进度明显慢于 2021 年同期。

（二）籽棉收购价格处于 2016 年以来的较低水平

新棉上市后，收购价格呈现"低开上涨、逐步趋稳"态势，9 月下旬收购初期，机采细绒棉上市价格在 5.1—5.5 元/千克；10 月初，籽棉收购价格逐步上涨，后期稳定在 5.5—6 元/千克，处于 2016 年以来的较低水平，尤其是相较于 2021 年，均价下降 4 元/千克左右。

（三）入库公检工作进度推迟

因疫情影响，棉花运输车辆和公检人员等严重不足，造成新棉入库公检进度远迟于往年。

（四）棉花主要质量指标较上年度有所下滑

受今年高温天气和因疫情导致棉花采收不及时等因素影响，棉花主要质量指标出现下降。

三、纺织生产与棉花消费

截至 2022 年底，全区棉纺规模 2 215 万锭，占全国棉纺纱锭总数的 18.5%；全区纱产量 188.93 万吨，同比下降 16.1%，占全国产量 6.95%；布产量 8.47 亿米，同比增长 37.3%，占全国产量 1.81%；化纤产量 63.17 万吨，同比下降 18.6%，占全国产量 0.94%；服装产量 4 521.3 万件，同比下降 10.0%，占全国产量 0.19%；全区规模以上纺织服装企业完成工业增加值 100.69 亿元，同比下降 14.2%。全行业累计新增就业 81 万人。

（自治区发展改革委）

新疆生产建设兵团

一、兵团棉花产销情况

（一）棉花产量再创新高

2022年，兵团棉花种植面积1 275.9万亩，占全国植棉面积的28.4%、全疆34.1%，同比减少29.3万亩、降幅2.2%；棉花总产量215.4万吨，占全国棉花产量的36%、全疆的40%，同比增加7.1万吨、增幅3.4%，连续5年稳定在200万吨以上。皮棉单产168.8千克/亩，创历史新高，分别是全国、全疆平均单产的1.27倍、1.17倍，同比增加9.2千克/亩、增幅5.8%。

（二）棉花品质进一步提高

据中国纤维质量监测中心数据显示，2022年兵团棉花质量6项指标中：棉花颜色级白棉1—3级比率89.7%、轧工质量P1及P2比率99.88%、马克隆值级A+B级比率94.5%、平均断裂比强度29.33cN/tex，分别比上年增长1.91%、0.19%、4.54%、0.24cN/tex；平均长度29.13mm、平均长度整齐度值82.34，分别比上年减少0.22mm、0.21mm；6项指标除断裂比强度、平均长度整齐度仅次于内地外，其余4项指标均居全国第一。

（三）棉农收益相对稳定

2022年兵团籽棉单产470千克/亩，机采籽棉收购均价约6元/千克，棉花目标价格政策的持续实施，有效保障了职工收入，稳定了种植预期。总体看，兵团自有地植棉收益约1 500元/亩，较2021年历史高位有所下降，但仍高于其他农作物，职工植棉积极性普遍较高。

（四）新旧棉销售平稳过渡

为保障2022/2023年度新棉上市及2021/2022年度陈棉销售，2022年6月兵团建立棉花销售工作调度机制，多方协调银行金融机构等单位，聚焦新棉收购入库前期人员、物流不畅等难堵点问题，全力保障陈棉销售及新棉上市畅通。2022年10月新棉收购以来，轧花企业避险意识明显增强，收购谨慎，棉花收购普遍未出现抢收、哄抬价格局面。进入2023年，棉花市场预期明显提振，兵团皮棉销售迟缓问题有效缓解，新棉产销利润有所改善。截至2023年10月，兵团2022/2023年度皮棉在库约12万吨，销售进度94%。

二、纺织产业发展情况

（一）纺织服装产业规模扩大

截至2022年底，兵团共有纺织服装企业100家，其中规模以上企业72家。兵团棉纺产能达723万锭，同比增长17.8%；织布产能6.6亿米，同比增长52.5%；服装产能1 375万件，同比增长33%。现有印染企业5家，印染能力达18.5万吨/年。

（二）纺织行业运行低迷

2022年兵团纺织行业整体呈"旺季不旺、淡季更淡"景象，纱厂订单多以内销订单和小、短单为主，纺织企业则多采用"随买随用"形式，成品库存累积处于高位。据统计，2022年兵团纱产量53.77万吨，同比下降28.4%；布产量2.11亿米，同比增长5.6%；服装495.2万件，同比下降3.4%。

（三）纺织原料及产品结构较为单一

兵团纺织原料主要是以棉花和粘胶为主，化学纤维还处于起步阶段，目前均以棉纺生产为主，产品附加值低，利润空间小，影响下游纺织品个性化、多样化需求。从产品结构看，兵团纺织企业多以40支以下普梳纱为主，高支精梳、混纺、织布、印染、服装相对滞后，纱线、织布产品趋于同质化、附加值较低，多为中低端产品，中下游产业链延伸较为滞后。

(兵团发展改革委)

山 东 省

一、棉花生产

1. 棉花生产面积、总产

2022/2023 年度山东省棉花播种面积 144.75 万亩、总产 12.6 万吨，分别比 2021/2022 年度减少 24.2 万亩、1.9 万吨，面积居全国第四位，产量居全国第二位。受市场因素影响，山东省棉花面积连年缩减，棉花生产呈现向优势棉区集中特点，形成了以济宁、菏泽两市为代表的围绕金乡大蒜种植为主的高附加值的鲁西南片区，以滨州、东营两市为代表的以盐碱地种植为主的鲁东片区，以德州、聊城市为代表的鲁北片区。

2. 植棉成本相对稳定

据山东省农业农村厅棉花生产成本收益与劳动生产率基点调查显示，山东棉花生产成本稳定在上年水平，遏制了继续上涨态势，其中增加部分主要表现在人工方面，而物化成本低于去年。由于植棉成本特别是人工成本的增加，导致棉花生产没有效益或者效益太低，尤其近年由于自然灾害频发，使当地棉农植棉不但没有收益，还会亏损。

3. 面积减少、单产产量略微增长

棉花种植面积和产量持续下滑是山东省棉花产业的最大问题。2022/2023 年度棉花种植面积为 144.75 万亩，皮棉单产 87.02 千克/亩，总产 12.6 万吨。面积、总产较去年减少，单产产量略微增长。

4. 棉花栽培品种较乱

据山东省棉花技术指导站统计，山东棉花生产经历七次品种更换以后，近十年来还没有形成能占据半壁江山的更新换代品种，目前常规抗虫棉以鲁棉研 28 为主，占全省植棉面积的 24%—31%，鲁棉研 37、k836、国欣棉 3 号、冀棉 958 分别占全省播种面积的 3.0%—6.0%；杂交抗虫棉主要以瑞杂 816、鲁 H498、德棉 998、鲁棉研 39、鲁棉研 24 为主，分别占全省播种面积的 1.0%—4.7%。

5. 棉花生产机械化有序开端

自 2011 年开始，山东省农机部门在鲁北地区进行机采棉种植模式试验示范，2012 年引进水平摘锭式采棉机开展示范作业，同年农业部农机化司组织在山东滨州召开黄河流域机采棉作业现场会。目前，全省机采棉种植模式已发展到 16 万亩，主要在滨州和东营，德州和聊城有少量的示范田。全省采棉机保有量达到 10 台，机采面积达到 3 万亩。在滨州和东营两市机采棉的种植模式得到了棉农的认可，面积逐年增加。

山东省在棉花生产主产区示范推广全程机械化技术，目前以深耕、深松、旋耕耙地为主的耕整地、机械质保、机械灌溉等已实现机械化。主产区棉花播种实现了机械化，主要以勺轮式和指夹式播种机为主，进行穴播和单粒精播。田间管理也实现机械化，主要采用中耕和中耕施肥机械。棉花采摘以人工为主，机采面积 3 万亩，机械采收比人工采收节本增效 200 元/亩左右。部分棉田实现秸秆粉碎还田后深翻耕地，部分地区将棉秆用机械拔除，然后秸秆压块，用于燃料或者发电。残膜回收以人工捡拾为主，滨州和东营个别地方使用耙齿式简易残膜回收机回收地膜，但回收效果差。

二、棉花加工与销售

1. 棉花加工企业及公检情况

2022/2023年度，山东省棉花参与公证检验的有东营、济宁、德州、聊城、滨州、菏泽6个产棉市，上报公检的加工企业59家，检验量33.85万包，7.59万吨。山东省总产12.6万吨，送检数量占总产量60.2%，约有39.8%的棉花未送检就直接销售或自用。

表2-1 山东省棉花仪器化公检量对比表

地区	2020/2021年度			2021/2022年度			2022/2023年度		
	轧花厂（家）	检验量（万吨）	占全国比重%	轧花厂（家）	检验量（万吨）	占全国比重%	轧花厂（家）	检验量（万吨）	占全国比重%
全国	1 050	592.1	100	1 072	543.17	100	1 076	634.9	100
内地	122	15.3	2.6	102	12.49	2.3	103	11.71	1.8
山东	76	10.4	1.8	63	8.29	1.5	59	7.59	1.2

2. 棉花加工企业生产质量情况

从2022/2023年度新体制棉花检验情况来看，山东省棉花的轧工质量主要集中在中档，占到99%以上，高于全国中档棉花轧工质量。其中，菏泽、德州、滨州棉花轧工质量中档达到100%。

3. 棉花品质情况

在整个棉花产业链中，棉花质量始终是贯穿各个环节的基础性因素和关键性指标，关系到产、供、需各方的利益，对下游产业甚至是国民经济发展都有着深远影响。从公检数据看，山东省棉花总体质量情况是：颜色级平均级别比全国棉花平均水平低0.5个级左右，颜色级以淡点污棉、白棉类型居多，2022/2023年度山东省淡点污棉所占比例最多，其次是白棉，占比15.9%。白棉3级纤维长度低于全国平均水平，在26毫米—28毫米之间；马克隆值和断裂比强度整体好于或相当于全国平均水平，马克隆值以C、B级为主，断裂比强度指标明显高于全国指标，集中在中等级与很强级之间；长度整齐度指数比全国平均水平略低。棉花总体质量水平不如以新疆为代表西北内陆棉区，在全国处于中等偏低的水平。

4. 籽棉收购"抢收预期"落空，交售进度前慢后快

籽棉收购价格方面，2022/2023年度整体收购形势相比更为谨慎，前期炒作的"抢收预期"也落空，在山东，籽棉开秤收购拖到了11月初，籽棉收购价从8元/千克涨至9元/千克，农民在天气适宜的前提下，惜售情绪较强，棉花加工企业收购进度被动拉长。以销订购成为轧花企业收购籽棉的主流。

三、纺织生产与棉花消费

国内疫情政策放开第一年，2023年以来山东省纺织工业纺织行业面对市场需求疲弱、原料成本高企、贸易环境更趋复杂等因素冲击，坚持稳中求进的工作总基调，积极统筹短期平稳运行目标与中长期高质量发展任务，努力克服影响行业发展的因素，总体保持平稳态势。

1. 2023年1—12月纺织经济运行基本情况

纺织行业是山东省重要民生产业和传统优势产业。2022年以来，受疫情频发、需求不足、国际形势等多重因素影响，山东省纺织行业总体呈现"一季度平稳开局、二季度波动前行、三季度承压下行、

四季度加速上行"的运行特点。进入2023年以来，产能缓慢恢复，经济运行逐步向好，纱、布产量都较2022年有所增长，但仍未恢复到疫情前的水平。（见棉纱、棉布产量统计表）

（1）占全国纱、布产量的比重逐步升高

表2-2　山东省棉纱产量统计表对比表

单位：万吨

项目	2021年1—12月	2022年1—12月	2023年1—12月
全国	2 873.7	2 719.1	2 234.19
山东	373.01	348.3	382.22
占全国比重%	12.98	12.81	17.11
具各省位次	2	2	2

表2-3　山东省棉布产量统计表对比表

单位：亿米

项目	2021年1—12月	2022年1—12月	2023年1—12月
全国	396.1	367.5	294.9
山东	41.9	41.06	45.06
占全国比重%	10.58	11.17	15.28
具各省位次	5	5	3

从表列数据可以看出，凭借产业链完整、产业韧性足、民营企业活力强等优势，山东省纺织行业逐步走出了2022年国内外市场需求持续低迷、国内疫情散发多发等因素影响，承受住纺织行业的各种经济压力，实现了纱、布产量同步增长，占全国纱、布产量的比重逐步升高。

（2）纱、布生产逆势回暖

2023年以来，山东省棉纺织行业生产较为平稳。大部分企业生产正常。产能利用率70%左右。纱、布产量各月均比2022年同期增长。纱、布产量情况如下：

表2-4　2023年分月纱、布产量统计表

时间	纱（万吨）		布（亿米）	
	数量	同比%	数量	同比%
1—2月	60.28	5.33	6.33	-9.05

续表

时间	纱（万吨）		布（亿米）	
	数量	同比 %	数量	同比 %
3月	33.59	2.10	3.87	9.01
4月	32.5	15.00	4.03	10.41
5月	32.39	9.39	4.19	14.17
6月	34.92	17.93	4.1	4.86
7月	31.42	14.88	3.89	12.75
8月	30.4	10.38	3.86	16.62
9月	30.59	5.77	3.84	10.98
10月	31.00	10.05	3.48	7.08
11月	36.63	10.63	3.77	9.28
12月	37.73	11.93	3.89	17.52

（3）纺织服装体量巨大，基础雄厚、链条完整

从产业链环节企业分布来看，上游原材料企业中，天然纤维生产企业主要分布在滨州市，化学纤维生产企业主要分布在烟台市和济宁市。中游加工生产企业中，纱线生产企业主要分布在青岛市和临沂市，坯布生产企业主要在潍坊市和滨州市，面料生产企业主要在淄博市、潍坊市和滨州市，服装生产企业主要在青岛市、滨州市和菏泽市。下游服装销售企业主要分布在济南市和青岛市。

（4）纺织服装产业集聚效应凸显

现已形成滨州市中国纺织产业基地、青岛市即墨区中国童装名城、淄博市淄川区中国纺织产业基地、烟台市海阳市中国毛衫名城、潍坊市昌邑市中国纺织产业基地、潍坊市高密市中国家纺名城、枣庄市市中区中国针织服装名城、菏泽郓城县中国棉纺织名城等在全国具有较高影响力的特色产业集群。

2. 纺织企业发展形势仍然严峻

2022/2023年度，面对更趋复杂严峻的国际环境和新形势下更加紧迫艰巨的高质量发展任务，我国纺织行业全面贯彻落实党中央、国务院决策部署，坚持稳字当头、稳中求进的工作总基调，持续深入推动转型升级，随着国内疫情防控较快平稳转段、生产生活秩序加快恢复，春节以来纺织企业复工复产形势总体平稳，内销市场呈现回暖态势，行业综合景气和发展预期有所回升，向好因素不断累积。但受到市场需求改善力度偏弱、国际形势复杂多变等因素影响，一季度纺织行业生产、投资、效益等主要经济运行指标仍处于低位承压态势。

展望全年，纺织行业发展形势依然复杂严峻，世界经济复苏动能不足、国际金融市场波动加剧、地缘政局复杂演变等外部风险依然较多，在外需疲弱、国际贸易环境复杂叠加原料成本高位等风险因素的情况下，纺织行业企稳向好的基础仍待巩固。

3. 纺织企业发展仍有广阔前景

我们既要看到面临的严峻形势，又要看到从纤维、织物、印染到成衣制造，已经形成了完整的产业链，随着新技术的不断涌现，纺织行业仍然有着广阔的发展前景。一方面，新材料和智能技术的应用将为纺织行业带来新的增长点。另一方面，随着消费者对环保和可持续性的重视，环保和可持续性也将成为纺织行业的重要发展趋势。

（张共伟）

河 北 省

一、棉花生产

1. 生产情况

2022/2023年度河北省棉花生产总体情况呈"两减一增"态势，即面积减，总产减，单产增。据统计部门统计，2022/2023年度河北省棉花面积174.2万亩、总产13.9万吨，分别较上年减少35.5万亩、2.1万吨，单产79.79千克/亩，较上年增加3.49千克/亩，增4.6%。

2. 棉花种植成本与收益

据《全国农产品成本收益资料汇编2023》数据统计，河北省棉花亩产值1 892.98元，亩成本2 882.34元（其中：物质与服务费用467.28元，人工成本2 131.67元，土地成本283.29元），亩净利润-989.36元/亩；而小麦+玉米亩产值3 051.63元，亩成本2 341.17元（其中：物质与服务费用1 047.65元，人工成本866.92元，土地成本426.6元），亩净利润416.89元。棉花人工成本是小麦+玉米总人工成本的2.5倍，种植效益远远低于小麦+玉米种植模式，棉农植棉积极性逐年降低。

3. 棉花生产特点

一是棉花种植面积大幅下滑。由于国家对粮食政策的调整，粮价大幅走高，植棉比较收益降低，棉农植棉积极性严重受挫，植棉面积继续大幅下滑，据统计部门数据，全省春棉播种面积174.2万亩，比去年减少35.5万亩，减少17%。

二是播期集中。4月中下旬，河北省气温持续偏高，地温回升较快，土壤墒情较好，且没有出现较强的灾害性天气过程，棉花播种主要集中在4月18日—27日，比常年缩短3—5天。

表2-5 2022/2023年度河北省棉花种植成本收益

单位：元/亩

项目	2022/2023
产值	1 829.98
总成本	2 882.34
物质费用	467.28
人工成本	2 131.67
土地成本	283.29
净利润	-989.36

数据来源：全国农产品成本收益资料汇编2023。

三是优良品种得到普及推广。棉农以购买商品棉种为主，从而确保了棉种质量，良种普及率稳定提高，冀棉803、国欣棉9号、农大601等一批优良品种被棉农所接受并得到普及推广，优种率达到97%以上。

四是出苗情况较好。4月中下旬河北省棉区气温稳定并较常年略高1—2℃，非常有利于棉花播种出苗，出苗情况好于常年，苗全、苗齐、苗壮，进入6月份以来，降水逐渐增多，部分区域累计降水将近25mm，进入盛蕾期后，株高达30—45cm，果枝3—5台，蕾数5—9个，部分棉田出现旺长趋势。

五是苗病发生较重。从 5 月 6 日开始，中南部出现一次大范围降温降雨，最低气温 10℃ 左右的天气持续将近一周，棉苗病害发生明显增加，立枯病、根腐病、猝倒病导致田间死苗率不断上升。

六是棉花蚜虫普遍发生。致使防治病虫害成本略增。

二、棉花收购加工与销售

1. 加工企业生产情况

2022/2023 年度，河北省棉花参与公证检有邯郸、邢台、沧州、衡水、唐山 5 个产棉地市，上报公检的加工企业 20 家，比上年度的 18 家增加 2 家。年检验量 80 775 包，约合 17 783.038 吨（去年 64 067 包、14 221.5952 吨，前年 79 208 包、17 642.7281 吨），送检数量占全国总送检量的 0.28%（去年 0.27%、前年 0.31%）。河北省总产 13.9 万吨（去年 16 万吨、前年 20.9 万吨），送检数量约占总产量的 12.7%（去年 8.89%、前年 8.5%），有 87.3% 的棉花未送检就直接销售了。

2. 收购及销售情况

从 2022 年 9 月下旬开始到 2023 年 3 月底，河北的唐山收购进度达 100%、邢台在 95% 左右、邯郸在 95% 左右、衡水在 98% 以上、沧州在 97% 以上，各地收购进度基本均衡，总体交售量达 97% 以上，尚有不足 3% 的籽棉没有收购上来，主要集中在邯郸和邢台区域。

河北区域籽棉从 9 月下旬开始收购，开秤价格在 8.0—8.4 元 / 千克，到 10 月中旬回落到的 7.2—7.6 元 / 千克，到 11 月中旬略涨到 7.8—8.6 元 / 千克，元旦前稍有回落，元旦后稍上涨至 8.2—8.6 元 / 千克，春节前籽棉收购价格基本稳定在 7.8—8.4 元 / 千克，春节后到 3 月上旬基本稳定在 7.6—8.0 元 / 千克，不过籽棉资源很少，收购基本结束。整体上 2022/2023 年度籽棉收购开秤价格略微低于上年度，之后没有太大波动起伏，较为平稳。

地产白棉 3 级销售从 9 月底的 15 500 元 / 吨左右，到 10 月上旬稍降 15 300 元 / 吨左右，到 10 月下旬至 11 月上旬反弹至 15 800 元 / 吨左右，到 11 月中旬回落至 15 600 元 / 吨左右，11 月下旬回落至 15 300 元 / 吨，元旦后略涨至在 15 800 元 / 吨左右，春节前回落至 15 600 元 / 吨左右，到三月下旬受到郑棉期货下跌影响，河北皮棉售价在 15 200 元 / 吨左右，四月上旬到了 15 000 元 / 吨左右，不过地产棉基本销售完毕。

三、棉花质量情况

据河北省纤维检验部门统计，2022/2023 年度河北省有 20 家加工企业送检棉花合计 80 775 包，约合 17 783.038 吨（送检量占总产量的 12.7%，总产 13.9 万吨）。

河北省棉纤维质量情况：长度大多在 26—29 毫米之间，其中 28 毫米占近一半，马克隆值 B2 档和 C2 档是主体，断裂比强度中等级及以上占 90%，轧工质量 98% 以上为 P2 档。综合来看，2022/2023 年度河北省棉花内在质量特点是长度较好，强度和色泽略好于上年，加工质量很好，马克隆值还是普遍偏高。

四、纺织行业运行情况

2023 年河北省纺织服装行业增加值增速同比下滑 1.24%，在全省七大主导产业增加值增速位列第六名，纺织行业增加值占全省工业比重 1.5%，占比同比下降 1.1 个百分点。

在细分 38 个主要产品品类中产量同比上升的有 17 个，占比 44.74%，下降的有 21 个，占比 55.26%。

2023 年全行业用电量同比增长 16.55%，四个子行业均实现正增长。

2023 年纺织工业固定资产投资增速同比增长 0.4%，低于全省工业固定资产投资增速 6.7 个百分点，占全省工业投资比重 1.2%，居全省七大主导行业中增速第五位。

2023 年纺织工业技术改造投资增速同比上升 12.9%，高于全省技改投资增速 3.1 个百分点，占全省工业技改投资比重 1.3%，居全省七大主导行业中技改投资增速第二位。

2023 年规模以上入统企业总数 1323 家，其中纺织业 772 家，纺织服装、鞋帽业 164 家，皮革毛皮羽毛业343家，化学纤维制造业44家。

1323家规上企业2023年营业收入完成819亿元，同比下降2.14%，利润总额完成5.99亿元，同比增长669.92%，利润总额增速仅纺织业下滑5.8%，其他三个子行业回升明显。

亏损企业252家，同比增加32家，同比上升15.07%，全行业亏损面19.05%，同比上升14.6个百分点。亏损总额12.32亿元，同比下降36.84%。从业人员平均人数10.9万人，同比下降6.84%。

（王彦章）

江 苏 省

一、棉花生产与成本收益

1. 棉花面积、总产量和单产

据国家统计局统计，2022/2023年度全省棉花面积为6.3万亩，同比下降2.4万亩，降幅28%，连续16年下降，再创历史新低，仅为最高年份（1984年，1082万亩）的0.6%，植棉面积占全省种植面积的0.06%，产量0.6万吨，分省排名第10，占全国产量的0.1%，棉花种植已经从江苏农业的主力品种变成一个可以忽略不计的品种。棉花生产管理和信息管理已退出各级政府部门日常工作。

2. 种植成本及收益

2022/2023年度受国内疫情和美国制裁新疆棉影响，价格大跌。籽棉收购价格创近年新低，收购价在6.0—7.7元/千克。棉农普遍收益低，发生亏损。种植效益低于粮食，更低于时鲜蔬菜和水果。江苏省人均耕地面积相对少，又是沿海经济发达地区，城市化比例高，同时临近上海，是上海的主要蔬菜供应基地，时鲜蔬菜、水果的消费需求大。现代高效农业发展也较快，毗邻大中城市的农村大力推广"一乡一品"特色农业。随着乡村振兴战略实施，资本下乡增加，土地向高收益品种流转、集中加快，棉花和传统粮食的种植面积呈持续减少趋势，棉花种植趋于消失。

二、棉花收购、加工与销售

1. 棉花收购加工企业构成及变化情况

2022/2023年度，由于棉花种植面积大幅减少，缺少稳定的籽棉资源，江苏收购加工企业也逐年减少，规模收购和参与公检的只有泰州1家企业，收购皮棉数量3000吨左右，公检主体等级淡点污，主体长度28毫米，总体质量指标差于传统江苏棉花质量。据了解，这1家参与公检企业的籽棉资源大部分来自周边外省安徽、江西、湖北，并非江苏本地籽棉资源。一些200型企业也有参加收购加工，但每户的量都很少，一般只有50—100吨，总体户数也大幅减少，为了生存，大都是棉、粮、蔬菜、水果兼营。

2. 棉花收购、加工和销售成本及利润情况

2022年江苏省棉区开秤收购普遍晚于周边地区。收购主体分散，400型、200型和小轧花厂都有参加，小厂大都是与后道纱厂签订协议，锁定渠道、价格，以订单式收购加工为主。400型企业生产加工仓单棉，在期货市场价格较高时销售给期货市场，遇期货市场波动较大时做阶段性滚动套利降低成本增加收益，由于资源减少，其经营数量大幅下降，总收益下降。参与收购加工的中小加工企业，受资金、经营模式限制，一般经营量很小，收益有限。由于2022年10月国庆节后又经历了一波下跌，期货价格从13900元/吨跌至10月底的12200元/吨左右，规模小的企业收购后只能亏损销售，而资金充裕的企业部分资源等到12月价格上涨后才销售，收益尚可。

3. 棉花收购、加工及销售特点

2022/2023年度，棉花价格走的是一波"探底回升"的行情，收购期间期货从9月初的14 500元/吨跌到10月底的12 200元/吨，到1月底又涨到15 000元/吨，2、3月调整后一路上行至8月底的17 500元/吨。江苏棉花的销售市场主要集中在省内，小型棉花企业销售主要集中在周边熟识的纱厂，由于纱厂资金紧张，新棉集中上市期间阶段性供大于求，赊欠现象比较普遍，大型棉花企业主要在附近交割库注册仓单卖给大的贸易公司或资金公司，最终销售到江苏省内或周边省份的纱厂。

江苏由于地产棉花资源很少，不能满足江苏纺织的用棉需求，这促进了江苏棉花购销贸易的快速发展。张家港、南通港主营进口棉花，除供应江苏本省外，还辐射福建、浙江、江西、河南、湖南、湖北、安徽等主要用棉省份。无锡、南通、盐城、徐州的仓储企业主要经营新疆棉，除供应本省纺织企业外，还供应周边省份。近几年江苏的棉花贸易电商平台企业也发展迅速，走在全国前列，3家平台年业务量超过100万吨，客户遍布全国主要产区和销区。

4. 江苏棉花种植的发展思路

江苏是传统的优质棉产区，生产的棉花长度长，强力高，马值适中，三丝少，曾是全国最好的棉花，相较西北、黄河棉区，江苏棉区作为传统的高品质棉生产和纺织工业基地，拥有完整成熟的产业链，拥有更加优越的物质技术条件和人才优势，近十几年由于棉花生产比较效益差、周期长、缺乏劳动力，种植面积持续下降。江苏政府相关部门一直在为恢复发展江苏棉花生产研究对策，主要有以下四个方面措施。（1）在基本农田粮菜竞争激烈的形势下，着力发展棉花生产潜力区，积极推动棉花生产布局向不适宜粮菜生产的沿海滩涂转移，开拓植棉新空间。（2）研究试验植棉全程机械化技术的应用，降低成本、提高效率。针对长江流域棉区田块小，雨水丰沛，土地肥沃，种植密度大的特点，引进、研发合适的小型机械化设备，制定棉花全程机械化生产技术标准，建立棉花全程机械化试验示范基地。同时围绕轻简、绿色、高效的现代农业发展目标，持续推进以麦后机播为代表的轻简栽培技术，突出生产全程机械化这一主线。（3）根据目前农村植棉劳动力缺乏的现实困难，通过政策鼓励市场引导，加快生产组织方式转型，培育新型植棉主体，实现面积适度、布局优化、单产提高、质量改善、效益提升的目标。（4）省级层面牵头，联合相关高校、科研单位、棉区农业部门，合力研发攻关，选育适宜沿海滩涂种植和机械化播种采收的棉花品种。但从几年的实践效果看，收效甚微，大面积可用来种植棉花的沿海滩涂地被改造成了效益更好的鱼塘、虾塘，市场的力量不可违，江苏最终可能成为"无棉区"。

三、纺织生产与棉花消费

1. 纺织生产及销售情况

据省统计局数据，2022年全省纱产量302.1万吨，同比降15.3%，布产量48.72亿米，同比降11.3%。从国家发改委公示的配额申报企业看，2022年江苏共有84家纺织企业参与申报，同比增加3家，申报纱锭837万锭，增加65万锭，增幅8%。申报用棉量67万吨，增加9万吨，增幅15%，与纱锭规模降幅相同。

2. 棉花消费

2022年度，江苏省纺织企业用棉主要以外购新疆棉、储备棉、进口棉为主，地产棉份额只有1%—2%，可以忽略。江苏是沿海发达地区，劳动力市场整体缺口较大，纺织行业由于行业盈利能力差，工资水平低（5 000—6 000元/月，无休或一休）、劳动强度大、工作环境差（高温、高湿、粉尘、噪音），江苏纺织企业普遍存在招工难、用工困难的问题，员工以45岁以上群体为主。

近年来，棉纺织规模在逐渐萎缩，主要是自然关停，少量转移新疆、甘肃、国外。曾是最大产棉区的盐城市最为明显，现有纱锭总数不足峰值时的一半。在消费结构上，棉花与化纤差价大，棉花被价格便宜的涤纶、粘胶替代量在持续增加，同时纱支整体提高变细，用棉量相对减少，2022年全年用棉量估计在 70 万吨左右，棉花消耗总量延续下降趋势。

3. 纺织行业经济运行特点

2022 年，面对需求收缩、供给冲击、预期转弱和国内疫情、地缘政治冲突等不利因素影响，江苏纺织行业运行稳中承压，规模以上企业主要经济运行指标有所回落，生产、销售总体呈现放缓下滑态势。2022 年棉花价格波动巨大，纺织企业由于棉花价格的大幅波动，亏损严重。

在新疆棉占主体的原料供应中，江苏远离新疆棉花主产区，运输成本相对较高，出疆运费高于山东、河南等纺织大省 100—200 元/吨，但仓储业发达，是新疆棉移库的优选目的地。拥有全国最大的后道织造加工产业链，江苏生产的棉纱主要销售在本地和出口，棉纱销售运输成本低，运输综合成本相对低。南通的床上用品、"苏锡常"的服装等终端产业聚集度高、规模大，根据江苏省统计局数据，2022 年江苏服装行业规模以上企业有 1 594 户，服装从业人员 30.8 万，产业集群优势突出。当地纺织企业能第一时间掌握后道需求信息，快速响应开发新特品种供应市场。由于用工、用地、电力紧张，与山东、河南、福建、新疆地区相比，江苏棉纺企业普遍规模相对较小，平均在 10 万锭以下，60% 以上企业在 1—5 万锭，规模优势不足，装备相对陈旧，但管理精细、技术创新、设计时尚、信息快捷是优势。

（何银官）

江 西 省

一、棉花生产

1. 种植面积、产量

作为长江流域的江西棉区（鄱阳湖棉区），具有亚热带季风气候，地形以山地和丘陵为主，盆地、谷地广布。全省近五年棉花种植面积、总产量呈逐年下降趋势。具体情况见下表：

表 2–6　2019 年至 2023 年江西省棉花种植面积及产量

年份	种植面积 （千公顷）	单位面积产量 （千克/公顷）	总产量 （万吨）
2019 年	42.6	1 546.7	6.6
2020 年	35.0	1 511.5	5.3
2021 年	11.0	1 557.8	1.7
2022 年	19.7	1 101.5	2.2
2023 年	19.4	1 134.6	2.2

数据来源：国家统计局

经有关部门调查统计，由于加大棉花种植政策补贴力度，鼓励传统棉区恢复植棉，2023 年江西棉花实播面积约 28.8 万亩，长势良好。种植主要分布在九江、宜春地区，面积最多的还是九江彭泽县，官方统计有十万亩，产量一万多吨，2023 年九江市棉花种植面积约 25 万亩。

随着政府加大对农业经济的投入，相当多高标准农田开始种植棉花，内地小型机器采摘代替手工采摘也在调研当中，棉花种植面积逐年增长。选择生产积极性高、集中连片有一定规模、种植技术示范性强的乡镇布置示范点建设，辐射带动周边乡镇逐步恢复棉花种植。将棉花种植的奖励政策目标设定与生态环境治理相结合，重点支持棉花乡镇，并在符合国家用地政策前提下，向盐碱滩涂区、严管类耕地等倾斜，稳定棉花种植。

2. 收购加工、成本及收益

棉花收购企业以 400 型企业和棉纺织代加工企业为主，其中 60% 籽棉销往山东、安徽等地。

由于2022/2023年度天气良好，棉花品质好于往年，三级以上占四成，价格7.2—7.6元/千克，衣分38%，含水15%。江西主要种植品种为湘杂1号，生产成本550元每亩，按籽棉平均7.6元/千克计算，收益为1 000元左右每亩。

以江西彭泽为例，受到棉花期货高开低走影响，市场籽棉收购价格由10月份的4.1元下降到年前的3.7元，收购企业部分出现亏损，籽棉年前基本加工结束，加工成本约15 000元/吨，加上税收利息接近16 000元，加工企业微利保本。加工皮棉以四级为主，主要为老客户走货，皮棉最低报价15 500元/吨。

3. 种植补贴情况

江西省在2023年的棉花补贴政策中，对于不同规模的种植户有不同的补贴标准。具体来说：

对于集中连片10亩（含）以上的种植户，每亩将获得300元的奖励；

对于10亩以下的种植户，每亩则将得到200元的奖励；

此外，还有针对购买棉花播种机的大型种植户的额外补助，每台播种机可获260元的补助。

综上所述，江西省2023年棉花补贴的具体金额取决于种植面积的大小，对于大规模种植户而言，每亩最高可达600元，而对于小规模种植户则是每亩450元或300元。

4. 农业政策和技术扶持情况

新农膜新肥料示范区：2022/2023年度九江柴桑区农业农村局组织专家实地进行现场测产验收。技术人员通过测面积、数棉花株数、数果枝层、单株成铃数等，对示范区棉花产量进行科学测算和精准评估。测产结果表明：示范区平均籽棉单产310.6千克，对照区平均籽棉单产178.2千克，比对照区增产74.3%，增产效果显著，远超预期目标。这一栽培模式，既减少了化肥农药用量，又降低了农膜残留，起到了良好的示范效果，为今后棉油轮作提供了良好样板。

棉花"直密矮"技术应用：江西省经济作物研究所组织江西省农科院、江西农业大学、江西省农业技术推广中心等单位的业内专家，实地察看了示范基地的棉花结铃吐絮状况和棉花"直密矮"技术应用情况，并选取了样方田进行了实地测产。经测定，在抽取的4个县核心示范区中，柴桑区江洲镇千亩连片示范区籽棉单产达到390.79千克/亩，湖口县武山镇、都昌县徐埠镇和瑞昌市肇陈镇三地的300亩连片示范区籽棉单产分别达到364.26千克/亩、373.25千克/亩和325.43千克/亩，均超过项目预期目标。

专家一致认为，棉花"直密矮"轻简高效种植技术成熟可靠、实用性强，适合在本省棉花产区推广。本次田间测产，有效引领了江西省棉花生产形式的转型升级，为棉花产业的高质量发展提供了可靠支撑。

二、纺织行业经济运行特点

江西全省月用棉量大约30 000吨左右。江西南昌、安义、奉新、高安等地区，分布了大型以及小型纺织企业若干，江西宝源彩纺有限公司，江西金源纺织有限公司，江西华春色纺科技发展有限公司，安义宏达纺织有限公司，南昌凤凰纱业有限公司，江西锦润纺织印染有限公司，江西恒昌棉纺织印染有限公司等纺织企业，大部分以用新疆棉为主，掺杂部分地产配棉，月用棉量大概6 000余吨。

2023年以来，受各种不利因素叠加影响，本省纺织行业增速有所放缓，但仍呈现不少亮点：一是全产业有135个过亿元在建项目，总投资达844亿元，为未来发展奠定较好基础；二是化纤产业保持较好增长，1—10月营业收入达142亿元，同比增长5%；三是数字化建设加快推进，赢家时装牵头承建的工业互联网标识解析二级节点已通过验收，全省纺织服装产业大脑平台将于年底竣工，培育了华兴针织、明恒纺织、斯沃德、卫棉纺织等一批数字化示范企业。

近年来，江西省纺织服装产业抓住沿海地区产业向中西部转移的良好机遇，实现了较快发展，已跻身全国同行业发展第二方阵前列。以服装家纺、棉纺、化纤、产业用纺织品为发展重点，不断完善和延伸产业链，提升产业链发展水平。其中，服装家纺业实施品牌战略，加快形成以创意、品牌为核心的竞争优势；棉纺业加快实施智能化改造，重点发展精梳纱线、混纺纱线、高端面料等领域；产业用纺织品业重点发展汽车内饰材料、帘子布、工业过滤材料、医用卫生材料等领域，做大产业规模。

其中，九江市地理位置位于长江边上，和湖北黄冈，安徽安庆地区交界，这两地也是传统的棉花种植地以及纺织工业园，其中有无为天成纺织有限公司、安庆清怡针纺织品有限公司、湖北卓尔雪龙纺织有限公司、龙感湖家和纺织有限公司等纺织用棉企业，九江周边的纺企月用棉量约为 4 000 到 5 000 吨左右。

九江地区周边纺织企业分布比较分散，彭泽地区有华孚彭泽工厂、永嘉纺织、银海纺织，做纯棉为主，月用棉量约 2 500 吨，以新疆棉和部分地产棉为主。瑞昌纺织工业园目前有江西凤竹棉纺有限公司、瑞昌市鸿达纺织有限公司、江西玫瑰纺织有限公司等几家企业，月用棉量大概 1 800 吨左右，以新疆棉为主。九江县、德安县、共青城三个地方，分布了几个小微型的纺织企业，以使用地产棉为主，月用棉量大概 1 000 吨左右。

经过多年的发展，九江市纺织服装产业已形成棉纺、毛纺、化纤纺、织布、针织、服装、家纺、印染等门类较为齐全的工业体系。中型纺织类企业主要集中在奉新地区，九江附近主要为小型纺织企业。据了解，地方小型纺织企业这几年生产原料基本是采购新疆棉和竞拍的国储棉。

本文部分信息来源江西省人民政府网、江西省工信厅和江西省经济作物研究所。

（张岩岩）

湖 南 省

近年来，湖南省通过优化棉花大县奖励资金方案，调动种棉积极性，实现了面积、产量"双增"。示范引领成效突出，大力开展棉花"百千万"示范片创建，带动主产棉区县级创建百亩示范片 65 个，示范总面积达 5 万多亩。同时，科技创新发力突破，选育棉花新品种，支持良种繁育基地建设，提高良种、良技、良机支撑能力。此外，湖南省农业农村厅、湖南省财政厅紧密协作，制定三年行动方案，强力推动新政落实，全省棉花生产能力得到恢复发展，植棉综合效益得到提高。

一、湖南省棉花生产情况

根据湖南省棉花协会提供数据，2022 年度全省种植面积 90 余万亩，棉花产量 8 万余吨，亩产籽棉 175—200 千克。湖南省棉花主要集中在洞庭湖区和衡阳盆地，常德、岳阳、益阳、衡阳四市集中了全省 90% 以上的植棉面积，产量也在 90% 以上。

当前湖南棉种培育的洞庭 1 号、岱红岱、湘棉 10 号品种先后引领长江流域棉区 3 次品种改良，终结了"美棉"在长江流域的种植历史。湖南研发推广的"湘杂棉"系列品种及配套技术居全国领先水平，开创了长江流域棉花杂交种应用的先河。

目前湖南省棉农种植棉花补贴在 200—300 元/亩左右，种植收益在 1 500—2 000 元/亩之间。

二、棉花收购加工与销售利润

2023 年，在湖南省供销合作总社、省农业农村厅、省市场监督管理总局等有关职能部门的推动下，由湖南省银华棉麻产业集团股份公司牵头引领推出了棉花"专业仓储监管＋在库公证检验"试点工作，棉花收购加工企业由以往的 200 型锯齿轧花企业与小型皮辊个体收购加工转变为参与试点工作的 400 型棉花收购加工企业。

由于 2022 年度棉花市场价格在籽棉收购期间呈高开低走态势，且棉花副产品也一直价格逐步回落，收购加工企业皮棉成本约在 14 000—17 000 元之间，处于力争保本态势。

湖南省生产种植的棉花全部在省内实现收购加

工销售，呈产不足销态势，无流出外省现象。

三、纺织生产与棉花消费

湖南省棉花纺织企业以生产7—32支竹节牛仔纱为主体产品，部分棉纺企业呈逐年产能扩锭与设备升级换代态势。

湖南省纺织企业年度消费皮棉约在40万—60万吨左右，新疆棉、进口棉均有消费。2022年度，大部分棉纺企业以用其所拍的国储棉为主。

（张　露）

浙　江　省

一、棉花生产

1. 种植面积、总产量与单产

根据国家统计局统计，2022/2023年度浙江省棉花种植面积3.43千公顷，上年为4.00千公顷；总产量0.48万吨，上年为0.56万吨；平均单产1 388千克/公顷，较上年的1 392千克/公顷基本持平（略减0.2%）。作为零星产区，棉花种植依然在黄土丘陵、河滩沙地（盐碱地）等土壤质量相对较差的区域。

2. 种植品种、成本及收益

2022/2023年度，全省棉花主要种植品种为湘杂棉8号、中棉所87、中棉所63，还有少量的农民上年自留种籽。相对于经济作物，种棉效益偏低；而且较种粮（水稻、鲜食大豆、鲜食玉米）、蔬菜的效益也偏低，种棉的亩收益相当低，因此仅是不计工本的一些老年人在参与种棉。

二、棉花收购和加工

由于浙江省棉花多数市县的加工企业因加工数量不能达到规模化生产的要求和无力承担质检体制改革的目标，2022/2023年度，全省没有一家棉花加工企业按照棉花质量检验体制改革方案的要求加工棉花并进行公证检验。

由于棉花数量少、皮棉加工水平低，全省没有形成完善的收购市场。本省加工企业中尚有部分皮辊棉加工，呈散、小、弱的特征，由于生产量小且分布在多个市县，并且浙江省棉农的植棉收入占总收入的比例较小，据估计全年的棉花产值也不足一个亿。

三、纺织经济运行

据浙江省统计局统计数据显示，2022年全年规模以上纺织行业总产值6 922.0亿元，较上年7 001.8亿减少1.1%。其中：纺织业总产值4 608.0亿元，较上年的4 776.3亿元，减少3.5%。全年规模以上纺织服装、服饰业总产值2 314.0亿元，较上年2 225.5亿元增加3.9%。

从产量上看，2022全年纱产量142.8万吨，较上年152.97万吨同比减少6.6%；全年织造企业生产布67.74亿米，较上年67.59亿米同比增加0.22%。全年化纤总产量3 220.97万吨，较上年3 209.61万吨增长0.35%。

全年纺织服装出口交货值5 957.16亿元，较上年5 308.27亿元，同比增长12.2%。其中纺织纱线、织物及制品出口3 631.31亿元，较上年3 315.00亿元，同比增加9.5%；服装及衣着附件出口2 325.85亿元，较上年1 993.27亿元，同比增加16.7%。出口总值占比仅次于机电产品，依然保持浙江省的出口商品的第二位。

全年进口纺织纱线、织物及制品113.37亿元，较上年149.75亿元，减少24.3%。进口纺织原料63.05亿元，较上年63.95亿元增加0.1%，其中进口棉花6.64亿元，较上年6.90亿元减少3.81%。

四、纺织行业的总体运行情况综述

2022年以来，全省纺织行业总体呈现"一季度平稳开局、二季度波动前行、三季度承压下行、四季度下行加剧"的运行特点。特别是进入12月中下旬，受疫情冲击、市场需求不振以及欧美市场进口下降等诸多因素影响，全省纺织行业下行压力进一步加大。

1. 行业总体运行继续下行

进入12月中下旬，疫情给纺织企业经营带来较大冲击，企业开工率较低，部分企业提前放假，纺织行业的产业链供应链、线上线下销售等受到不同程度的影响，不少纺织服装企业今年春节放假比往年多5—10天。

从细分行业来看，看到的形势更是不容乐观。

表2-7 总产值

行业	2020年	2021年		2022年	
	总产值（亿元）	总产值（亿元）	较上年增减 %	总产值（亿元）	较上年增减 %
纺织业	4 231.8	4 776.3	12.9	4 608.0	-3.5
纺织服装、服饰业	1 905.6	2 225.5	16.8	2 314.0	4.0
合计	6 137.4	7 001.8	14.1	6 922.0	-1.1

生产方面，2022年，全省规模以上纺织业、服装服饰业、化纤业工业增加值同比增速为-4.3%、-1.9%、-3.6%，较1—11月降幅均有不同程度的扩大。三大细分行业12月当月工业增加值增速均为两位数负增长。营收方面，2022年，全省规模以上纺织业、服装服饰业、化纤业分别实现营业收入4 615.0亿元、2 238.0亿元、4 143.1亿元，同比增长-2.8%、0.1%、6.0%，处于相对偏低的增长区间；实现利润总额178.3亿元、74.7亿元、50.1亿元，同比增长-22.2%、-7.7%、-77.6%，其中纺织业、化纤业降幅较1—11月扩大3.4个、4.3个百分点，利润空间受到进一步挤压。

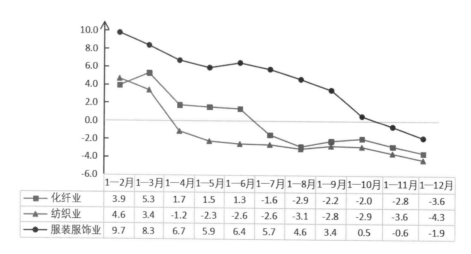

图2-1 1—12月细分行业工业增加值增速图

（来源：浙江省经信厅）

2. 质效再次回落

从《大中型工业企业主要指标》表上看,"亏损企业占比"从2021年的14.0%增加到了2022年的20.6%,亏损面也超过了2020年的18.4%;"利润总额/总产值比例"由2021年的7.3%降低到2022年的6.8%,并低于2020年的7.0%,呈现亏损面扩大、利润率下降的态势。

表2-8 大中型工业企业主要指标

年度	分类	亏损企业个数	总企业个数	亏损企业个数占比(%)	总产值（亿元）	利润总额（亿元）	利润总额/总产值比例（%）	平均用工人数（万人）
2020年	纺织业	65	415	15.7	1 499.84	124.31	8.3	25.27
	纺织服装、服饰业	54	230	23.5	1 025.5	51.24	5.0	17.67
	合计	119	645	18.4	2 525.34	175.55	7.0	
2021年	纺织业	40	407	9.8	1 804.61	151.31	8.4	25.53
	纺织服装、服饰业	48	223	21.5	1 200.77	66.85	5.6	17.51
	合计	88	630	14.0	3 005.38	218.16	7.3	
2022年	纺织业	79	373	21.2	1 671.3	128.44	7.7	24.68
	纺织服装、服饰业	41	210	19.5	1 200.9	67.6	5.6	16.9
	合计	120	588	20.6	2 872.2	196.04	6.8	

3. 出口增长较大成为一大亮点

据海关统计,2022年,全省纺织品服装出口5 957.6亿元,同比大幅增长12.2%,比全国增速（5.8%）高出6.4个百分点,总量占全国纺织服装出口份额超过27%,位列全国第一。

表2-9 出口交货值

	2020年	2021年		2022年	
	出口交货值（亿元）	出口交货值（亿元）	较上年增减%	出口交货值（亿元）	较上年增减%
服装及衣着附件	1 763.33	1 993.27	13.0	2 325.85	16.7
纺织纱线、织物及制品	3 174.95	3 315.00	4.4	3 631.31	9.5
合计	4 988.28	5 308.27	7.5	5 957.16	12.2

4. 创新投入保持增长

2022年,规模以上纺织行业研发费用同比增长7.9%,比营收增速高6.9个百分点;研发投入占营收比重达2.5%,比去年同期提高0.1个百分点,比重创近年以来新高;新产品产值同比增长4.0%,新产品产值率达41.4%,比去年同期（40.6%）提高0.8个百分点,新产品产值率创近年新高。

(张建华)

数据来源：
1. 2022 年浙江统计年鉴
2. 浙江省商务厅统计数据
3. 杭州海关统计数据
4. 浙江省经信厅统计数据

中储棉漯河有限公司

中储棉漯河有限公司，系中国储备棉管理有限公司全资子公司。主要职责是承担国家储备棉的储存保管，履行保护棉农利益，保障纺织供应及稳定棉花市场的"两保一稳"的宏观调控任务。

中储棉漯河有限公司具有区位优越、交通发达的地理优势。漯河市是国家二类交通枢纽城市，距郑州新郑国际机场不足一小时车程，京广高铁、京广、漯宝(丰)、漯阜(阳)4条铁路和京港澳高速、宁漯高速、107国道及5条省道贯穿全境，构成河南省重要的铁路和高速公路"双十字"交通枢纽。公司设有铁路专用线两条，距京广铁路孟庙车站2公里，是全国棉花重要集散地之一。其前身漯河直属库是国家计委于2001年3月批准立项，由国家财政预算内拨款4000多万元兴建的棉花专用储备库。仓库于2003年12月开工建设，2004年底完工，占地面积194.12亩，铁路专用线1200米，可同时装卸一个专列，高低货位站台面积近10000平方米，钢罩棚面积3100平方米，库区道路及停车场面积30000多平方米。

新时代里，漯河公司乘着改革的东风，大力践行"二次创业"发展宏图。在确保现储存量基础上，又在平顶山舞钢市购置一个新库区，2022年元月份已投入使用，新购置的库区占地面积328亩；2022年8月，另租赁仓库成立中昌存储专区。新购和租赁库区均位于舞钢市产业聚集区，地理位置优越，库区周边有纺织企业近20家，生产规模120万枚纱锭，年用棉量12万余吨。

联系电话：朱龙 15703950307

中储棉菏泽有限责任公司

地理位置

中储棉菏泽有限责任公司（以下简称菏泽公司）位于山东省菏泽市鲁西新区，距离菏泽高新互通高速枢纽仅1.3公里，不仅能在本地收储、销售，还可迅速调运，辐射周边省市纺织企业，甚至整个华东地区。

公司规模

菏泽公司于2013年11月8日成立，2016年3月正式运营。下辖曹县、金乡两个存储专区，分别位于菏泽市曹县普连集镇中小企业孵化园、济宁市金乡县食品工业园区。

组织机构及人员配置

公司下设综合科、财务科、安全与业务管理科、监管一科、监管二科共五个科室，现有干部员工43人，其中本科学历33人，中共党员26人，平均年龄35岁。

运营情况

菏泽公司以党建为引领，不断提升精细化管理水平，近年来通过强化内控建设、6S管理、全员安全生产责任制、严格过程考核和结果应用等一系列措施，广大干部员工的担当意识、责任意识不断增强。在中央储备棉大规模轮换工作中，菏泽公司坚定不移执行上级下达的各项任务，切实发挥棉花宏观调控主力军作用。先后获得"全国青年文明号""全国青年安全生产示范岗""山东省级文明单位""中储粮集团公司先进基层党组织""中储粮集团公司'一优四强'红旗党支部""中储粮集团公司系统标杆库""菏泽市第二届119消防奖先进集体""中储棉公司优秀安全管理企业"等荣誉称号。

联系方式：菏泽公司本库 0530-5889018　　曹县存储专区 0530-2062089

金乡存储专区 0537-8925397

中储棉徐州有限公司

中储棉徐州有限公司（以下简称"徐州公司"）前身是中国储备棉管理总公司徐州直属库，为中储棉系统第一个开工、第一个建成投入运营的直属单位。公司占地310.5亩，设有室外观察场和钢罩棚。2024年成立邯郸存储专区，专区占地面积260亩。公司现有员工43人（其中邯郸专区7人），设综合科、安全科、财务科、监管科四个部门。

听党话·管好粮·不出事·效益好

徐州公司在集团公司党组和中储棉公司党委的正确领导下，坚持以习近平新时代中国特色社会主义思想为指导，全面贯彻党的二十大精神，扎实践行新时代中储粮"四个坚持"新要求，紧抓"二次创业"契机，不断强化党建引领，提升管理水平，夯实发展基础，以实际行动彰显新时代新担当新作为，切实守住管好"大国粮仓"。

联系电话：0516-66665958

中储棉武汉有限公司

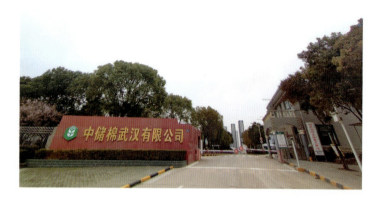

中储棉武汉有限公司（以下简称"武汉公司"），东邻京广铁路，南连京珠、沪蓉高速，西依107国道，北靠长江水运码头，成立于2004年7月，主要承担国家储备棉储备管理和开展代储代运等开拓经营业务。

库区配备了先进的智能监控监测系统和完好的消防管网设施设备，常年驻库值守的专职警消队伍、两辆专业的消防车和完善的管理制度有效确保储备棉的数量真实、质量完好、存储安全，配套有铁路专用线和装卸的专业特种设备，有效保障储备棉的调运及时和畅通。

多年来，武汉公司在集团公司党组和中储棉公司党委的正确领导下，围绕国有资产"保值增值"中心工作，突出"安全发展、和谐建库"主题，强调以人为本，加强党建工作，注重反腐倡廉教育，强化企业内部控制，大胆探索，不断学习、吸收先进的管理理念和方法，逐渐形成了一套简洁实用、特色鲜明的管理方法，有力保证了各项工作的顺利进行。

公司联系电话：027-81946585

中储棉青岛有限公司

中储棉青岛有限公司（以下简称"青岛公司"），系中国储备棉管理有限公司的控股子公司，是在原山东省棉麻公司青岛采购供应站红寨仓库的基础上改扩建而成，2002年9月正式投入运营。

青岛公司地处青岛市城阳区，周边紧靠胶州湾高速公路、青兰高速、青银高速公路，可直达青岛港货运码头，交通便利。库区建有砖混库房、钢结构库房、卸货平台、钢罩棚、露天观察场、设备库、水泵房、综合楼、警消楼等附属设施，配套完善。

作为中储棉公司在山东省设立的第一家直属企业，青岛公司采用"自储+代储"的模式，高峰时期监管着省内四十余家社会承储库。随着中储棉公司改革发展步伐，青岛公司目前设有东营、利津两个存储专区，以"租库直管"的方式全力保障中央储备棉的存储安全。

青岛公司设立股东会、董事会、监事会和经理层。其中董事会成员5名，监事会成员3名，设董事长、总经理各1名，副总经理2名。下设综合科、财务科、安全与业务管理科三个科室和东营、利津两家存储专区。公司现有干部员工三十余人，党员十余名。

在中储棉公司党委的坚强领导下，青岛公司紧紧围绕"听党话、管好粮、不出事、效益好"的总要求，强党建、重安全、促发展，储备棉管理水平不断提升，服务宏观调控作用有效发挥，企业改革发展持续深化，为服务保障国家粮棉安全作出了积极贡献。

 联系人：陈振华　　联系电话：0532-66916491

中储棉绍兴有限公司

中储棉绍兴有限公司（以下简称"绍兴公司"）是隶属于中储粮集团的三级企业，是2002年10月由国家投资建成的大型棉花专用仓储企业。公司配备有夹包机16台，牵引车2台，平板车12台，日最高作业量500吨。库内配备有安防监控系统、火灾报警系统、消防联动系统、电子巡更系统。配备消防水池1200立方米，消防车两台。

绍兴公司坚持以"两个确保"为职责和使命，服务国家宏观调控，努力践行"维护国家利益，服务宏观调控，严守安全、稳定、廉政底线"的中储粮核心价值理念。

- 维护国家利益
- 服务宏观调控
- 严守三条底线

绍兴公司地理位置优越，距离省会杭州市60公里、宁波北仑港140公里、上海港200公里。沪杭甬、上三、甬金、诸甬等高速公路环绕绍兴城；距104国道仅5公里，距最近高速公路绍诸高速仅8公里，交通状况极为便利。所储棉花不仅能在本地收储、销售，还可迅速调运、辐射长江三角洲，甚至整个华东地区。

听党话　管好粮　不出事　效益好

责任　感恩　团结　诚信

联系人：卓旭昇
联系电话：0575-88368020

中储棉岳阳有限公司

中储棉岳阳有限公司（以下简称"岳阳公司"），于2004年建成并投入使用，主要从事国家储备棉储存业务。地处岳阳市城陵矶仓储物流区，北连通江达海的城陵矶新港码头，东靠京港澳高速、杭瑞高速、107国道和京广铁路，水陆交通十分便利。

公司总投资5668万元，库区占地212.3亩，货坪场地3万平方米，公司建有铁路专用线998米，可从事商品棉中转，日装卸能力达到1500余吨。

公司拥有一支专业的棉花管理团队和警消队伍。库区建有安防系统、消防报警系统，岳阳市应急管理局城陵矶救援站驻扎在公司内，全方位保障库存物资安全。

岳阳公司在做好储备棉管理的同时，也面向市场积极拓展棉花代储代运业务，将以高效、热情、周到的专业水准竭诚为您服务。

 联系电话：0730-8571172

中储棉德州有限责任公司

中储棉德州有限责任公司（以下简称"德州公司"）于2009年11月项目开工建设，2012年9月正式投入运营，2023年9月份完成项目扩建，整体占地面积14万平方米，建筑面积4.9万平方米，其中生产生活辅助设施4000平方米。租赁库点河北恒通存储专区于2022年9月份正式设立。公司现设四个科室，分别为安全与业务管理科、综合科、财务科、监管科，现有正式员工43人（含班子成员），平均年龄41岁，其中党员15人。

成立至今，德州公司始终坚持以党建为引领，肩负守好大国粮仓的职责和使命，严格贯彻执行"8个1"安全生产全员责任制要求，采用先进的智能化棉库系统、夹包车限速提醒器、防撞系统等安全保障技术，以防范化解重大风险为目标，持续强化安全生产管理水平和应急处置实战能力。

德州公司抢抓"二次创业"重大发展机遇，2023年，通过完成土地购置让历史遗留问题真正变成"历史"，免除罚款100余万元；完成租仓储棉和项目扩建，让自储规模真正达成"规模"，节省项目资金650余万元，为企业创效2000余万元，企业抵御风险能力显著增强，储备保障和安全管理实力日渐提升，可持续发展之路越发宽广。2023年12月，被评为中储棉公司"10年安全生产无事故先进单位"，用实际行动捍卫了"两个确保"的政治责任和使命。

联系电话：0534-7062217

华远盈盛有限公司

华远盈盛有限公司是中国储备棉管理有限公司的全资子公司,于2013年10月16日正式成立。公司以执行国家棉花宏观调控任务为基础,坚持储备棉轮换经营服务,通过国际和国内两个市场、两种资源,拓展经营方式和渠道,围绕服务国家棉花宏观调控、服务储备棉轮换、服务集团管控,不断增强中储棉公司服务国家宏观调控的能力,保障纺织企业需求,促进棉花行业可持续发展。

联系电话:010-83030506

四川省棉麻集团有限公司

四川省棉麻集团有限公司成立于1952年，是四川省供销合作社联合社100%出资企业，注册资本金5800万元，资产总额逾43亿元，是中国棉花协会常务理事单位、全国供销合作社百强企业、四川省农业产业化重点龙头企业、四川省出口企业50强，位列"2023年中国农业企业500强"第199名。集团以"为农服务、保障民生"为宗旨，强化"城市保供、乡村振兴"责任担当，聚焦"棉、粮、食品"主责主业，明确"发挥大优势、打通大渠道、瞄准大市场、构建大平台"四大方向，牢牢把握"稳中求进、深化改革、调整优化、提质增效"工作主基调，着力"盘活存量、抓住变量、做优增量、提升质量"，依托"冷链加工基地、进出口贸易（含转口贸易）、全国重要农产品收购、市场销售渠道和各版块专业化市场化团队基本建立"五大优势，做大做强为农服务产业，提升为农服务能力，助力新供销，助推新时代更高水平"天府粮仓"建设和乡村振兴。

公司地址：四川省成都市青羊区白丝街56号　　　**联系电话：028-86624791**

专注于皮棉清理领域二十年

　　TK系列皮棉清理机是山东效棉机械有限公司技术研发团队历经五年时间研发而成功，已获得多项国家技术专利和各种荣誉，并可代替双道皮棉清理机的一款新型高效皮棉清理机。本款机器的推出，缩短了我国棉花加工工序中的清理工艺流程，减少了客户投资，而且节能增效，大大降低了棉花加工成本，加工出来的皮棉质量优良、色白杂少，不但提高了我国的棉花加工技术水平，同时也为我国棉花加工事业作出了突出贡献。

质量为本　诚信为基
人之中和　效棉图存

山东效棉机械有限公司
公司地址：山东省菏泽市开发区郑州路1666号
销售电话：18854000866
技术咨询：18854096006
公司网站：www.xiaomianjx.com

新疆生产建设兵团
第一师棉麻有限责任公司

公司主要从事籽棉收购，棉花、棉纱、棉布、麻制品、棉花加工设备及零配件、棉花包装材料、打包机械、农副产品购销，仓储服务，搬运与装卸，铁路、公路货运代理等业务。

公司在第一师阿拉尔市党委的正确领导下，在师市国资委的关心和指导下，坚持稳中求进、改革创新、提质增效的工作主基调，以规范法人治理强化内部控制，以改革创新提质增效，以拓展市场寻求发展，主动迎接棉花目标价格改革新挑战，各项工作进展顺利，公司发展呈现出良好势头。依托地理、规模、种植和质量优势："新农"牌棉花以优异的产品质量不断占领市场，品牌竞争力在同行业中名列前茅，"新农"牌商标连续9年被授予"新疆著名商标"；"新农"皮棉连卖11年被新疆名牌战略推进委员会评为"新疆名牌"产品称号，连续9年入围中国服务业企业500强；连续7年被团农业产业化办公室授予兵团龙头企业。

公司拥有全国最优质的皮棉生产产地，皮棉质量全国领先，一师范围内皮棉年产能力26-30万元，资源丰富，皮棉生产加工拥有优良的生产经验及生产技术，公司销售团队强大，竞争力强，地区植棉历史悠久，植棉技术全国领先，棉花内在，外在品质高端，企业形成了成熟的集棉花生产加工、销售、售后服务，质量把控的一套体系。

目前，公司各项事业持续稳步发展，未来前景良好，我们将以诚信的态度，过硬的产品质量，良好的服务信誉，交四海朋友，竭诚为广大客户服务，用我们的真情换得客户的厚爱，愿与海内外的广大客户携手共进，共创美好明天。

阿拉尔市鹏宇棉花仓储物流有限责任公司
Alar Pengyu Cotton Warehousing and Logistics Co.,Ltd.

铁门关永瑞供销有限公司

"孔雀河"商标
（目前为新疆著名商标）

铁门关永瑞供销有限公司（原：第二师供销合作社联合社、新疆生产建设兵团第二师永兴供销有限公司），注册地址位于新疆铁门关市和谐路一号，办公地址位于新疆库尔勒市人民西路86号，为兵团工交建商一类三级企业，成立于1992年2月。2003年改制后为国有控股企业，现注册资金26317.86万元，为二师新疆铁门关市供销合作联社有限公司全资子公司。

公司拥有4800平方米的办公楼、9800平方米的综合仓库、3座总仓储量12000吨的果品冷库、年加工皮棉能力9万吨的7个棉花加工厂、仓储量16万吨（占地267亩地）的皮棉库园和占地1041亩的农场。

公司按市场化运作方式承担着二师5个植棉团场、65万亩棉田、1.3万棉农的棉花收购、加工、销售。多年来，公司坚持以服务"三农"为宗旨，积极参与农业产业化经营，全力服务二师棉农，以殷实的服务促进棉花产业发展。并以地域性果品特色为导向，量力进行农产品冷链建设。

公司下属1个全资子公司及11个分公司。公司全资子公司为新疆永瑞恒兴物流有限公司（全国棉花交易市场监管库）。11个分公司分别为：铁门关永瑞供销有限公司双丰一厂、双丰二厂、铁门关永瑞供销有限公司尉犁县英库勒一厂、英库勒二厂、乌鲁克二厂、蒲昌一厂、铁门关永瑞供销有限公司巴州棉麻二分公司、铁门关永瑞供销有限公司巴州果蔬分公司托布力其冷库、北站冷库、24团冷库、永瑞农场。

公司主营范围为籽棉收购、加工，皮棉及棉副产品加工、销售、道路普通货物运输、仓储服务、果品贮藏保鲜、批发、零售及房屋租赁。公司于1999年为二师集团皮棉注册"孔雀河"商标（目前为新疆著名商标）。

2011年荣获全国文明单位,2014年蝉联此项荣誉，并先后获得全国供销系统先进集体、全国供销系统"百强企业"、兵团国有企业"四好领导班子"先进集体、自治区级"重合同守信用企业"及"AAA级信用企业"、平安建设单位等诸多荣誉称号；连续多年荣获师市经济建设创先争优、政治和精神文明、党风廉政建设等先进单位。

地址：新疆库尔勒市人民西路86号
联系人：孙亚军
联系电话：15199923279

新疆准噶尔棉麻有限公司

企业简介 Company Profile

新疆准噶尔棉麻有限公司（以下简称棉麻公司）属国有独资企业（2004年10月前隶属农六师供销合作公司，于2005年1月1日划归农六师国有资产经营管理公司，2007年5月划归师国资委监管，属于国有独资企业，2017年8月纳入新疆国兴农业发展集团有限公司，成为国兴集团的子公司），公司注册资本9535.04万元人民币。于1990年10月成立。目前，公司主要涉及农产品初加工两大经营板块，分别为棉花收购加工、皮棉及棉副产品销售。

联系人：张晓元　150 9955 2651
地　址：新疆五家渠市军垦路十二区三十八栋

企业主要经营范围 Business Scope

货物与技术进出口（国家禁止或涉及行政审批的货物和技术进出口除外）；普通货物运输；籽棉收购、加工；皮棉(含棉短绒)收购、调拨、销售；麻类购销；棉花机械、零配件；检测仪器；棉花包装品，农副产品，棉花副产品购销、加工(含短绒、回收棉、清弹棉)；金属材料，建材，办公用品销售；计算机及软件开发；仓储；房屋租赁；土地使用权租赁；棉花种植；农产品的生产、销售、加工、运输、贮藏及其他相关服务；农作物栽培服务；农业专业及辅助性活动。

机构设置情况 Organizational Institution

截至目前，公司共有员工148人。其中：本部43人，党委书记、董事长1人；总经理1人；党委委员、副总经理2人；副总经理2人。本部内设党群工作部、财务部、生产部、安环部、市场部。

公司设基层党组织5个，其中：党委1个，党支部4个，党员91名。董事会、监事会，经理层法人治理结构健全，设置董事7名，其中职工董事1名，外部董事4名；监事5名，其中职工监事2名；经理层成员5名，其中总经理1名，副总经理4名。

公司下属子公司1个：芳草湖准噶尔棉业有限责任公司；分公司18个：新湖一场分公司、新湖二场分公司、新湖三场分公司、新湖四场分公司、新湖六场分公司、新湖七场分公司、芳草湖一场分公司、芳草湖二场分公司、芳草湖三场分公司、芳草湖四场分公司、芳草湖五场分公司、芳草湖六场分公司、105团分公司、106团分公司、枣园分公司、102团分公司、103团分公司、共青团分公司。

新疆锦棉棉业股份有限公司

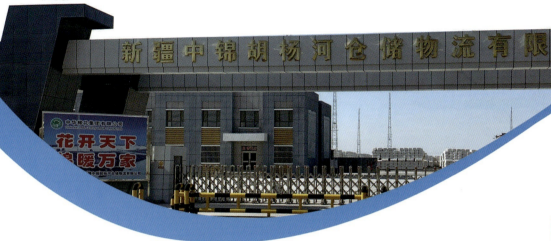

企业简介

新疆锦棉棉业股份有限公司（以下简称"锦棉棉业公司"）是兵团农业产业化重点龙头企业，注册资本2.15亿元，公司成立于2002年12月27日，前身是农七师棉麻公司，主营业务为棉花的收购、加工、销售、储存及棉副产品的销售。法定代表人翟跃辉。公司位于新疆胡杨河市130团太行山东路1011号。作为新疆生产建设兵团第七师的一家棉花经营综合型企业，公司具有多年的棉花经营历史和经验。

锦棉棉业公司在棉花行业中具有一定的规模和影响力，公司产品商标"锦"牌于1999年注册成功，在国内外棉花市场上享有良好的声誉，经过无形资产评估，"锦"牌商标价值达6.18亿元。"锦"牌棉花2001年始先后荣获"全国十大知名品牌棉花第一名""全国认知率最高的棉花品牌""全国十大金奖品牌""全国三大生态棉金奖""全国三大优质棉金奖""新疆著名商标""新疆影响力品牌""新疆顾客满意十大品牌""中国企业四星品牌"等美誉。

锦棉棉业公司充分利用农发集团与供销公司整合重组后重塑棉业板块的有利时机，依托7个棉花加工厂15条加工线的规模优势，建立"种子农资+农事服务+籽棉加工+皮棉销售"的棉花全产业链经营模式，打造兵团第七师胡杨河市优质棉基地，重塑"锦"牌棉花形象，提升七师棉花品质，做优做强七师棉花产业。公司依托"锦"牌棉花的优良品质和完善的服务体系，建立了覆盖全国的销售网络，与中华棉花（集团）有限公司、中国纺织集团、厦门国贸、广州国投、天虹集团、华孚集团、魏桥纺织、德州恒丰集团、西安纺织集团、黑牡丹集团等国内大型棉花贸易企业及知名纺织企业建立了长期友好合作伙伴关系，并得到了一致赞誉。公司以打造七师优质棉基地，重塑"锦"牌棉花形象为企业使命，致力提升七师棉花产业水平和"锦"牌棉花竞争力，为国家棉花产业提质增效贡献力量。

公司在奎屯铁路沿线和七师胡杨河市分别建有占地面积212亩、275亩的棉花专业公检监管仓库（其中参股的新疆中锦胡杨河仓储物流有限公司仓储库为郑州商品交易所棉花期货交割库），设施齐全，交通便利，静态皮棉存储量30万吨左右。奎屯仓储库近年来与兵团棉麻银棉储运公司保持良好合作关系，双方利用各自优势于2021年完成皮棉仓储量60万吨，居全国第一。

锦棉棉业公司秉承"立足七师，服务纺织、面向新疆，走向世界"的经营理念，努力开拓区内外的棉花种植、加工、收购和经营市场，积极探索进出口业务，尝试棉花期现货结合贸易方式，实现规模经营，扩大产品市场占有率，不断规范企业管理，积极拓展棉花产业链延伸，与下游供应商合作打造"锦"牌棉花制品，产品包括网套、卫浴五件套、床上用品四件套以及纯棉服装，所有原料都选用新疆锦牌棉花，目前这些产品已在七师胡杨河市大部分地区进行展览和推广，通过开放式的经营体系把股份公司做大做强做优，实现规模效益。

地址：新疆第七师胡杨河市130团三十九路口农机大院　　联系人：李杰　　电话：15199952199

新疆西部银力棉业（集团）有限责任公司

新疆西部银力棉业（集团）有限责任公司（以下简称"银力集团"）注册资本1.23亿元，主营业务为棉花的加工、购、销、调、存等棉花相关产业。

1999年7月银力集团在全疆率先注册了"银力"牌棉花商标。2009年5月"银力"牌商标被国家工商总局认定为"中国驰名商标"，是全国棉花行业最早获此殊荣的商标。2015年9月，"银力"牌棉花荣膺"新疆维吾尔自治区成立60周年新疆影响力品牌"称号。2018年、2020年、2022年连续6年被评为农业产业化国家级重点龙头企业。

银力集团现有分支机构1户：林果技术服务分公司；控股公司2户：石河子银泉棉业有限公司（57%）、新疆银纱得智能仓储有限公司（60%）；参股公司16户：石河子天银物流有限公司（49%）、新疆万利联信息产业运营有限公司（35%）、师属14家棉花加工厂子公司（20%）。

"银力"牌棉花以其具备纤维长、量大质优、色泽洁白、成熟度好等优点深受国内外客商的青睐，棉花质量可靠,远销全国各地。提起新疆生产建设兵团第八师"银力"牌棉花,许多省市的新老客户都对其质量赞不绝口。

新疆利华（集团）股份有限公司
XINJIANG LIHUA GROUP CO., LTD.

新疆利华（集团）股份有限公司(简称"公司"）是自治区国有骨干企业新疆中泰（集团）有限责任公司下属纺织服装集团板块子公司,主营棉花全产业链经营。公司是农业产业化国家重点龙头企业和国内棉花行业单体规模最大的企业，国有企业改革"双百企业"，也是自治区纺织服装产业集群棉花产业链长单位，位列2023年中国农业企业500强第82位。

公司成立于2004年，现注册资本11,050万元。近年来，在各级政府、纺织服装集团的大力支持下发展迅猛，纵向不断延伸产业链，横向不断扩大经营规模，现在国内控股30家子公司，形成棉花良种繁育、棉花规模化种植、籽棉收购加工、纺纱、织布和副产品加工全产业链经营模式，在国内拥有7万亩良种繁育基地、120万亩高标准棉花种植基地、经营115个棉花加工厂、186万锭规模的棉纺织工业园和2个大型油脂加工厂，年用工超过3万人。棉花种植、加工规模国内第一。

"十四五"期间，公司将继续坚定不移围绕成为"国际一流棉花全产业链企业集团"目标，继续加快推进"产业延伸""并购整合"两大战略，不断延伸产业链，提升价值链，打通供应链，推动新疆棉花产业持续做大做强。计划到"十四五"末，实现棉花种植面积达到200万亩，皮棉产销量达到150万吨，销售收入达到400亿元。

呼图壁县云龙棉业集团有限公司

呼图壁县云龙棉业集团有限公司（以下简称"集团"）始创于2010年，集团从呼图壁县云龙棉业有限公司起步，经过15年发展，目前已经发展成为涵盖棉花种植、农资供应、农机服务、皮棉加工、纺织制造、棉产品贸易等多种产业的大型综合民营企业集团，集团年流转土地8万亩以上，年加工皮棉8万吨，年纺织包套超过400万套。拥有轧花厂、纺织厂、贸易公司等共8家独立子公司，年营业收入突破15亿元。2024年云龙棉业集团集办公、科研、培训、宾馆、餐饮等多种业态的综合办公大楼顺利竣工投入运营。

集团成立至今先后获得"呼图壁县守合同重信用企业"，"呼图壁县红十字会爱心单位"，"呼图壁县安全生产先进单位"，"昌吉州棉花质量保证能力优秀企业"，"昌吉州农业产业化龙头企业称号"，"新疆维吾尔自治区农业产业化龙头企业称号"，"自治区2020年干企帮干村精准扶贫行动先进民营企业称号"，中国技术监督管理中心授予"重质量、守诚信优秀示范单位"，2020年当选为昌吉州浙江商会会长至今。

未来，集团将在提升棉花种植、加工、纺织、贸易产业规模的基础上，拓展仓储物流和副产品加工板块，打通棉花产业上下游环节，通过构建专业化团队，将各个产业进行专业化运营管理，发展成为国内棉花行业最优秀的全产业链企业集团。

联系人：邹美玉　　　13579643086

新疆三场丰收棉业有限责任公司

- 国家产业化重点龙头企业
- 全国诚信守法乡镇企业
- 全国创名牌重点乡镇企业

新疆三场丰收棉业有限责任公司（以下简称"公司"）成立于2003年6月，注册总资本25072万元，是一家集棉花育种、棉花种植、皮棉及棉副产品的生产、加工、销售及棉纱的生产销售为一体的农业产业化重点龙头企业。公司现有棉花种植面积10.5万亩，有1座种子加工厂，3座棉花加工厂和22.8万锭精梳纺纱厂，具有年产优质棉种3000吨，皮棉2万吨和高支纱1.2万吨的能力。

公司成立以来，引进先进的管理理念和优秀的企业文化，推动公司经济及各项事业协调、持续、稳步、健康发展。公司现已被评为"国家产业化重点龙头企业""全国诚信守法乡镇企业""全国创名牌重点乡镇企业"；被自治区确定为"自治区扶贫龙头企业""自治区就业先进企业"，并被授予"自治区先进基层党组织""开发建设新疆奖状"。2021年11月，公司被评为"自治区第五届政府质量奖"，是全疆三家获奖企业之一，也是历年来除乌鲁木齐市、昌吉市以外，全疆其他地州唯一一家被评为"自治区政府质量奖"的企业。

公司成立后，以工业化思维谋划农业发展。为充分利用当地棉花资源优势，拉长棉花产业链，向棉花深加工、精加工要效益，推动公司经济持续稳步发展。公司累计投资8.5亿元分三期建成了22.8万锭精梳棉纺项目。项目立足高起点、高标准，引进国外先进和国内一流纺织设备，自动化程度高，节能环保，主要生产80支以上高档精梳纱。项目建成后，吸纳安置就业岗位800余个，其中新疆本地员工占90%，少数民族员工占87%，通过就业实现脱贫人员占13%。目前，员工月平均工资4500元，加上年终奖，年工资收入5万元以上。通过吸纳更多少数民族员工实现就业，大量农村剩余劳动力进厂务工成为纺织产业工人，拥有了稳定的工作岗位和收入，为拉动县域经济发展，巩固脱贫攻坚成果，带动群众增收，促进乡村振兴，推动经济社会发展发挥了积极作用。

轮台县远江农工贸有限责任公司

轮台县远江农工贸有限责任公司于2001年3月成立,注册资本5200万元人民币；法定代表人：徐远江；企业住所：轮台县博斯坦路迪那宾馆12楼；经营范围：籽棉收购及加工，皮棉加工，销售：农作物种植，优质棉良种繁育：农副产品收购及销售。

远江公司有分支机构2个，即：良棉农场和塑料制品厂独立种业公司1个，联结农机合作社1个，主要从事棉花种植、收购、加工、销售等。

一、轮台县远江农工贸有限责任公司棉花加工厂

棉花加工厂位于轮台县哈尔巴克乡阿克肯农场，棉花加工厂现有2条棉花生产线，15台轧花机，籽棉清理设备10台，皮棉清理机30台等,拥有年加工13000-20000吨皮棉。其中所生产的絮棉畅销国内各地包括重庆、四川、湖南、贵州、河南。

二、良棉农场

公司下属的良棉农场于2003年9月成立，位于轮台县哈尔巴克乡开发区。现有可耕种土地近2万余亩，以优质棉种种子生产、繁育为主。目前已全部采用滴灌灌溉；农场拥有各种大型农机具80余套，农业生产全部实现了农田机械化作业，棉花年产量6500吨左右。

三、新疆科源种业

新疆科源种业有限公司2005年2月成立，注册资本1000万元人民币；位于轮台县哈尔巴克乡阿克肯；种业已由初期的棉花种植、良种繁育发展到现在的以农作物种子种植、研发、育繁、推广、检验、加工、包装、仓储、销售、服务为一体的产业化企业。新疆科源种业有限公司现有耕地面积1万亩。现有种子加工厂基本情况：棉花轧花车间2500平方米，种子脱绒车间747平方米，种子库房1716平方米，晒场5000平方米，检验室230平方米，棉种毛籽库430平方米。截止目前新疆科源种业种子加工设备、加工质量达到了同行业一流水平。

目前公司独家拥有巴43541以及授权品种庄稼汉5号和新陆中67号的品种使用权，目前这些品种是我公司主推品种。每年生产优质棉种1500-2000吨左右，并逐年扩大销售区域，主要在巴州、库尔勒、轮台、30团、33团、阿克苏地区、库车、沙雅、新和以及喀什地区、巴楚、图木舒克市、北疆的石河子、奎屯、博乐、五台等地销售，为棉农增产增收创造了良好的基础条件，同时也得到了种植户的认可。

四、塑料制品厂

轮台县远江农工贸有限责任公司塑料制品厂专业技术力量雄厚，在农业建设方面有很强的组织和管理能力，现有职工30人，其中高级职称3人，中级职称10人，初级职称13人。企业在哈尔巴克乡阿克肯建成的加工厂，已具备塑料颗粒的生产、检测设施和销售渠道。企业将在此基础上进行改扩建，建立回收、清洗点，并加大技改投入，引进高端生产设施，生产高精度塑料颗粒等高附加值产品，从而使成果最大化。近年来，随着地膜的大量使用，轮台县远江农工贸有限责任公司塑料制品厂一直开展政策宣传和试验示范，引导农户使用厚膜，提高残膜回收率。集中收集废膜，主动联系乡镇回收，初步形成了残膜回收、储存、运输、加工一条龙体系。

联系人：徐鹏飞   电话19999177100

新疆国泰棉业有限公司

新疆国泰棉业有限公司（以下简称"公司"）成立于2010年，位于新疆沙雅县，企业注册资金2420万元（自然人独资）；资产总额2.5亿元以上；年产值10亿元，棉花经营总量达到6万吨以上，销售额突破10亿元。总公司占地面积约200亩，各个分公司占地面积都为100亩。现共有员工600人左右，其中专业技工50人，专业棉检员10人。公司于2015年10月被中国棉花协会认定为"中国棉花"标志挂牌企业。并于2021年4月起成为全国首批6家"中国棉花"可持续发展项目签约企业之一。

公司以全方位、专业化、产业化的棉花项目运营管理，集棉花收购、加工、销售、仓储流通于一体的现代化企业，采取企业+农户+专业合作社+种植基地产业化经营模式，已通过质量管理体系认证。目前主要生产成包皮棉，公司每年投入大量资金、人力物力，多方面采取措施提升产品质量，拥有精良的生产设备，再加上先进的工艺、检测设备齐全，每条生产线均达到国内最高水平，皮棉优质品率和质量一直位居同行前列，尤其是异性纤维含量低，品牌被业内广泛认可。销售网络已遍及浙江、上海、江苏、河南、河北、山东、湖南、湖北、广东、四川、安徽、福建、江西等国内各大纺织城市，与国内大型纺织企业建立了战略合作伙伴关系。

公司于2015年成立现代化农业大型合作社，现自有棉田36000亩，4家合作社，名下基地企业：沙雅国泰棉花有限公司、沙雅银泰棉业有限公司、库车盛华棉业有限公司、新疆大可国泰国际贸易有限公司、沙雅民安仓储物流有限公司、新疆大可智库农业有限公司。其中棉业共计四家，有七条生产线，年产能10万吨以上。

在社会责任感方面，始终强调企业履行公共责任、公民义务、恪守道德规范。近年来积极推动并参与爱心捐助、困难职工帮扶、贫困学生补助、抗震救灾、抗疫情爱心捐款等一系列活动。与中国棉花协会、中国儿童少年基金会共同发起"绵绵爱心助学金"新疆沙雅县站。

公司在以市场为导向的基础上制定了积极进取、切实可行的经营策略，以高度负责的精神和扎实的工作，为公司的各项业务开展奠定了坚实的基础。奉行"诚信经营、顾客至上"的经营理念，在历年的棉花销售中，售后服务受到客户的一致好评。在棉花行业中给公司树立了良好形象，我们承诺：追求"客户满意"是我们的目的，打造"服务品牌"是我们的目标！

地址：新疆阿克苏地区沙雅县217国道1152公里处

年度报告

第三部分

2022/2023年度中国棉花生产形势分析

农业农村部农村经济研究中心　翟雪玲

【作者简介】翟雪玲，毕业于中国农业大学，现任农业农村部市场贸易研究室主任，研究员、国家棉花产业技术体系产业经济研究室主任、农业农村部棉花专家顾问组专家、农业农村部农产品贸易棉花预警救济专家组成员。

2022/2023年度，全国棉花面积、产量双下降。棉花生长期间，尽管遭遇低温多雨、高温干旱等自然灾害，但总体对棉花生产影响有限，病虫害轻度发生，棉花长势同常年持平，棉花质量整体正常。棉花生产成本增长明显，其中人工成本继续下降，但物质费用和土地成本增加。由于产业后端需求下降籽棉收购价格下降明显，农户植棉利润和现金收益减少。

一、2022/2023年度全国棉花生产情况

1．植棉面积减少，产量同比下降

根据国家统计局对全国31个省（区、市）的统计调查，2023年全国棉花播种面积278.8万公顷（4 182.2万亩），比2022年减少21.2万公顷（318.3万亩），同比降7.1%。其中，新疆引导次宜棉区改种玉米、大豆等粮食作物，棉花面积继续下降至236.9万公顷（3 554万亩），比上年减少12.8万公顷（191.4万亩），降5.1%，占全国棉花播种面积的85.0%，比上年提高1.8个百分点；受种植效益下降和种植结构调整等因素影响，内地棉区棉花播种面积继续下降。2023年除新疆以外棉区植棉面积41.9万公顷（628.2万亩），比上年减少8.5万公顷（126.9万亩），同比降16.8%。**棉花单产小幅提升**。2023年全国棉花单产每公顷2 014.9千克（134.3千克/亩），比2022年增加21.8千克（1.5千克/亩），增1.1%。其中，新疆春季大部棉区低温多雨，棉花生育进程比上年推迟，夏季持续高温对棉花生长不利，但秋季气象条件利于棉花采收，加之低产棉田逐步调减，单产略有下降，每公顷2 157.8千克（143.9千克/亩），比上年减少1.1千克（0.1千克/亩），降0.1%。**产量同比下降**。全国棉花总产量561.8万吨，比2022年减少36.2万吨，降6.1%。其中，新疆棉花总产量511.2万吨，比上年减少27.9万吨，降5.2%，占全国总产量的91%，比上年提高0.8个百分点；其他地区棉花产量50.6万吨，比上年减少8万吨，下降13.7%。

2．全国棉花长势一般

一是全国棉花品种较多。从监测来看[①]，长江流域填报了91个品种，使用率排在前三位的分别是中棉所系列13个、鄂杂棉系列12个品种和国欣棉系列10个品种。黄河流域棉区填报了36个棉种品种，使用率最高的是鲁棉所系列棉种17个品种，其余19个品种分布在不同的地区。新疆维吾尔自治区棉种相对集中，填报了54个品种，59.2%使用了新陆（新陆早、新陆中）系列棉种，共有32个。

从棉种价格看，不同区域间棉种价格差异较

---

① 指棉花种植品种居示范县前三位的种子。

大。长江流域每亩平均用种量0.4千克，棉种平均价格161.6元/千克；黄河流域每亩平均用种量1.8千克，棉种平均价格33.8元/千克；新疆维吾尔自治区棉区每亩平均用种量1.7千克，棉种平均价格31.3元/千克。

二是一类苗比重较高。根据监测县统计，截至8月份，全国一类苗的比例为60.0%，二类苗比例30.3%，三类苗比例9.7%，分别比去年同期提高1.1个百分点、–0.3个百分点和0.8个百分点。区域之间苗情比例差异大，黄河流域和新疆地区棉花长势明显好于长江流域棉区。其中，黄河流域棉区一类苗占比57.7%，新疆棉区一类苗占比56.1%，长江流域一类苗占比为36.9%。监测县棉花平均收获密度为5 759.9株/亩，同比增加17.8%。其中长江流域为1 716.3株/亩，同比增加1.8%；黄河流域4 395.5株/亩，同比增加4.8%；西北内陆为13 567.9株/亩，同比增加18.8%。

三是成铃数多于上年。截至8月15日前后，监测县棉花平均成铃数为19.8个/株，比上年同期多0.4个/株。其中长江流域为28.5个/株，比上年同期多0.8个/株；黄河流域为18.2个/株，比上年同期多1.1个/株；新疆地区平均为6.9个/株，比上年同期少0.3个/株。

3．棉花生产区域气候整体正常，病、虫灾害发生较轻

2022/2023年度，全国棉花主产区生长期内气候整体正常，但部分地区遭受自然灾害影响。新疆春季大部棉区低温多雨，棉花生育进程比上年推迟，夏季持续高温对棉花生长不利，但秋季气象条件利于棉花采收。长江流域和黄河流域棉区气象年景正常，有利于棉花生长。长江流域部分棉区发生了旱灾和高温。其中旱灾发生面积占监测县面积的4.2%，以轻度为主；高温发生面积106.9万亩，占监测县面积的99.8%，以轻度为主。

枯萎病点状发生，虫害轻度发生。2022/2023年度监测县枯萎病发生面积为7.1万亩，占监测县面积的0.4%，主要发生在新疆地区，占发生面积的67.6%；苗病发生面积为5.3万亩。虫害轻度发生，以棉蚜虫和红蜘蛛为主。监测县虫害发生前三位的是棉蚜虫、红蜘蛛和烟粉虱。棉蚜虫、红蜘蛛和烟粉虱发生面积分别为116.8万亩、54.7万亩和38.5万亩，分别占监测县面积的5.9%、2.8%和1.9%。其中，新疆地区发生面积分别占总发生面积的90.6%、78.2%和36.3%；棉铃虫发生面积为33.4万亩，占监测县面积的1.6%，长江流域发生面积占总发生面积的46.1%，其次是新疆地区。另外，蓟马和盲蝽发生面积分别为21.5万亩和18.5万亩。

二、棉花生产成本收益分析

1．籽棉价格下降，收购进度正常

2022/2023年度，12月监测县籽棉（手摘棉）平均收购价格为7.0元/千克，同比降25.5%。分区域来看，长江流域和新疆棉区平均收购价格分别为7.0元/千克和6.6元/千克，黄河流域为7.0元/千克。12月新疆棉区机采棉平均收购价格为6.0元/千克。12月棉籽价格平均为2.8元/千克，同比基本持平。籽棉收购进度前慢后紧。截至2022年12月底，监测县棉花收购进度达到90%以上，收购进度正常。

2．农户植棉总成本增加

据《全国农产品成本收益资料摘要2023》数据分析，2022年全国棉花平均总成本增加，每亩2 509.93元，同比增加3.5%。详见表3–1。

表3–1　2022年全国棉花生产成本变化

项目	单位	全国平均	同比（%）
总成本	元	2 509.93	3.53
每亩物质与服务费用	元	1 098.28	9.41
每亩人工成本	元	847.66	–11.22
土地成本	元	563.99	21.06

数据来源：全国农产品成本收益资料汇编2020、2021、2022。

根据《全国农产品成本收益资料汇编》分类，棉花生产总成本划分为物质与服务费用、人工成本和土地成本三大部分。

（1）物质与服务费用大幅增加。2022年全国棉花生产物质与服务费用每亩1 098.28元，同比增加9.4%。物质与服务费用主要是指在棉花生产过程中投入的各类农业生产资料和固定资产折旧、保险费等服务费用。分类别看，2022年化肥费、机械作业费、排灌费增加较为明显，同比分别增长20.7%、8.3%和8.1%。**间接费用每亩115.1元，同比增加10.5%**（详见表3-2）。

表3-2　2022年全国棉花生产物质与服务费用变化

项目	单位	全国平均	同比（%）
每亩物质与服务费用	元	1 098.28	9.41
（一）直接费用	元	983.21	9.29
1.种子费	元	59.12	-1.86
2.化肥费	元	327.05	20.72
3.农家肥费	元	12.55	-18.29
4.农药费	元	100.79	4.09
5.农膜费	元	44.62	1.90
6.租赁作业费	元	376.82	8.21
机械作业费	元	233.4	8.26
排灌费	元	143.4	8.11
其中：水费	元	60.23	7.46
畜力费	元	0.02	—
7.燃料动力费	元	8.36	0.36
8.技术服务费	元	0.55	-28.57
9.工具材料费	元	46.49	-0.47
10.修理维护费	元	6.86	-19.10
11.其他直接费用	元	—	—
（二）间接费用	元	115.07	10.52
1.固定资产折旧	元	27.39	-6.23
2.保险费	元	58	16.89
3.财务费	元	5.26	-33.50
4.销售费	元	24.42	40.51

数据来源：全国农产品成本收益资料汇编2020、2021、2022，"管理费"为0，已剔除。

（2）人工成本继续下降。2022年，种植棉花人工成本全国平均为每亩847.66元，在上年的基础上继续下降11.2%。雇工费用同比降13.7%，雇工天数同比降14.8%，雇工工价同比上涨1.2%。详见表3-3。

表3-3　2022年全国棉花生产人工成本变化

项目	单位	全国平均	同比（%）
每亩人工成本	元	847.66	-11.2
1.家庭用工折价	元	607.82	-10.2
家庭用工天数	日	6.38	-13.1
劳动日工价	元	95.3	3.4
2.雇工费用	元	239.84	-13.7
雇工天数	日	1.79	-14.8
雇工工价	元	133.99	1.2

数据来源：全国农产品成本收益资料汇编2020、2021、2022。

（3）土地成本同比大幅上涨。2022年，种植棉花土地成本全国平均为每亩563.99元，同比增长21.1%。流转地租金同比增长1.4倍，自营地折租同比增加3.1%。详见表3-4。

表3-4　2022年全国棉花生产土地成本变化

项目	单位	全国平均	同比（%）
土地成本	元	563.99	21.1
1.流转地租金	元	145.98	141.5
2.自营地折租	元	418.01	3.1

数据来源：全国农产品成本收益资料汇编2020、2021、2022。

3.农户植棉收益同比大幅增加

2022年棉花种植每亩主产品产量同比增长8.7%，为134.96千克。但由于棉花价格下跌，亩均产值也下跌，为2 274.22元，同比减少31.8%。全国棉花总体利润为负，全国平均每亩净利润为-235.71元，较上年减少1 146元，成本利润率为-9.4%。不计家庭劳动成本，现金收益每亩790.12元，同比降60.3%。详见表3–5。

表3–5　2022年全国平均棉花生产收益

项目	单位	全国平均	同比（%）
每亩主产品产量	千克	134.96	8.7
产值合计	元	2 274.22	–31.8
主产品产值	元	1 728.17	–37.4
副产品产值	元	546.05	–4.9
总成本	元	2 509.93	3.5
净利润	元	–235.71	–125.9
现金成本	元	1 484.1	10.6
现金收益	元	790.12	–60.3
成本利润率	%	–9.39	8.7

数据来源：全国农产品成本收益资料汇编2020、2021、2022。

三、相关政策建议

一是完善新疆棉花目标价格补贴政策，开展"优质优价"补贴试点。 在前几年试点的基础上，选择条件好、基础扎实的县市继续开展"优质优价"提升棉花质量的试点，并适度扩大试点面积和范围。试点中，重点探索如何在籽棉交售环节核定籽棉质量，包括加工企业和种植大户、合作社等建立明确的籽棉质量衡量指标、"优质优价"的幅度等重点环节，便于及时将质量信息直接传递到生产者。

二是加强棉花生产保护区建设。 结合高标准农田建设投资渠道，积极支持在新疆建设国家级优质棉生产核心基地，优先在棉花"百万亩"制种基地和棉花生产保护区，建成一批集中规模连片、耕地质量优良、灌排系统完善、作业道路标准、生态环境改善的高产稳产高标准棉田，确保全区棉花面积和产量保持稳定。适当恢复内地棉花生产。从品种培育、种植模式、科技推广等多方面大力恢复内地棉花科技推广体系。

三是强化棉花育种创新和品种管理。 加大优质品种培育力度。实施棉花关键核心种源技术联合攻关，在新疆建设国家级优质棉育种基地，加快选育适宜机采、抗性强以及纤维长度长、强度高、细度适中、整齐度高的品种；在内地加快选育早熟性好、抗病性强、适宜机采的优良品种。强化品种审定监管。严格品种审定标准执行力度，严禁与以往品种品性差异不大、性能改善不明显的种子通过审定。完善区域棉花品种筛选推广机制。根据气候、水土、光热等条件划定品种区域，各区制定统一品种管理办法，明确主栽品种。全面落实新疆棉花"一主两辅"用种模式，促进相同生态区域棉品种统一。鼓励棉花协会、农民合作社推行单一品种集中连片种植。

四是优化进出口调控。 鉴于新年度全球经济复苏乏力，棉花消费不旺，再加上"涉疆法案"的影响，国内棉花消费不振趋势明显。建议合理安排明年棉花滑准税配额，综合考虑企业出口订单结构和数量，增强配额发放政策的灵活性，适度向出口欧美市场的企业倾斜。灵活实施棉花出口管控政策，引导企业抓住有利时机增加出口，带动新疆棉花消费。

2022/2023年度中国棉花加工行业运行现状

中华全国供销合作总社郑州棉麻工程技术设计研究所　史书伟

【作者单位简介】中华全国供销合作总社郑州棉麻工程技术设计研究所是我国棉花加工行业唯一的国家级科研机构，于1978年经国务院批准成立，隶属中华全国供销合作总社，是集棉花加工新技术新工艺的研究开发和推广应用、棉机和棉检仪器研制生产、行业电子信息技术开发和系统集成、喷码标识产品和技术研制生产、开展信息技术交流、提供工艺设计和综合技术服务为一身的综合性科学事业单位。

一、2022/2023年度棉花加工技术现状及发展趋势

1. 棉花加工热能回收技术初步改善了生产作业环境

棉花加工普遍采用气力输送和旋风式沙克龙除尘，排放粉尘大，车间补风量大。尤其在新疆棉区加工季节气温偏低，11月中下旬后，加工作业环境温度普遍在 $-10℃$ 以下，加工作业环境恶劣、设备故障率高、生产效率低，是制约棉花加工高质量发展的重要因素之一。

棉花干燥是棉花加工必不可少的工艺环节，是确保棉花加工质量的重要手段之一，在棉花干燥过程中，为确保干燥质量，棉花干燥温度根据棉花回潮率差异存在一定差异，但一般在100℃以上，干燥后排放气体温度在40℃左右，棉花干燥热能回收空间较大。

2022/2023年度，山东天鹅棉业机械股份有限公司引入成熟的布袋脉冲除尘技术，推出了棉花加工生产线布袋脉冲除尘系统。实现棉花加工生产线干燥热能回收循环利用，使加工车间温度稳定在20℃—25℃之间。在实现棉花绿色加工、改善作业条件的同时，有效减少了设备故障率、提高了生产效率。

2. 国产机械采摘技术大幅提升了棉花机械化采收率

棉花生产机械化采收是解决棉花采摘用工量大难题、提高经济效益的重要保障，随着机采棉种植、加工技术的逐步提升，我国机采棉生产快速发展，目前，我国棉花机械化采收率超过85%，有效提升了棉花产业的可持续发展。但是，长久以来，我国采棉机市场被约翰迪尔和凯斯等进口采棉机垄断，随着国际贸易争端不断加剧，地缘政治不确定性因素增加，确保棉花机械化采摘技术国产自主化、保障棉花产业链安全问题凸显。

2022/2023年度，国内中国铁建重工集团股份有限公司、现代农装科技股份有限公司、新疆天鹅现代农业机械装备有限公司等多家农机企业在采棉机自主创新上获得突破，攻克采棉机重载底盘、自动控制系统等多项技术，机采棉采净率不断提升，采棉机采购成本大幅降低。在技术不断提升的同时，为确保棉花采摘季节高质高效为棉农服务，相关农机企业搭建起高效、便捷的服务体系，为棉花机械化采摘提供24小时不间断服务，市场占有率不断扩大，目前，通过技术进步和政策引导，国产采棉机在新疆市场占比超过八成，有效保证了采棉机技术领域的产业安全。

3. 棉花质量追溯技术快速推动了质量补贴政策落地

为保障棉农收益、稳定棉花生产、提升棉花质量、促进产业链协调发展，2023年4月14日，国家发展改革委、财政部关于完善棉花目标价格政策实施措施的通知（发改价格〔2023〕369号），在新疆继续实施棉花目标价格政策并完善实施措施。按照通知要求，新疆维吾尔自治区和新疆生产建设兵团先后发布《2023年度自治区棉花目标价格补贴与质量挂钩政策实施方案》《2023年度兵团棉花质量追溯实施方案》，通过质量追溯系统，完善种植、加工、入库、检验数据链，促进数字经济同先进制造业、现代农业深度融合。

2022/2023年度，石河子大学、郑州棉麻工程技术设计研究所、北京智棉科技有限公司等科研院所和龙头企业，依托新疆生产建设兵团第七师解绑挂帅项目，研发棉花"一试五定"数字化智能检测系统和棉花加工质量在线检测系统，实现棉花衣分率、水杂、马值、长度、强力等指标的智能化快速检测，检测时间从传统的20多分钟缩短至5分钟以内，有效提高棉花质量追溯准确率和效率，指导实现棉花分级分类加工、提升棉花加工质量，最大限度保障棉农通过质量补贴提高植棉收入；实现棉花不同环节回潮率、含杂率、轧工质量等参数的实时监测，为棉花加工质量在线调控提供技术支撑；实现棉花加工生产线加工皮棉回潮率、含杂率、马克隆值、长度、强度等多指标快速检测，有效指导皮棉质量反馈控制指导生产，提高加工质量。

4. 棉花异性纤维清理技术取得较大突破

棉花异性纤维是影响高端棉纺织品质量的重要因素之一，因此，在棉花加工过程中，棉花异性纤维剔除技术是有效降低加工皮棉异性纤维的重要手段。然而，由于棉花加工工艺中风力输送速度大（一般在20m/s以上），输棉棉层较大，棉花异性纤维剔除系统性不强，棉花异性纤维通常采用缠绕、沸腾、风力剔除等方式，剔除效率低、剔除质量无法保障。

2022/2023年度，棉机生产企业调整棉花加工工艺，利用彩色相机和偏振相机捕捉籽棉影像，再经过图像采集卡、计算机算法程序识别出异性纤维，通过气泵、电磁阀和控制系统，控制压缩空气准确地将含有异性纤维的籽棉吹离籽棉通道，研制影像识别异性纤维清理机组，实现异性纤维有效剔除的目的，异性纤维清理效率≥80%。棉花异性纤维在线检验剔除技术的应用，有效探索了图像异性纤维识别技术的在线应用，优化调整了棉花加工工艺，一定程度上降低了加工皮棉的异性纤维含量，为我国棉花加工异性纤维识别剔除技术的发展与进步提供了较好的示范效应。

二、2022/2023年度棉花加工企业经营效益情况及结构变化

2022/2023年度，受棉花目标价格补贴、种植结构调整等政策、国内国际棉花期货价格波动、厄尔尼诺极端天气等多重因素影响，棉花加工企业经营效益不确定性增强，棉花加工经营风险增大。

1. 棉花种植结构调整影响棉花加工经营布局

2022/2023年度，新疆棉区按照有序引导次宜棉区退减棉花种植政策要求，再次优化棉花种植区域布局，棉花生产进一步向25个种植面积在20万亩以上的主产县集中，兵团植棉团场由103个调减到68个，主产区种植面积和产量占93%以上。受棉花种植结构调整因素影响，棉花种植面积、产量降低、产量分布集聚等因素影响，棉花加工企业的经营布局、市场竞争等面临着调整，棉花跨区域交售、加工比重逐步增加，随着棉花种植结构调整的持续影响，后续棉花加工经营布局调整势必将逐步显现。

2. 棉花期货震荡运行加剧棉花加工经营风险

2022/2023年度，棉花期货受天气、种植面积、国际贸易等多重因素影响，呈现震荡运行状态，对棉花产业链各个环节造成不同程度的影响，尤其是棉花加工行业，棉花加工企业经营风险加剧。

2023年灾害天气频繁袭击新疆广大棉花产区，棉苗从发育期到生长期不断遭遇大风沙尘和低温冰雹等灾害天气，导致资金再次入场炒作。新疆棉区5—7月份在棉花播种面积下降和恶劣天气的双重冲

击下，棉价再次开启上涨走势，其中郑棉主力合约价格从 15 000 元 / 吨一路涨至 17 000 元 / 吨以上，短期棉价大幅上涨，纺纱成本大幅上升，企业接单利润下降甚至亏损，严重损害下游纺企利益，同时外纱性价比优势增强进一步冲击国产纱；10 月中旬以后，受郑棉大幅跳水和国内棉花现货基差报价下浮 1 300—1 500 元 / 吨的影响，10 月份籽棉交售价高开低走，明显低于棉农、合作社的预期，造成大量蛋卷棉囤积田间地头，期待收购价格反弹后集中交售，棉花交售周期增长、交售价格偏高于棉花期货价格，棉花加工企业加工皮棉综合成本倒挂于期货价格，棉花经营风险增大。

三、2022/2023 年度棉花加工设备销售变化情况

2022/2023 年度，受冰雹、高温等极端天气、棉花期货市场震荡、棉纺织出口受阻等棉花产业多重不确定性因素影响，棉花加工企业经营信心不足，棉花加工技术改造持续低迷，棉花加工设备销售依旧处于低位，主要集中在提质增效、质量追溯、通风除尘等方面的技术改造与设备销售。

1. 棉花智能化加工集成示范初见成效

棉花加工数字化、智能化是提高加工效率和集约化程度、提升加工质量可控性的有效技术手段，山东天鹅棉业机械股份有限公司提出 60 包机采棉生产线整体解决方案，皮棉日产出可达 1 000 包，是传统轧花生产线的 2—3 倍，极大降低了生产成本、减少了人工、缩短了加工周期；采用棉花加工热源回收技术，实现棉花加工生产线风运内循环，室内外温差在 20℃—25℃ 之间；棉花异性纤维在线检验剔除技术，大大降低生产线异性纤维数量。2022/2023 年度，该机采棉生产线整体解决方案已在南疆尉犁县、沙雅县和北疆兵团第七师开展应用示范。郑州棉麻工程技术设计研究所致力于棉花质量在线检测技术与装备研发工作，2022/2023 年度，所研发的棉花回潮率在线检测装置、棉花加工质量在线检测装置、多功能棉花质量检测平台棉花质量检测成套装备应用于兵团第七师棉花加工生产线，实现了棉花加工过程质量监测与调控，棉花智能化加工提质增效应用示范效果显著。

2. 棉花质量追溯政策推动技术与装备发展

随着棉花质量追溯政策的实施持续推进，棉花质量追溯技术与装备依然是棉花加工设备销售的主要增长点，其设备销售范畴呈现逐步拓宽趋势。2022/2023 年度，郑州棉麻工程技术设计研究所、新疆宜棉科技有限公司、北京智棉科技有限公司在原有棉花水杂快速检测、棉花长度强力快速检测、棉花质量追溯模块等设备销售基础上，为提高质量追溯的科学性、匹配的精准度，适应机采棉特性的检验模式，新疆宜棉科技有限公司与石河子大学联合开发机采棉采收作业实时监测系统，实施采集棉农、地块、地理坐标、籽棉水杂等信息，增强质量追溯信息全面性，延伸质量追溯链条，郑州棉麻工程技术设计研究所联合河北铋晟机械制造有限公司联合研发适于机采棉高回潮率高含杂率的籽棉衣分智能试轧机，增加籽棉清理与皮棉清理功能，棉花衣分率更接近于实际生产线加工皮棉衣分率，提高棉花交售的公平性、科学性，全新质量追溯系统销售推广 10 余台套，遍布南北疆兵团与地方加工企业，初步形成示范效应。

3. 棉花新型通风除尘技术与装备应用推广

棉花通风除尘技术是影响棉花加工绿色可持续发展的关键技术，多层圆笼除尘机组的应用，解决了棉花加工通风除尘大风量、高含杂的难题，但是，随着使用周期增长，其设备故障率高、维护人工大、成本高等因素，限制了多层圆笼除尘机组进一步推广。

2022/2023 年度，棉花新型通风除尘技术改造出现了以山东天鹅棉业机械股份有限公司推出的脉冲除尘机组和郑州棉麻工程技术设计研究所与启东市供销机械有限公司联合研制的新型除尘机组，以适用于不同棉花加工生产线技术改造。脉冲除尘机组针对棉花加工生产车间系统性改造，改造成本高、粉尘处理效果好，易于棉花干燥热源回收，适于新建生产线系统性通风除尘技术改造；新型除尘机组改造成本相对较低，风尘处理相对较好，且设备维护少，适于老旧生产线技术改造。随着新型通风除尘技术装备的应用，将进一步优化棉花加工工艺，推动通风除尘技术水平提升。

四、建议

2022/2023年度，我国棉花加工行业发生了较大的变化，政策的新调整、技术的新突破、经营的新变数等等，均需要行业不同环节的参与者发挥能动性，通力合作，确保棉花加工可持续、高质量发展。

1. 加大政策引导，有序推动采棉机优化升级

随着国产采棉机技术的不断提升，国产采棉机以其价格低、服务体系完善等特点实现了数量快速提升，据不完全统计，目前新疆采棉机保有量超过6 300台，伴随着棉花种植结构调整，新疆棉区植棉面积逐渐减少，采棉机出现产能过剩状态，市场上出现无序竞争的现象与趋势，长此以往，势必会对棉农和农机企业造成隐患。因此，应加大政策引导，有序推动采棉装备迭代升级，逐步淘汰落后技术与装备，确保采棉机市场理性、可持续发展。

2. 优化棉花目标价格补贴政策，确保棉花产业安全

自2014年9月国家颁布《关于发布2014年棉花目标价格的通知》，决定在新疆试行棉花目标价格补贴政策以来，已有10个年头，我国棉花种植格局已发生较大变化，新疆棉区棉花产量已占全国棉花产量的92%以上，黄河流域棉区和长江流域棉区棉花种植面积与产量缩减严重。而近年来受新疆棉禁令等贸易壁垒、棉纺织采购商"去中国化"、地缘政治冲突等多重因素叠加影响，致使我国棉纺织品出口下降，对我国棉花产业安全造成较大影响。但也值得关注的是，2022/2023年度，我国内地长江流域棉区湖北省仙桃市、黄河流域棉区山东省无棣县已经探索发展适于内地棉区发展机采棉的种植、加工模式，并取得初步的示范成效。因此，应持续优化我国棉花目标价格补贴政策，在持续保障新疆棉区棉花生产主体地位的同时，适度发展内地棉区棉花种植、加工规模，确保棉花产业安全可持续发展。

3. 加大棉花质量追溯与调控技术示范，着力提升棉花加工质量

确保棉花产业高质量发展的内在因素之一是棉花质量，为提高棉花加工质量、逐步扭转重产量而轻质量的观念，我国组织实施的棉花目标价格补贴与质量挂钩的相关政策并取得了一定的成效，但目前来看，仍需要持续推进棉花质量追溯技术研发力度，以信息化、智能化技术手段提高质量追溯的精准度，最大化的减少人为参与，增强质量追溯的科学性。另外，在确保质量追溯的精准匹配的同时，重视加工过程在线质量检测与调控，提高棉花加工质量，做到"追"与"保"两个方向同时抓，并加大应用示范，以点带面逐步提高我国棉花整体质量水平，增强市场竞争力。

2022/2023年中国棉纺织行业经济运行状况分析

中国棉纺织行业协会 徐潇源 新疆农业大学 陈丽

【作者简介】徐潇源，女，现任中国棉纺织行业协会副秘书长、中国棉纺织行业协会原料产业链分会秘书长。2009年起主要从事棉花、棉纺织产业研究与分析等工作，先后负责棉纺织行业运行、技术进步、产业集群、原料保障、政策研究等有关工作。

陈丽，女，硕士，讲师，现就职于新疆农业大学经济管理学院，从事市场营销专业的教学工作。主要研究领域为产业经济、区域经济、特色农产品营销，主持省部级等科研项目共7项。

摘要 2023年是全面贯彻落实党的二十大精神的开局之年，是三年新冠疫情防控转段后经济恢复发展的一年。面对复杂严峻的形势，我国棉纺织行业深入贯彻落实党中央、国务院决策部署，坚持稳中求进工作总基调，围绕加快建设高质量发展的纺织现代化产业体系目标，全面提升行业科技、时尚、绿色水平，保障产业链供应链平稳顺畅。在国家一系列扩大内需、提振信心、防范风险政策举措支持下，内销市场持续回暖，但世界政治经济形势错综复杂，出口压力仍然较大，棉纺织行业经济运行整体呈现"强预期、弱现实"特点，承压前行。

一、行业景气重回扩张区间生产形势稳步好转

2023年，受外部环境复杂多变等因素影响，我国棉纺织行业产销形势较为严峻，企业生产经营压力有所加大。随着内需带动作用渐强，行业产销衔接、经济循环状况好转，棉纺织企业生产、经营及信心逐步改善。中国棉纺织行业协会发布的中国棉纺织景气指数显示，2023年景气指数围绕荣枯线附近上下波动，12月中国棉纺织景气指数重新回到扩张区间，达到50.7，好于去年同期，高于中国制造业采购经理指数49.0%的水平。

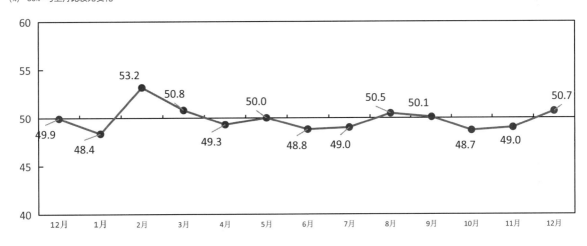

图3—1　2023年中国棉纺织景气指数变化

（数据来源：中国棉纺织行业协会）

生产形势稳步恢复，纱和布产量同比降幅收窄。据国家统计局数据，2023年，我国规模以上纺织企业纱产量和布产量分别为2 234.2万吨和294.9亿米，同比分别下降2.2%和4.8%，降幅较1—3月份低点分别收窄5.4和3.2个百分点。

二、内销市场持续回暖出口降幅逐步收窄

2023年，新冠疫情防控转段带动消费全面加快恢复，随着国家扩内需、促消费各项政策措施落地显效，居民多样化、个性化衣着消费需求加快释放，我国纺织服装内需保持较好回暖势头。国家统计局数据显示，2023年全国限额以上单位服装、鞋帽、针纺织品类商品零售额同比增长12.9%，增速较2022年大幅回升19.4个百分点，整体零售规模超过疫情前水平。在网上零售消费体验提升、电商业态蓬勃发展等积极因素带动下，网络渠道零售增速实现良好回升，2023年全国网上穿类商品零售额同比增长10.8%，增速较2022年大幅回升7.3个百分点。

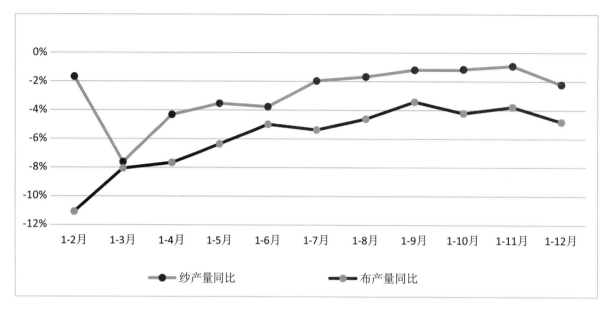

图 3–2　2023 年规模以上纺织企业纱产量和布产量同比变化

（数据来源：国家统计局）

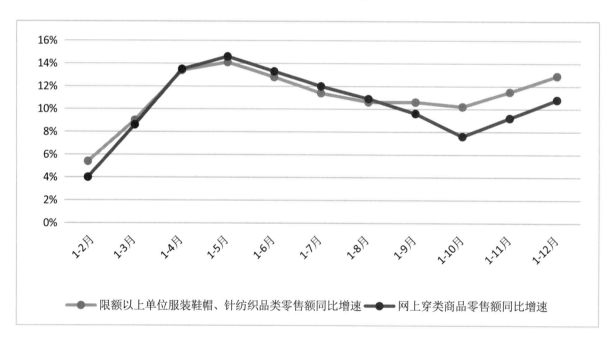

图 3–3　2023 年全国限额以上单位服装、鞋帽、针纺织品类商品零售额及全国网上穿类商品零售额同比变化

（数据来源：国家统计局）

受海外需求收缩、贸易环境风险上升等因素影响，2023 年我国纺织行业出口压力明显加大，但行业发展韧性在外贸领域持续显现，对共建"一带一路"倡议部分市场出口实现较好增长，带动纺织品服装出口总额降幅逐步收窄。据海关总署数据，2023 年我国纺织品服装出口 2 936.4 亿美元，同比下降 8.1%（以人民币计同比减少 2.9%），增速较 2022 年回落 10.6 个百分点，但累计降幅自 9 月以来逐步收窄。其中，纺织品出口 1 345.0 亿美元，同比下降 8.3%（以人民币计同比减少 3.1%）；服装出口 1 591.4 亿美元，同比下降 7.8%（以人民币计同比减少 2.8%）。主要出口市场中，我国对美国、欧盟、日本、英国等市场纺织品服装出口规模均较上年有所减少，对共建"一带一路"倡议及《区域全面经济伙伴关系协定》（RCEP）国家出口形势较好。需要关注的是，我国棉制纺织品服装出口降幅明显，2023 年，我国对全球出口棉制纺织品服装同比下降 14%，其中对美国出口同比下降17%，对欧盟出口同比下降 22%。

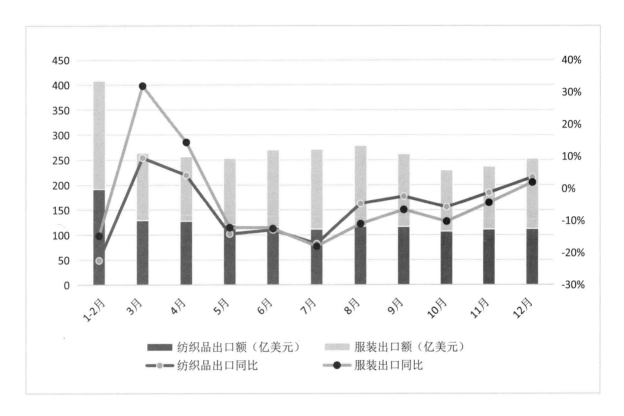

图 3-4　2023 年全国纺织品、服装出口月度统计

（数据来源：海关总署）

三、原料价格大幅波动，纱布价格跟涨乏力

2023 年，国内棉花期现货价格大幅波动，郑棉期货价格从年初的 14 000 元 / 吨低点一路震荡上涨，资金借机入场炒作，最高涨至 17 905 元 / 吨，而下游纺织市场订单疲软，难以支撑高企的棉价。随着国家调控政策出台及新棉供应增加，12 月份郑棉回落至 15 000 元 / 吨左右。下游市场需求不足，纱和布价格难以跟涨棉价，以 3128B 标准级棉花、普梳 32 支纯棉纱和纯棉坯布（32*32130*702/147"斜纹）为代表，9 月份价格高点与 1 月份相比，棉花价格上涨了 27.0%，而纱和布价格仅上涨了 8.7% 和 16.3%。12 月份，花纱平均差价进一步缩小至 6 007元 / 吨，棉纺织企业利润空间持续压缩，按照即期利润，企业仍处于亏损状态。

四、效益水平稳步改善，投资降幅有所收窄

2023 年，受市场需求不足、成本传导压力加大等因素影响，棉纺织企业经营持续承压，但在内需市场支撑下，效益水平稳步改善。据国家统计局数据，2023 年，规模以上棉纺纱和棉织造行业营业收入同比分别下降 6.6% 和 3.6%，月度累计降幅呈逐步收窄态势，但降幅明显高于工业企业、制造业及纺织行业。受低基数效应影响，棉纺纱和棉织造

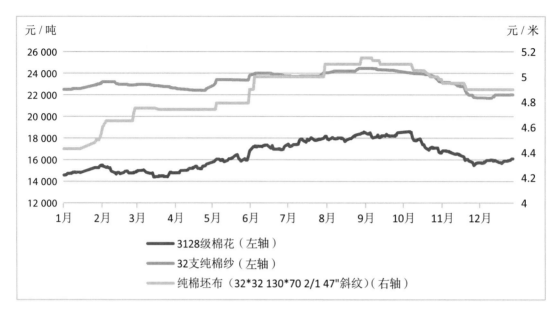

图 3–5　2023 年棉纺织代表产品价格走势

（数据来源：中国棉纺织行业协会）

行业利润总额同比回升明显，但营收利润率处于较低水平，分别仅为 2.46% 和 3.75%，亏损面仍然较大，分别为 24.0% 和 18.5%。12 月末，棉纺纱和棉织造的资产负债率分别为 62.1% 和 54.3%，处于相对合理水平，棉纺纱和棉织造的产成品库存周转天数分别为 34.9 天和 39.8 天，销售和库存压力处于高位。

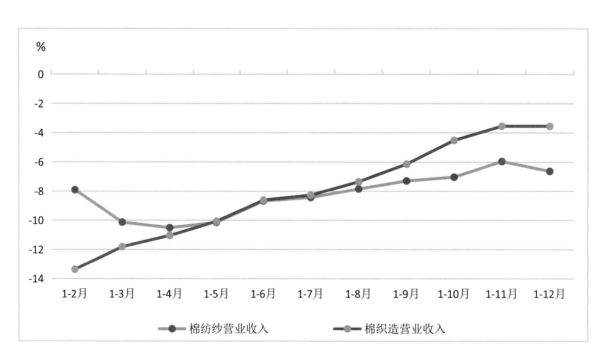

图 3–6　2023 年规模以上棉纺织企业营业收入同比增速

（数据来源：国家统计局）

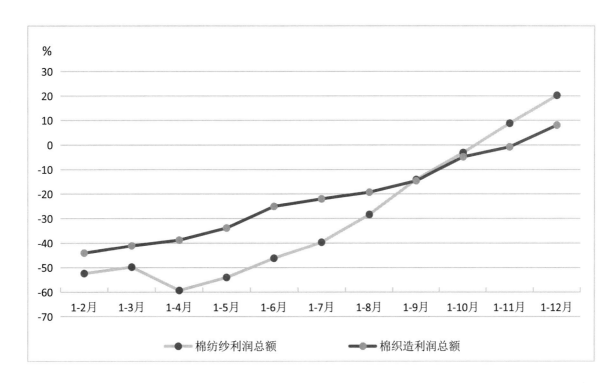

图 3-7　2023 年规模以上棉纺织企业利润总额同比增速

（数据来源：国家统计局）

表 3-6　2023 年规模以上行业经济指标对比情况

类别	营业收入 同比 (%)	利润总额 同比 (%)	营收利润率 %	亏损面 %	资产负债率 12月末（%）	产成品存货周转天数 12月末（天）
工业企业	1.1	-2.3	5.76	—	57.1	19.3
制造业	1.3	-2.0	5.00	—	56.4	21.6
纺织行业	-0.8	7.2	3.83	21.4	58.6	32.5
棉纺纱加工业	-6.6	20.3	2.46	24.0	62.1	34.9
棉织造加工业	-3.6	8.1	3.75	18.5	54.3	39.8

数据来源：国家统计局。

在市场需求偏弱的背景下，纺织企业投资信心仍显不足，但随着盈利水平持续改善及转型升级步伐加快，行业投资降幅有所收窄。据国家统计局数据，2023 年我国纺织业固定资产投资完成额同比减少 0.4%，减幅小于服装业 2.2% 的水平，增速虽然均较 2022 年有所回落，但较 2023 年内低位水平收窄 10.6 个百分点。

五、行业发展面临的形势及展望

国际政治经济环境错综复杂，主要发达经济体采取紧缩型货币政策，全球经济贸易活动及金融系统稳定性面临挑战，国际市场需求改善压力依然较大；部分发达国家"去风险"政策加剧全球"脱钩断链"风险，国际纺织产业链供应链布局持续调整，我国棉纺织行业巩固国际竞争优势、开展国际贸易和投资合作的环境复杂。

展望2024年，棉纺织行业发展面临的不稳定不确定因素依然较多，外需疲软，保持稳中向好恢复态势仍将面临诸多挑战。但是，国内宏观经济将持续回升向好，基本面韧性强、高质量发展活力足、宏观政策空间广等支撑条件不断累积增多，随着新型城镇化和城乡融合进程加快，我国超大规模、不断升级的内需市场优势仍然明显，将是支撑棉纺织行业高质量发展的首要动力。大健康、绿色生态、智慧生活、国货潮品等消费热点焕发活力，棉纺织企业仍可积极作为。与此同时，我国推进共建"一带一路"倡议走过金色十年，高标准自由贸易区网络建设持续推进，与沿线国家开展纺织服装产业链共建的合作基础不断巩固，将为棉纺织行业进一步开拓多元化国际市场和构建国际化供应链体系提供有利条件。

展望2024年，棉纺织行业将全面贯彻落实党的二十大精神和中央经济工作会议有关决策部署，坚持稳中求进、以进促稳、先立后破，聚焦高质量发展主线，持续深化转型升级，不断巩固增强经济运行回升向好基础，加快累积增强高质量发展韧性，努力保障产业链供应链稳定、安全运行。一是修炼内功，提升管理水平；二是提高警惕，提前做好应对预案，以应对未来可能发生的不利情形；三是提升行业生产的连续化、自动化和智能化水平，推动行业设备提升和技术改造；四是加大新型纤维的推广和利用，提高产品创新能力。深度融入"双循环"格局，积极开拓国内国际两个市场，充分发挥自身优势，在日趋激烈的国际竞争中赢得主动，为推动行业经济运行持续向好、完成国民经济发展目标任务做出应有贡献。

2022/2023年度郑州棉花期货市场运行情况

江苏南京弘一期货公司　王晓蓓

2022/2023年度是郑州商品交易所棉花期货（以下简称"棉花期货"）上市的第18个年度，也是新冠肺炎肆虐全球的第4个年度。2022/2023年度，全球新冠肺炎基本进入尾声，国内也在2022年年底全面放开管控。全球方面，2022/2023年度，棉花供给同比略增，但是新冠肺炎对全球宏观面的影响短期内并未消除，叠加防疫物品需求量下降，下游消费依然疲软，甚至较上一年度消费量显著下降；国内方面，尽管产量创近年新高，但消费量同比显著增加带来利好。整体来看，洲际交易所（ICE）期价在年度伊始下跌，随后维持区间震荡；国内郑棉年度初期走跌，随后一路震荡上扬。

2022/2023年度，郑州棉花期货市场共计实物交割95 448手，共计期转现18 740手；日均持仓量和成交量分别为107万手和73.8万手，均较上个年度显著增长。较高的持仓量和成交量为郑棉市场提供了良好的流动性，是广大现货企业参与套期保值、交割更加顺畅的基础。相关性方面，参与者众多，尤其是产业参与度活跃，棉花期现货价格走势相关度继续维持高位，2022/2023年度，全年度棉花期现货价格相关性为0.95；不过，本年度中国和美国棉花供需基本面差异较大，国内外棉花期货价格的相关性很低。

规则制度上，为做好"稳企安农，护航实体"，郑州商品交易所开展了支持会员产业服务专项计划，同时还多次调整套保手续费、保值额度申请相关政策等，以便减少实体企业参与期货市场的成本。另外，结合市场情况，对棉花交割仓库进行了部分调整，进一步优化了现货企业参与期货交割的方便程度，多次调整保证金、手续费等，为保供稳价护航。

一、2022/2023年度棉花期货市场运行情况

1. 价格先抑后扬

2022/2023年度初期，棉花期现货价格呈震荡下跌趋势，近月合约在11月份达到年度最低，为13 095元/吨。12月份开始震荡上扬，但2月初阶

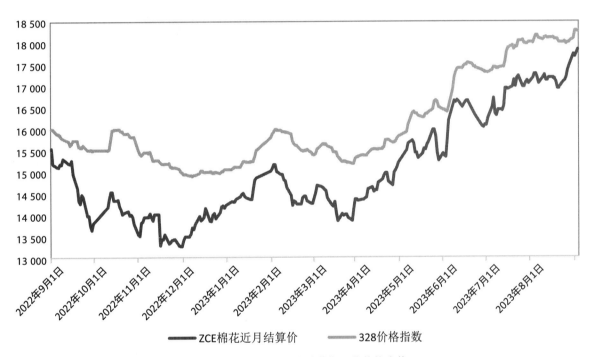

图3-8 2022/2023年度棉花期现货价格走势

（数据来源：WIND，弘业期货金融研究院）

段性触顶后下跌，回吐前期一半涨幅。2023年4月份，棉花期现货价格快速拉升，这一震荡走高趋势一直延续到本年度结束，近月合约在本年度末达到最高17 940元/吨。2022/2023年度，棉花期货市场近月合约结算价累计上涨2 305元/吨，涨幅14.8%，波幅4 750元/吨，波动性较上个年度显著收窄。2022/2023年度棉花现货价格涨幅与期货相当，全年度整体上涨2 302元/吨，涨幅14.4%，波幅3 407元/吨，期现货价格相关性为0.95。

2. 日均成交创近年新高，流动性良好

随着新冠疫情管控的全面放开，经济活动全面开展，郑棉期货市场更加活跃。2022/2023年度，棉花期货的日均成交量与日均持仓量同比放大明显。在结束了连续两个年度的流动性萎缩后，2022/2023年度棉花期货日均持仓量和日均成交量分别达到107万手和73.8万手，分别同比增长79.5%和68.5%。

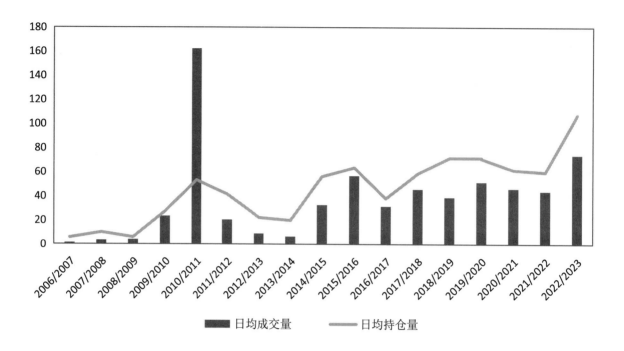

图3-9 郑棉期货成交量和持仓量情况（日均）

（数据来源：WIND，弘业期货金融研究院）

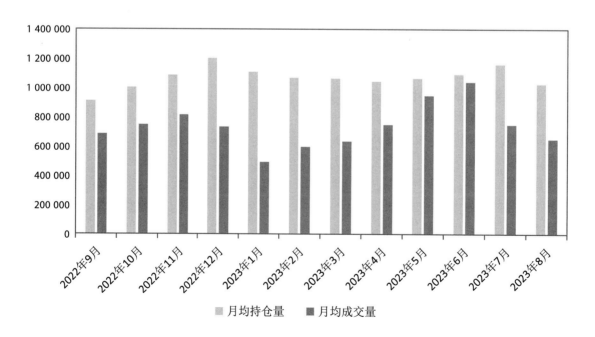

图3-10 郑棉期货成交量和持仓量情况（月均）

（数据来源：WIND，弘业期货金融研究院）

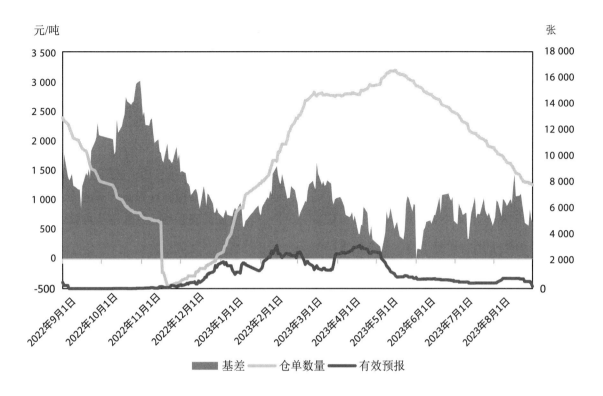

图 3-11 郑棉仓单注册与基差走势

（数据来源：WIND，弘业期货金融研究院）

其中，日均持仓量创历史新高，日均成交量创近十二年新高。

从 2022/2023 年度各个月度情况来看，随着郑棉期价的破位下行，月均持仓量和成交量在年度初期呈增加态势，月均成交量在 11 月份达到阶段性 81.46 万手的高位后下降；持仓量在 12 月份达到年度最高 120.18 万手，随后呈稳定略减状态。新棉种植生长初期，受价格预期影响，月均交易量日益走高并在 6 月份达到年度最高 104 万手，其间，月均持仓量一直维持高位，整体较为稳定。

2022/2023 年度，月均持仓量最大波幅为 29.13 万手，最高和最低持仓量分别发生在 12 月份和 9 月份；月均成交量最大波幅为 54.91 万手，最高和最低成交量分别发生在 6 月份和 1 月份。

3. 仓单量维持高位，期货销售平台作用继续较好发挥

2022/2023 年度，棉花交割数量继续保持高位，期货市场辅助棉花现货销售的平台作用继续发挥良好。全年度棉花期货仓单峰值为 16 587 张，折合棉花 66.3 万吨，处于历史较高位置；棉花实物交割和期转现量共计 57 万吨，较上一年度同比下降 26.9%。从基差情况来看，与上个年度相比，2022/2023 年度日均基差基本持平，同比高 10 元/吨，为 1 130 元/吨。2022 年 10 月 31 日，年度内期现货基差正向市场极值为 3 021 元/吨，较上个年度正向市场极值扩大 532 元/吨；全年度基差反向市场极值出现在 2023 年 6 月 1 日，为 10 元/吨，较上个年度的反向市场极值收窄 1 254 元/吨。

二、2022/2023 年度国内外棉花市场影响因素分析

1. 国内棉花市场

2022/2023 全年度棉花期货价格走势整体上可分为三个阶段：2022 年 9 月至 2022 年 10 月，震荡走跌；

2022年11月至2023年3月，冲高回落；2023年4月至2023年8月，震荡走高。

2022/2023年9月中下旬，国内新棉零星上市，初期手摘絮棉价格并不具备代表性，直至轧花厂5.1元/千克的机采棉开始收购后郑棉价格进入新的博弈阶段。此价格较2021年同期大幅降低。同时，鉴于2021年籽棉上市时期抢收带来的不良后果，今年轧花厂收购心态谨慎。进入10月下旬之后，在需求偏弱以及外盘的带动下延续前期跌势，主力CF2301合约盘中创12 270元/吨的近两年新低。

第二阶段，郑棉冲高回落。国内新棉加工检验落后，市场担忧新棉仓单注册，加之郑棉价格低位和疫情管控放松预期，郑棉低位反弹；12月份，疫情方面利好频发，市场对下游消费有良好预期，叠加下游纺企节前补库，郑棉价格进一步走高。进入2月份，一是上方套保压力逐渐增加，二是下游需求暂未有显著改善，表现为强预期弱现实，郑棉承压回落。

第三阶段，郑棉震荡走高。4月份恰逢国内下游旺季，国内外终端零售双创佳绩；4月中旬，棉花目标价格改革政策落地，叠加天气状况不佳以及植棉面积预期下降，郑棉价格继续上涨。5月底，网传国内棉花商业库存量较低，供给端炒作加码，郑棉主力合约6月份首个交易日涨幅超5%。随后，在新年度棉花减产、抢收预期和国内棉花商业库存供给不足的强劲利多背景下，主力合约继续走高，最高接近18 000元/吨。

2. 国际棉花市场

美棉期货价格走势在2022/2023年度亦分三个阶段。

2022年9月至2022年10月，ICE美棉快速下跌。9月8日，欧元区三大关键利率均上调75个基点以进一步遏制通胀水平；9月22日，美国宣布加息75个基点；9月份美棉主产区干旱天气有所缓解等一系列利空事件集中释放下，ICE美棉连续合约在9月份多次跌停。10月份，市场对经济的担忧进而引发对棉花需求的担忧，美国农业部报告大幅调减全球棉花消费量预估，美棉继续走跌，ICE合约最低至70.21美分/磅，两个月下跌幅度超40美分/磅。

第二阶段，11月中旬至6月底，ICE美棉快速上涨后窄幅震荡。北京时间11月3日凌晨，美联储宣布加息75个基点，符合市场预期。本次加息75个基点后，市场预计未来美联储加息节奏或将放缓。同时，美棉出口在11月初表现强劲，尤其是中国买家入市。多重利好因素下，ICE美棉月初低位回升，涨势明显，主力合约从最低70.21美分/磅开始发力，至11月中旬录得最高89.31美分/磅，随后即进入了震荡整理走势。2023年上半年，ICE美棉主力合约在宏观、印度棉减产预期、美棉增产预期以及出口等多空因素下维持窄幅震荡走势。主力合约在1月份录得最高88.88美分/磅的高点，在3月份录得最低75.7美分/磅的低点，整体波动大部分时间维持在10美分/磅区间。

第三阶段，7—8月份ICE美棉震荡上涨。7月中下旬开始，美棉主产区干旱加剧，棉花生长优良率持续回落，产量引发市场担忧，美棉强势突破，ICE连续合约日K线报收八连阳。同时，美农8月份下调美棉产量预估337万包。

三、2022/2023年度棉花期货市场政策调整情况

2022年9月8日，为深化期货服务实体经济功能，提升产业企业参与期货市场广度和深度，郑州商品交易所（以下简称郑商所）决定开展"'稳企安农 护航实体'——支持会员产业服务专项计划"（以下简称产业专项）。

该项目品种包括棉花在内，在考核期内达标的项目，郑商所通过手续费减收的方式给予期货公司支持。

2022年9月26日，根据《郑州商品交易所期货交易风险控制管理办法》第九条规定，经研究决定，对2022年国庆节期间部分期货合约交易保证金标准和涨跌停板幅度作出如下调整：

一、自2022年9月29日结算时起，棉花期货合约的交易保证金标准调整至10%，涨跌停板幅度调整至9%。

二、2022年10月10日恢复交易后，自品种持仓量最大的合约未出现涨跌停板单边市的第一个交易日结算时起，棉花期货合约的交易保证金标准和涨跌停板幅度恢复至调整前水平。

按规则规定执行的交易保证金标准和涨跌停板幅度高于上述标准的，仍按原规定执行。

请各会员单位加强资金和持仓风险管理，提醒投资者强化风险意识，加强风险防范。

2022年10月12日，根据《关于进一步完善自治区棉花及纺织服装产业政策措施的通知》（新政办发〔2022〕61号）及《关于调整指定棉花交割仓库升贴水的通告》（通告〔2016〕18号），现公告调整内地指定棉花交割仓库升贴水标准，自2022年10月18日开始执行。具体升贴水标准见表3—7。

表3-7 棉花交割仓库升贴水标准

交割仓库名称	升贴水（元/吨）
国家粮食和物资储备局河南局四三二处	900减去"运费补贴"
河南豫棉物流有限公司	
中储棉漯河有限公司	
衡水市棉麻总公司储备库	950减去"运费补贴"
菏泽市棉麻公司巨野棉麻站	
菏泽市棉麻公司菏泽转运站	
滨州中纺银泰实业有限公司	
中棉集团山东物流园有限公司	
国家粮食和物资储备局湖北局三三八处	
中储棉菏泽有限责任公司	
中储棉武汉有限公司	
江阴市协丰棉麻有限公司	1000减去"运费补贴"
江苏银海农佳乐仓储有限公司	
中国供销集团南通供销产业发展有限公司	
江苏银隆仓储物流有限公司	
张家港保税区外商投资服务有限公司	

注："运费补贴"指新疆维吾尔自治区人民政府办公厅发布执行的出疆棉花运费补贴标准。当运费补贴政策到期、新政策公布前，升贴水计算时运费补贴标准沿用上期政策规定，交易所另行公告的除外；新的运费补贴标准公布后，升贴水按照新标准计算，自政策公布之日起（不含该日）第十个交易日开始执行，如果该日在交割月份第一至第十三个交易日之中，则执行日期顺延至该交割月份第十四个交易日。

2022年11月8日，经研究决定，现对棉花期货替代交割品升贴水调整公告如下，自2023/2024年度生产的棉花开始实施。

仓单注销出库时，在复议期内，因自然变异造成棉花颜色级超出上述替代品范围并同时超出《郑州商品交易所棉花期货业务细则》规定允许自然变异范围的，其升贴水参照中国棉花协会发布的"2022年11月《中国棉花协会国产棉质量差价表》"

表 3-8　棉花期货替代交割品升贴水调整公告

序号	指标	升水替代品 (元/吨)		基准品	贴水替代品 (元/吨)		
1	颜色级	11	21	31	41	12	22
	升贴水	300	150	0	-300	-250	-500
2	长度mm	≥30	29	28	27		
	升贴水	400	150	0	-250		
3	马克隆值	A		B(B1、B2)	C2		
	升贴水	100		0	-150		
4	断裂比强度	S1	S2	S3	S4		
	升贴水	350	150	0	-250		
5	长度整齐度	U1	U2	U3	U4		
	升贴水	250	200	0	-200		
6	轧工质量	P1		P2	P3		
	升贴水	100		0	-300		
7	异性纤维	/		发现未超过1包的	发现超过1包的，每多发现1包增加贴水		
	升贴水	/		0	-200		

中"2022年11月锯齿加工细绒棉质量差价表"执行。

2022年11月11日，根据《郑州商品交易所期货交易风险控制管理办法》第十条规定，经研究决定，自2022年11月18日结算时起，棉花期货2301合约的交易保证金标准调整为12%。

按规则规定执行的交易保证金标准高于上述标准的，仍按原规定执行。

2022年11月28日，经研究决定，免收2023年全年全部期货品种套保开仓、交割、仓单转让（含期转现中仓单转让）及标准仓单作为保证金手续费。

2023年1月16日，根据《郑州商品交易所期货交易风险控制管理办法》第八条规定，经研究决定，对2023年春节期间部分期货合约交易保证金标准和涨跌停板幅度作出如下调整：

一、自2023年1月19日结算时起，棉花合约的交易保证金标准调整为10%，涨跌停板幅度调整为9%。

二、2023年1月30日恢复交易后，自品种持仓量最大的合约未出现涨跌停板单边市的第一个交易日结算时起，棉花期货合约的交易保证金标准和涨跌停板幅度恢复至调整前水平。

按规则规定执行的交易保证金标准和涨跌停板幅度高于上述标准的，仍按原规定执行。

请各会员单位加强资金和持仓风险管理，提醒投资者强化风险意识，加强风险防范。

2023年2月7日，经研究决定，增设阿克苏益康仓储物流有限公司为郑州商品交易所指定棉花交割仓库，自2023年2月10日起开展棉花期货交割业务。具体信息如下。

仓库名称：阿克苏益康仓储物流有限公司
仓库简称：阿克苏益康
仓库编号：0339
联系地址：新疆阿克苏地区新和县北工业园区
升贴水：-50元/吨

阿克苏益康仓储物流有限公司的期货交割棉注销提货时，如选择铁路出库，由阿克苏益康仓储物流有限公司承担仓库至新和站的短驳费用。

2023年4月25日，根据《郑州商品交易所期货交易风险控制管理办法》第八条规定，经研究决定，对2023年劳动节期间部分期货合约的交易保证金标准和涨跌停板幅度作出如下调整：

一、自2023年4月27日结算时起，棉花期货合约的交易保证金标准调整为9%，涨跌停板幅度调整为8%。

二、2023年5月4日恢复交易后，自品种持仓量最大的合约未出现涨跌停板单边市的第一个交易日结算时起，上述品种期货合约的交易保证金标准和涨跌停板幅度恢复至调整前水平。

按规则规定执行的交易保证金标准和涨跌停板幅度高于上述标准的，仍按原规定执行。

请各会员单位加强资金和持仓风险管理，提醒投资者强化风险意识，加强风险防范。

2023年5月22日，根据《郑州商品交易所套期保值管理办法》第六条、第十八条规定，经研究决定，调整棉花品种适用按品种方式申请一般月份套期保值持仓额度，具体公告如下。

自2023年5月25日起，非期货公司会员或者客户可以按品种方式或合约方式申请上述品种的一般月份套期保值持仓额度。自2023年6月30日结算时起，非期货公司会员或者客户开始使用按品种方式申请的棉花套期保值持仓额度，停止使用按合约方式申请的套期保值持仓额度。自2023年7月1日起，非期货公司会员或者客户只能按品种方式申请棉花的一般月份套期保值持仓额度。

按品种方式申请并获批棉花一般月份套期保值持仓额度的非期货公司会员或者客户，其套期保值持仓和投机持仓合计不得超过投机持仓限仓标准的2倍，其中投机持仓不得超过相应投机持仓限仓标准，套期保值持仓不得超过获批的套期保值持仓额度。

2023年6月5日，根据《郑州商品交易所期货结算管理办法》第二十七条规定，经研究决定，自2023年6月6日当晚夜盘交易时起，棉花期货2309合约的交易手续费标准调整为8元/手，日内平今仓交易手续费标准调整为8元/手。

2023年6月12日，经研究决定，取消江苏银海农佳乐仓储有限公司指定棉花交割仓库资格，恢复芜湖市棉麻有限责任公司指定棉花交割仓库期货入库业务，以上决定自公告之日起生效。相关信息如下：

仓库简称：芜湖棉麻

仓库编号：0308

联系地址：安徽省芜湖市鸠江区褐山路79号

升贴水：950元/吨减去运费补贴

2023年8月1日，根据企业申请，经研究决定，自即日起暂停中储棉菏泽有限责任公司、中储棉武汉有限公司指定棉花交割仓库交割业务。

2023年8月11日，根据《郑州商品交易所期货结算管理办法》第二十七条规定，经研究决定，自2023年8月14日当晚夜盘交易时起，棉花期货2311及2401合约的日内平今仓交易手续费标准调整为4.3元/手。

2022/2023年度全球棉花和纺织市场报告

中储棉信息中心研究室主任　郁　今

2022/2023年度，在外部环境方面，美欧加息给全球经济带来诸多风险，俄乌冲突导致全球经济格局改变，我国经济恢复面临内需动力不足问题；在纺织市场方面，整个行业总量规模下滑，负重前行；在棉花行业方面，国内外棉花供应状况明显好转，国内棉价先抑后扬，国外棉价走势偏弱。

2023/2024年度，全球经济下行压力增大，我国经济波浪式恢复，纺织市场"旺季不旺"。全球纺织品服装消费的恢复将是一个漫长的过程，我国纺织品服装出口前景不容乐观，对棉花价格的负面影响也将长期存在。需要注意的是，地缘政治冲突在时间上的延续和范围上的扩大致使国际粮食价格保持高位运行，可能导致2024年全球粮食种植面积增加和棉花种植面积减少，从而对棉花价格起到支撑作用，甚至引发投机炒作。

一、2022/2023年度棉花市场回顾

1. 宏观经济形势

（1）全球经济增速明显放缓

国际货币基金组织（IMF）公布的数据显示，2022年全球GDP同比增幅3.5%，各主要经济体均实现了稳健增长：美国GDP位居世界第一，为25.46万亿美元，同比增长2.1%；我国位居第二，为18.1万亿美元，同比增长3.0%；日本位居第三，为4.23万亿美元，同比增长1.0%；德国位居第四，为4.08万亿美元，同比增长1.8%；印度位居第五，为3.39万亿美元，同比增长7.2%；英国位居第六，为3.07万亿美元，同比增长4.1%；此外，法国、意大利、加拿大、韩国等国家也实现了不同程度的增长。

2023年以来，为应对通胀问题，美欧延续货币紧缩政策，导致银行流动性风险频发，一些银行接连宣布巨亏或破产，市场信心受挫。国际评级机构惠誉在8月初将美国长期外币发行人违约评级从AAA下调至AA+。此外，由于俄乌冲突仍在持续，欧洲经济局势愈发令人担忧。标普公司欧元区综合采购经理人指数（PMI）从7月的48.6降至8月的47（PMI指数低于50荣枯线表示经济衰退），创下2020年11月以来的最低水平。据国际货币基金组织（IMF）预测，2023年全球GDP增幅3%，增速同比下降0.5个百分点。

（2）我国经济走势呈现出V形

2022年GDP同比增长3%，比年度增速目标低2.5个百分点。总体来看，经济走势呈现出V形。一季度中国经济平稳开局，国民经济稳定增长，GDP同比增长4.8%；二季度受国内疫情反复的影响，经济受冲击较大，但随着国内稳增长措施密集出台，经济实现了正增长；三季度国内疫情对宏观经济的扰动再现，国内外需求偏弱，为了应对经济下行压力，各项稳增长政策再度加码，助力国内经济基本面持续修复；四季度随着疫情防控政策转变迎来感染高峰，国内消费和生产受到较大影响，加剧宏观经济波动，经济增速再度放缓，同比增长2.9%。

2022年，《区域全面经济伙伴关系协定》（RCEP）的全面生效为我国与其他成员国扩大货物贸易创造了更加有利的条件，带动了相应的服务贸易和投资开放，促进了贸易便利化和营商环境的提升。根据国家统计局发布的《中华人民共和国2022年国民经济和社会发展统计公报》，2022年我国货物进出口总额420 678亿元，同比增长7.7%。其中，对《区域全面经济伙伴关系协定》其他成员国进出口额129 499亿元，同比增长7.5%。

2023年上半年，随着经济社会逐渐恢复常态化运行，我国经济运行回升态势明显，GDP同比增长5.5%。分产业看，增加值都有所提升，第一、第二和第三产业的增加值同比分别增长3.7%、4.3%和6.4%。

2. 产需状况

（1）全球棉花供应由产不足需转变为供应宽松

据国际棉花咨询委员会（ICAC）2024年1月份预测，2022/2023年度全球棉花产量2 484万吨，同比减少41万吨；消费量2 368万吨，同比减少216万吨；产量高于消费量116万吨，与2021/2022年度产量低于消费量59万吨的情况相比，由产不足需转变为供应宽松。

表3-9 全球棉花产需预测（2024年1月）

单位：万吨

项目	2021/2022年度	2022/2023年度	变化	幅度（%）
期初库存	2 011	1 939	−72	−3.6
产量	2 525	2 484	−41	−1.6

续表

项目	2021/22年度	2022/2023年度	变化	幅度（%）
消费量	2 584	2 368	−216	−8.4
出口量	961	806	−155	−16.1
进口量	961	806	−155	−16.1
期末库存	1 939	2 123	184	9.5

数据来源：国际棉花咨询委员会（ICAC）。

（2）我国棉花供应紧张状况有所缓解

据国家棉花市场监测系统2024年1月份预测数据，2022/2023年度我国棉花产量672万吨，同比增加92万吨；消费量770万吨，同比增加40万吨；产量低于消费量98万吨，与2021/2022年度产量低于消费量150万吨的情况相比，供应紧张状况有所缓解。

表3–10　中国棉花产需预测（2024年1月）

单位：万吨

项目	2021/2022年度	2022/2023年度	变化	幅度（%）
期初库存	508	529	21	4.1
产量	580	672	92	15.9
消费量	730	770	40	5.5
出口量	2.8	1.8	−1	−35.7
进口量	173	142	−31	−17.9
期末库存	529	571	42	7.9

数据来源：国家棉花市场监测系统。

3. 价格走势与价差变化

（1）国际棉价走势分为三个阶段

2022年9月1日至10月31日为下跌阶段。随着北半球新棉集中上市，棉花供应量不断增加，国际棉价承压下跌。2022年9月1日至2022年10月31日，ICE棉花期货主力合约收盘价从108.21美分/磅跌至72.14美分/磅，跌幅33.3%；国际棉花M指数从134.05美分/磅跌至92.53美分/磅，跌幅31%。

2022年10月31日至11月15日为反弹阶段。美联储暗示将放缓加息幅度、美国通胀水平进一步回落以及中国防疫政策不断优化等因素推动国际棉价快速反弹。截至2022年11月15日，ICE棉花期货主力合约收盘价上涨至87.00美分/磅，较

图 3-12 国际棉价走势

2022 年 10 月 31 日上涨 20.6%；国际棉花 M 指数从 92.53 美分/磅涨至 105.05 美分/磅，涨幅 13.53%。

2022 年 11 月 15 日至 2023 年 8 月 31 日为箱体波动阶段。美国和中国棉花种植面积减少、棉花春播和生长期天气异常等利多因素与美联储持续加息导致美欧银行业流动性风险频发、俄乌战争持续不断拖累全球经济等利空因素交织在一起，国际棉价维持箱体波动，ICE 棉花期货主力合约最高价为 89.92 美分/磅，最低价为 75.70 美分/磅；国际棉花 M 指数最高价为 107.53 美分/磅，最低价为 89.70 美分/磅。

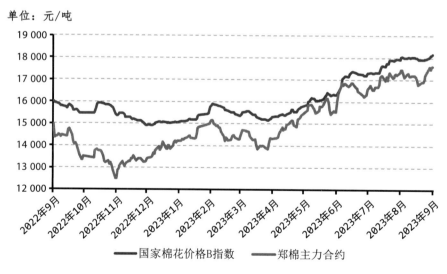

图 3-13 国内棉价走势

（2）国内棉价走势分为四个阶段

2022 年 9 月 1 日至 10 月 31 日为下跌阶段。受疫情影响，下游市场需求低迷，纺织企业采购棉花积极性不高，棉价震荡下行。2022 年 9 月 1 日至 10 月 31 日，郑棉主力合约收盘价从 14 900 元/吨跌至 12 485 元/吨，跌幅 16.2%；国家棉花价格 B 指数从15 997元/吨跌至15 411元/吨，跌幅3.6%。

2022年10月31日至2023年2月1日为反弹阶段。随着国内疫情防控政策进一步优化，市场信心有所恢复，纺织市场消费转旺，新棉销售进度加快，郑棉期货价格出现反弹，主力合约收盘价于2023年2月1日涨至15 190元/吨，较10月31日上涨21.7%；国家棉花价格B指数涨至15 815元/吨，涨幅2.6%。

2023年2月1日至3月27日为回调阶段。由于纺织市场的恢复不及预期，国内棉价开始回调。截至2023年3月27日，郑棉主力合约收盘价为13 910元/吨，较2月初下跌8.4%；国家棉花价格B指数为15 142元/吨，较2月初下跌4.3%。

2023年3月27日至8月31日为上涨阶段。国家棉花市场监测系统先后发布的《中国棉花意向种植面积调查报告》和《中国棉花实播面积调查报告》分别显示2023年中国棉花种植面积同比减幅为4.9%和10.3%。在棉花种植面积减少情况下，棉花生长期间新疆产棉区又出现了异常天气，致使棉价涨势进一步强化。截至2023年8月31日，郑棉主力合约收盘价为17 660元/吨，较2023年3月27日上涨27.5%；国内棉花价格B指数为18 150元/吨，较2023年3月27日上涨20.1%。

（3）内外棉价差[①]由大幅倒挂逐步恢复至正常状态

2022/2023年度国内棉价走势整体强于国际棉价，内外棉价差由大幅倒挂逐步恢复至正常状态。截至2023年8月31日，国家棉花价格B指数为18 150元/吨，较2022年9月1日上涨2 153元/吨，涨幅13.5%；国际棉花M指数折人民币价格为17 190元/吨（含关税1%、增值税9%，不含港杂费），较2022年9月1日下跌4 889元/吨，跌幅22.1%；内外棉价差为960元/吨，与2022年9月1日–6 082元/吨的价差形成鲜明对照。

（4）纱棉价差[②]缩小

由于纺织市场的恢复不及预期，国内棉纱价格上涨乏力，纱棉价差逐步缩小。截至2023年8月31日，国内32支棉纱指数价格为24 530元/吨，较2022年9月1日上涨60元/吨，涨幅0.3%；纱棉价差由8 473元/吨缩小至6 380元/吨，幅度为24.7%。

（5）棉涤价差[③]扩大

由于国内棉价走势强于涤短价格，棉涤价差逐步扩大。截至2023年8月31日，国内涤纶短纤价格为7 562元/吨，较2022年9月1日上涨39元/吨，涨幅0.52%；棉涤价差由8 474元/吨扩大至10 588元/吨，幅度为25%。

4. 纺织品服装内销微增，出口减少

国家统计局数据显示，2022年9月至2023年8月，我国纺织品服装国内零售额13 577亿元，同比增长72.8亿元，增幅0.5%；中国海关总署数据显示，纺织品服装出口额累计2 724.46亿美元，同比减少297.5亿美元，减幅9.8%。

5. 棉花和棉纱进口同比减少

据中国海关总署统计，2022年9月至2023年8月，我国进口棉花143万吨，同比减少30万吨，减幅17.3%；进口棉纱134万吨，同比减少16万吨，减幅10.4%。

6. 纺纱产量同比减少

根据国家统计局数据，2022年9月至2023年8月，我国纱产量累计2 556.51万吨，同比减少237.42万吨，减幅8.5%。

二、2022/2023年度外部环境与上下游市场主要特点

1. 外部环境主要特点

（1）美欧加息给全球经济带来诸多风险

为应对疫情对经济的冲击，美欧纷纷推出量化宽松政策，但随后引发通胀。为抑制通胀，2022年3月至2023年8月，美国累计加息525个基点，达到22年来最高水平。2022年7月至2023年8月，

[①] 内外棉价差＝国家棉花价格B指数－国际棉花价格指数折人民币港口提货价格
[②] 纱棉价差＝国内纯棉普梳32支纱价格指数－国内棉花现货价格B指数
[③] 棉涤价差＝国家棉花价格B指数－涤纶短纤指数价格

欧洲央行累计加息425个基点，接近历史最高水平；英国央行累积加息490个基点，达到2008年国际金融危机以来最高水平。美欧持续加息给全球经济带来的主要风险如下：

一是导致全球金融环境趋紧，全球资本向高利率的发达经济体流动，新兴经济体和高债务国家面临流动性短缺、债务恶化、次生社会危机等问题。

二是美欧国家金融市场紧密联动，意味着美欧某个国家的金融风险可能很快传导成区域性金融危机甚至全球性金融危机。

三是美欧发达国家经济衰退趋势加强，需求减少，导致其他贸易出口国出口停滞，经济复苏乏力，使区域化经济衰退向全球蔓延。

（2）俄乌冲突导致全球经济格局改变

俄乌冲突爆发以来，美西方对俄罗斯展开全方位制裁，导致能源和粮食供应紧张，对全球经济格局的影响主要包括以下两个方面。

一是俄乌冲突使很多供应链下游国家出现困境。非洲开发银行指出，俄乌冲突导致非洲出现约3000万吨谷物短缺。根据联合国发布的《2023年世界经济形势与展望》，受俄乌冲突影响，2022年40%的非洲国家通胀水平达到两位数。中东产油国在国际油气价格飞涨、财政状况明显改善的同时，也遭遇了粮食供应短缺、粮价飙升难题。

二是俄乌冲突的持续使欧洲经济遭受多重冲击。欧盟对俄制裁也遭到反噬，导致欧洲能源价格飙升，通胀高企，企业遭受巨大损失，民众收入严重缩水，购买力大幅下降。能源成本上升还导致欧洲制造业外流，加剧全球经济不确定性。欧盟统计局公布的数据显示，2022年第四季度欧盟企业申请破产数量达到2015年以来最高水平。

（3）我国经济恢复面临内需动力不足问题

从大趋势上看，新冠疫情之后，我国经济正在逐步恢复，但内需动力不足成为影响我国经济恢复速度的主要问题之一，主要表现在以下两个方面。

一是企业投资和生产动力不强。这主要是受国际环境变化、疫情和经济治理"时度效"问题的影响。

二是消费者的消费动力不强。这既有突发性因素，也有长期积累性因素。疫情暴发严重影响相当一部分群体，特别是中低收入群体的就业和收入为突发性因素；居民消费向房地产过度倾斜所导致的对其他领域消费的严重挤压为长期积累性因素。

2. 纺织品服装市场主要特点

（1）2022年总量规模下滑

据中纺联流通分会统计，2022年，我国万平方米以上纺织服装市场数量、经营面积、商铺数、商户数、成交额等出现全面下滑。2022年前三季度，我国纺织服装行业先后面临局部地区阶段性停工停产、物流运转不畅等问题。第四季度，随着疫情防控政策的调整，各地市场商户因健康原因出现近两个月的停业。供应链上下游的多个节点，打乱了商户的正常生产经营节奏。市场销售方面，受疫情防控和交通管控的影响，散批客户和零售客流锐减；货源方面，部分产地型市场面临工厂停工停产、熟练工返乡或隔离、无法如期交货等问题；商户方面，由于较长时间无法恢复正常经营，市场出现不同程度的商户流失、商铺空置现象。

（2）2023年上半年负重前行

2023年上半年，我国纺织服装市场面对国内需求不足、国际市场消费乏力的巨大压力，一方面苦练内功，大力推进产品和技术创新升级；另一方面积极对外交流，举办各式各样的行业会议，提振市场信心。2023年上半年，中纺联流通分会重点监测的44家纺织服装专业市场（含市场群）总成交额达到6770.78亿元，同比增长22.76%，实现了恢复性增长。

综合考虑整个外部环境的影响，2022/2023年度我国纺织品服装内销同比微增、出口同比有所减少，已是一个来之不易的结果。

3. 棉花市场主要特点

（1）国内外棉花供应状况明显好转

2022/2023年度，我国棉花产量同比增加92万吨，而消费量同比仅增加40万吨。相比之下，供应紧张状况有所缓解。同时，全球棉花产量高于消费量116万吨，与2021/2022年度产量低于消费量59

万吨的情况相比，由产不足需转变为供应宽松。

（2）国内棉价先抑后扬

国内棉价在新棉上市初期随着新棉供应不断增加而逐步下跌。之后，在疫情防控措施调整、国内经济逐步回暖、纺织品服装市场有所好转、国内棉花播种面积同比减少等诸多因素影响下，国内棉价逐步走强。

（3）国外棉价走势偏弱

与国内相比，国外棉花供应更为充裕，而且受俄乌冲突升级、美欧央行持续加息、国际银行业流动性风险加剧等诸多因素影响，国外宏观经济状况欠佳，因此 ICE 棉花期货价格在新棉上市初期随着新棉供应不断增加而逐步下跌后，未能出现持续上涨，而是以箱体波动为主，与我国国内棉价相比走势偏弱。

三、2023/2024 年度棉花市场展望

1. 宏观经济形势

（1）全球经济下行压力增大

10 月 10 日，国际货币基金组织（IMF）最新预测 2023 年全球经济将增长 3.0%，2024 年将增长 2.9%，2024 年增速较今年 7 月预测值下调了 0.1 个百分点。当今世界正在经历百年未有之大变局，地缘政治冲突威胁日益严重，贸易保护主义、霸权主义、民粹主义等不断抬头，国际贸易摩擦呈现多发态势。

2023 年以来，国际贸易摩擦仍然没有缓和迹象，尤其是中美贸易摩擦。美国仍然对中国部分商品实施高额关税和制裁措施，限制了中美贸易往来。同时，其他国家也有类似情况，对中国部分商品采取一些制裁措施，影响了中国进入一些市场，如欧盟对中国电动汽车发起反补贴调查等。

近期，美国维持高利率引发市场对银行业流动风险的进一步担忧。此外，在俄乌冲突持续不断的情况下，巴以冲突、印巴冲突和缅甸内部军事冲突相继爆发导致地缘政治局势愈发复杂。

预计以上因素可能导致全球经济下行压力进一步增大。

（2）我国经济波浪式恢复

中共中央政治局 7 月 24 日召开会议，对当前形势做出了两个主要判断：一是"当前经济运行面临新的困难挑战"；二是疫情后"经济恢复是一个波浪式发展、曲折式前进的过程"。具体来看，挑战主要体现在以下四个方面。

一是国内需求不足，2023 年二季度以来国内经济恢复动能明显放缓，具体表现在民间投资持续低迷、房地产市场面临下行压力以及核心通胀持续走低等。

二是一些企业经营困难，例如，1—5 月私营工业企业利润同比降幅超 20%，小型企业 PMI 在 50% 临界值下方持续回落。

三是重点领域风险隐患较多，主要包括部分房地产企业风险（尤其是民营房企风险）或进一步暴露、地方债偿付风险加大、少数中小金融机构风险有待化解和处置等。

四是外部环境复杂严峻，一方面，主要国家通胀压力犹存，发达国家央行激进紧缩政策的负面效应正持续显现，加剧了国际金融市场波动。另一方面，全球地缘政治关系紧张，外部环境存在较大不确定性，对我国经济的复苏和发展也造成了一定的干扰。

国际货币基金组织（IMF）预测 2023 年中国 GDP 增速为 5.2%，2024 年为 4.5%。国内多位经济学家预测 2023 年全国国内生产总值（GDP）增速或在 5%—5.5%。

2. 产需状况

（1）全球棉花供应更为充裕

据国际棉花咨询委员会（ICAC）2024 年 1 月份预测数据，2023/2024 年度全球棉花产量 2 491 万吨，同比增加 7 万吨；消费量 294 万吨，同比增加 26 万吨。2023/2024 年度全球棉花产大于需 97 万吨，与 2022/2023 年度产大于需 116 万吨的情况相比有所下降，但供应依然相对充裕。

表 3–11　全球棉花产需预测（2024 年 1 月）

单位：万吨

项目	2022/2023 年度	2023/2024 年度	变化	幅度（%）
期初库存	1 939	2 123	184	9.5
产量	2 484	2 491	7	0.3
消费量	2 368	2 394	26	1.1
出口量	806	900	94	11.7
进口量	806	900	94	11.7
期末库存	2 123	2 222	99	4.7

数据来源：国际棉花咨询委员会（ICAC）。

2023/2024 年度，巴西、澳大利亚棉花产量预计同比有所减少，但仍保持在历史高位，其中巴西棉产量有望首次超过美国。若后期天气形势好于去年，下年度美国棉花增产的概率较大，因此 2024 年主要出口国的棉花供应仍较充裕。同时，随着国外货币政策的转向，高通胀和高利率对消费的抑制作用将逐渐减轻。

1）美国：新棉扩种有难度天气仍是关键因素

目前 2023/2024 年度美棉加工检验进入后期，从美棉签约装运数据来看不尽人意。据美国农业部，截至 2023 年末美国棉花检验量 244.7 万吨，约占产量（278.2 万吨）的 88%。美国棉花累计净出口签约量 139.6 万吨，约占产量的一半；累计装运量 71.2 万吨，同比减少 16 万吨。尽管棉粮比价和上年同期相比有所提升，棉花竞争力得到增强，但美国行业机构调查显示，ICE 期货价格低于 80 美分难以对种植意向产生积极影响，2024 年美国棉花种植面积可能总体保持稳定或略有减少。需要注意的是，厄尔尼诺现象预计从 2024 年 2 月开始逐渐向中性过渡，即降雨量增多的可能性加大，因此北半球棉花播种期受到极端天气影响的概率或低于上年，若后期天气状况好于去年，2024/2025 年度美国棉花产量恢复的概率较大。尽管如此，市场仍需密切关注棉花生长期天气变化对于供应端的炒作。

2）印度：棉花上市快于去年新棉种植或有下滑

本年度，印度籽棉交售和皮棉上市高峰期较往年稍早，截至 2023 年末，2023/2024 年度的棉花累计上市量约 198.21 万吨，印度棉花协会预计产量降至 500 万吨左右。截至 2023 年 12 月 19 日，印度棉花公司的最低支持价（MSP）收购累计达到 15.3 万吨。受棉花价格较低以及单产下滑的影响，印度棉花协会（CAI）预计 2024/2025 年度棉花播种面积下降近 10%，转基因棉花种子技术陈旧依然困扰着棉花单产问题。

3）巴西和澳大利亚：产量同比略降总体保持高位

南半球巴西和澳大利亚新棉种植正在进行。近年来巴西棉花种植呈逐年增长态势，据巴西国家商品供应公司统计，截至 2023 年末，2023/2024 年度巴西棉花种植完成 26.1%，同比提速 3.1 个百分点，该机构 2024 年 1 月预计 2023/2024 年度棉花产量为 309.9 万吨。这意味着巴西棉花产量将有可能首次超过美国。澳大利亚新棉播种初期产区干旱，棉花种植面积可能减少，但近两个多月产棉区持续大范围降雨，种植意向和产量预期有所回升。该国农业资源经济研究局预计，2023/2024 年度澳大利亚棉花种植面积 41.3 万公顷，同比减少 28%；产量 92.5 万吨，同比减少26.1%，仍比近十年均值高20%。

（2）我国棉花供需基本平衡

据国家棉花市场监测系统2024年1月份预测，2023/2024年度我国棉花产量566万吨，同比减少106万吨；消费量760万吨，同比减少10万吨。2023/2024年度我国棉花产需缺口194万吨，较2022/2023年度98万吨的产需缺口相比明显扩大。

为保障市场供应，国家于2023年7月份分别出台了增发棉花进口滑准税配额和储备棉销售政策。2023年7月21日发放滑准税配额75万吨，加上2023年销售成交的88.5万吨储备棉数量，以及2024年即将发放的89.4万吨1%关税棉花进口配额，预计能够填平194万吨的产需缺口。

表3-12 中国棉花产需预测（2024年1月）

单位：万吨

项目	2022/2023年度	2023/2024年度	变化	幅度（%）
期初库存	529	571	42	7.9
产量	672	566	-106	-15.8
消费量	770	760	-10	-1.3
出口量	1.8	2	0.2	11.1
进口量	142	170	28	19.7
期末库存	571	545	-26	-4.6

数据来源：国家棉花市场监测系统。

3. 纺织服装市场展望

（1）我国纺织品服装贸易对出口的依存度仍然较高

2003年至2022年，我国纺织品服装出口和内销总体上均保持增长态势，出口从732亿美元增至3 198亿美元，内销从160亿美元增至1 951亿美元。随着我国纺织品服装内销的增加，出口在总销售额中的占比逐步减少，由2003年的82%降至2022年的62%，但仍处于较高水平。

图3-14 近二十年来我国纺织品服装出口和内销形势

（2）我国纺织品服装出口对欧盟、美国和日本的依存度依然较高

近二十年以来，欧盟、美国和日本在中国纺织品服装出口市场中一直名列前三，所占份额均值分别为 15.6%（年均343亿美元）、15.5%（年均340亿美元）和9.4%（年均205亿美元），份额合计高达40.5%。2022年，欧盟、美国和日本份额合计为36.8%，略低于近二十年来平均水平，但依然十分可观。

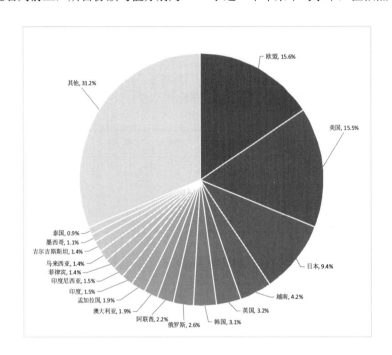

图3-15 近二十年来各主要国家占我国纺织品服装出口份额均值

（3）近十余年来我国纺织品服装在欧盟、美国和日本所占份额逐步缩小

在欧盟市场中，我国纺织品服装在所占份额变化分为两个阶段：2003年至2010年为增长阶段，从20%增至39%，2011年以来为回落阶段，从38%降至31%。

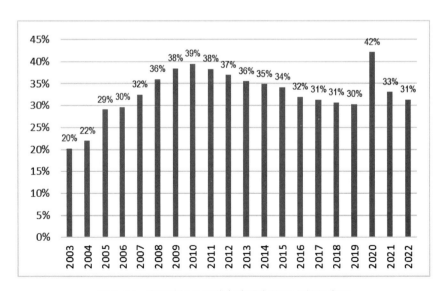

图3-16 我国纺织品服装在欧盟市场所占份额变化

在美国市场中,我国纺织品服装所占份额变化分为两个阶段:2003年至2010年为增长阶段,从15%增至39%,2011年以来为回落阶段,从38%降至25%。

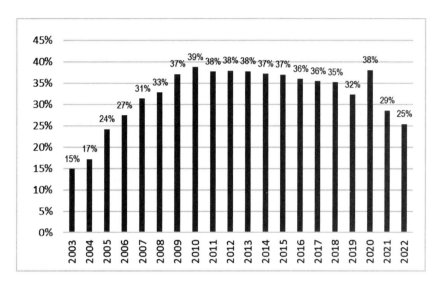

图 3-17 我国纺织品服装在美国市场所占份额变化

在日本市场中,我国纺织品服装所占份额变化分为两个阶段:2003年至2009年为增长阶段,从74%增至79%,2010年以来为回落阶段,从78%降至56%。

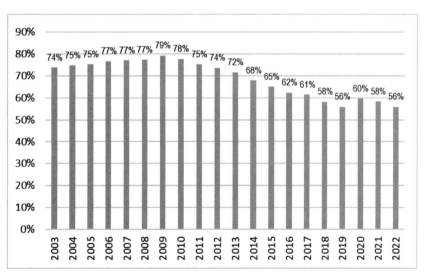

图 3-18 我国纺织品服装在日本市场所占份额变化

2020年的情况特殊,受新冠疫情影响,许多国家的纺织品服装生产无法正常进行,欧盟、美国和日本都增加了对我国纺织品服装的进口,其中欧美市场的变化尤为明显。

(4)我国纺织品服装出口前景不容乐观

2022年6月21日,美国宣布正式执行所谓《维吾尔强迫劳动预防法》以下简称"涉疆法案",以所谓"强迫劳动"为由,要求禁止进口新疆产品。棉花是纺织品服装生产的重要原料。我国 90% 以上的棉花产自新疆。《涉疆法案》给我国纺织品服装出口带来空前挑战。从长远角度看，在百年未有之大变局中，国际经贸摩擦和地缘政治博弈将成为常态。美西方除了实施《涉疆法案》外，还采取其他措施孤立、遏制和打压我国，特别是美国主导的印太经济框架（IPEF）鼓吹在供应链上与中国"脱钩"，大搞"近岸外包"和"友岸外包"，对我国纺织品服装出口的负面影响或将长期存在，我国纺织品服装在欧盟、美国和日本所占份额逐步缩小的趋势仍将延续。

4. 棉花价格走势展望

2023/2024 年度以来，素有"金九银十"之称的纺织市场旺季不及预期。根据国家棉花市场监测系统实地调研了解到的情况，纺织企业普遍反映 9 月份的订单情况尚可，但从 10 月份开始明显减少。国内外棉花价格的变化充分印证了这个情况。2023 年 9 月 11 日至 10 月 9 日，国内外期现货价格保持高位运行，之后出现大幅下跌。10 月 9 日至 11 月 29 日，国家棉花价格 B 指数从 18 196 元 / 吨跌至 16 301 元 / 吨，跌幅 10.4%；郑州商品交易所棉花期货主力合约结算价从 17 665 元 / 吨跌至 15 090 元 / 吨，跌幅 14.6%；国际棉花 M 指数从 97.91 美分 / 磅跌至 89.62 美分 / 磅，跌幅 8.5%；ICE 棉花期货主力合约结算价从 86.96 美分 / 磅跌至 79.59 美分 / 磅，跌幅 8.5%。

从棉花需求方面看，在地缘政治冲突加剧、国际金融市场持续动荡、国际贸易摩擦多发、全球经济下行压力增大、我国经济恢复过程中面临诸多不确定性以及我国纺织品服装在欧盟、美国和日本所占份额逐步缩小等趋势性因素影响下，纺织品服装消费的恢复将是一个漫长的过程，对棉花价格的负面影响也将长期存在。

从棉花供应方面看，地缘政治冲突在时间上的延续和范围上的扩大致使国际粮食价格保持高位运行，近期缅甸北部粮食价格的暴涨尤为触目惊心，这可能导致 2024 年全球粮食种植面积增加和棉花种植面积减少，从而对棉花价格起到支撑作用，甚至引发投机炒作。

2022/2023 年度储备棉轮入情况概述

中储棉信息中心媒体专员　李　伟

2022 年，市场看涨氛围浓厚，轧花企业竞相抬价抢收，导致新棉成本高企，部分企业新棉成本达到了 26 000 元 / 吨左右。尽管郑棉价格连续上涨并不断创造新高，但由于新棉成本过高，新疆多数轧花企业未能及时套保。面临如此大的敞口风险，一旦市场出现急剧下跌行情，未套保的轧花企业必然面临巨大风险。

2022 年，籽棉价格连续大幅下跌，截至 7 月初，郑棉价格已经从 22 000 元 / 吨跌至 16 000 元 / 吨附近，每吨棉花下跌了 6 000 元。令市场各方担忧的是即便出现如此大的跌幅，郑棉依然未有止跌的迹象，整个新疆轧花产业损失惨重。面对跌跌不休的棉价，纺纱出现严重亏损，下游纺织产业经营压力大。为保障新疆棉花产业和国内棉纺产业持续健康稳定发展，国家及时公布了轮入政策，以此稳住棉价。

轮入初期，因轮入价格是参考当时国内外市场棉价制定的，轮入底价大幅低于新疆轧花企业新棉加工成本，企业参与轮入积极性低，甚至多数企业仍抱有侥幸心理，期望期货棉价止跌反弹。当时最先轮入交易的是兵团企业，随着市场棉价不断创出新低，轮入底价和成交价跟随走低，多数地方轧花企业开始忍痛参与轮入，由于轮入价格距离轮入企业新棉成本价格差距太大，企业参与轮入的积极性始终不高。

截至11月1日，郑棉价格跌至12 215元/吨历史低点，相较22 000元/吨年度高点，跌幅达到了

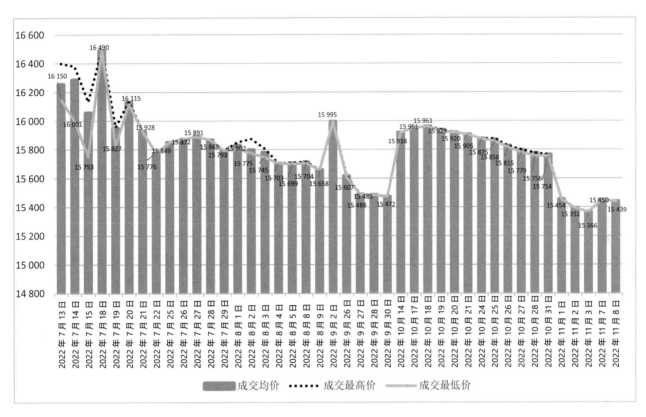

图3-19 2022年中央储备棉轮入成交价格走势图

44.5%左右。短短两三个月出现这样的跌幅实属罕见，整个轧花行业损失巨大。因棉价跌幅过深，严重背离了棉花正常价值，加之国家持续轮入新疆棉稳定市场预期，整个市场开始逐步恢复性上涨，由于棉市涨势良好，新疆轧花企业仿佛又看到了希望并开始持棉惜售。

至此，随着棉价止跌企稳，国家轮入新疆棉稳市场的作用基本实现，最终于11月11日暂停了轮入工作。与此同时，为了持续稳定棉市，防止轮入结束后棉价继续反复，公告还明确后续将根据棉花市场调控需要和新棉收购形势等，择机启动第二批中央储备棉轮入。2022年7月13日至11月11日，整个轮入期间中国储备棉管理有限公司计划挂牌采购503 000吨，累积成交86 720吨，成交率17.24%；中央储备棉轮入竞买成交价15 896元/吨，成交最高价16 490元/吨，成交最低价15 366元/吨。

监 测 报 告

第四部分

2022年中国植棉意向同比增加1.8%

——中国棉花意向种植面积调查报告（3月）

为进一步掌握2022年中国棉花种植意向，国家棉花市场监测系统于3月中下旬展开全国范围棉花种植意向调查。样本涉及14个省（自治区）、46个植棉县（市、团场）、1 700个定点植棉信息联系户。调查结果显示，2022年中国棉花意向种植面积4 398万亩，同比增加78.9万亩，增幅1.8%，其中，新疆意向植棉面积为3 639.0万亩，同比增加2.3%。具体情况如下。

一、2022年各主产棉区植棉意向

西北内陆棉区意向植棉面积3 668.1万亩，同比增加2.6%。其中，新疆意向植棉面积为3 639.0万亩，同比增加2.3%。其中，新疆地方的意向植棉面积为2 371.0万亩，同比增加3.63%；新疆兵团的意向植棉面积为1 268.0万亩，同比基本持平。

黄河流域棉区意向植棉面积442.5万亩，同比减少3.0%。各省（市）植棉意向分化，其中，陕西省、天津市、山西省、山东省同比增加，增幅分别为3.5%、2.3%、2.1%、0.9%；河南省、河北省同比减少，减幅分别为13.0%和5.9%。

长江流域棉区意向植棉面积260.5万亩，同比减少0.2%。其中，安徽、江苏、湖北三省植棉意向同比增加，增幅分别为1.9%、1.7%、0.7%；湖南省、江西省同比减少，减幅分别为5.5%、0.1%。

1. 植棉意向变化原因

新疆植棉意向增加主要原因有：一是2022年国家继续在新疆实施深化棉花目标价格补贴政策，棉花目标价格水平为每吨18 600元，政策的实施，巩固了新疆棉农的植棉信心，保障了棉农的收益；二是2021年新疆籽棉收购价格创2011年以来高位，棉花种植收益显著增加，带动了棉农种植的积极性。

内地植棉意向下降主要原因：一是随着国家工业化和城镇化发展，近年来内地棉花种植面积逐渐萎缩；二是今年粮食作物价格大幅上涨提振农民种粮积极性，导致内地棉花种植意向下降。

表4-1　2022年中国棉花意向种植面积调查表

单位：万亩、千克/亩、万吨

地区	面积		单产		总产量	
	意向	同比 ±%	预计	同比 ±%	预计	同比 ±%
全国	4 398.0	1.8	131.3	-2.2	577.6	-0.4
西北内陆	3 668.1	2.6	143.2	-3.2	525.3	-0.7
甘肃省	29.1	13.7	106.4	3.6	3.1	17.8
新疆维吾尔自治区	3 639.0	2.3	143.5	-3.0	522.2	-0.8

续表

黄河流域	442.5	-3.0	76.8	5.7	34.0	2.5
山东省	193.9	0.9	76.6	-0.8	14.9	0.1
河南省	44.8	-13.0	63.7	9.4	2.9	-4.8
河北省	158.2	-5.9	80.0	10.4	12.7	3.9
陕西省	14.1	3.5	78.7	21.0	1.1	25.3
山西省	12.2	2.1	77.8	15.2	1.0	17.7
天津市	19.3	2.3	79.9	5.8	1.5	8.2
长江流域	260.5	-0.2	64.2	1.0	16.7	0.8
湖北省	96.5	0.7	60.2	-2.1	5.8	-1.4
安徽省	69.9	1.9	60.3	-2.5	4.2	-0.7
江苏省	16.2	1.7	71.1	5.1	1.2	6.9
湖南省	46.7	-5.5	71.9	1.1	3.4	-4.4
江西省	31.3	-0.1	70.3	17.4	2.2	17.3
其他	26.9	-1.5	57.8	3.6	1.6	2.1

备注：1. 数据来源：国家棉花市场监测系统。
2. 表中预计单产根据近年单产综合测算。
3. 调查时间：2022 年 3 月 11—20 日。
4. 制表日期：2022 年 3 月 25 日。

2022 年中国棉花实播面积同比增加 2.5%

——中国棉花实播面积调查报告（6月）

2022 年 5 月下旬，国家棉花市场监测系统就棉花实播面积展开全国范围专项调查，样本涉及 14 个省（自治区）、46 个植棉县（市、团场）、1 700 个定点植棉信息联系户。调查结果显示，2022 年全国棉花实播面积 4 428.1 万亩，同比增加 109.1 万亩，增幅 2.5%。具体情况如下。

一、新疆棉花实播面积稳中有增

2022 年，西北内陆棉花实播面积为 3 719.0 万亩，同比增加 144.5 万亩，增幅 4.0%。其中，新疆棉花实播面积为 3 690.4 万亩，同比增加 134.4 万亩，增幅 3.8%。

二、内地棉花实播面积继续下降，降幅显著收窄

2022年，黄河流域棉花实播面积为427.1万亩，同比下降29.1万亩，降幅6.4%，较上年收窄17.6个百分点。整体看，各省份实播面积仍呈降势，其中河南省和山东省降幅分别为10.9%、7.7%，其他省份降幅均在5%以下。

2022年，长江中下游棉花实播面积为260.4万亩，同比下降0.6万亩，降幅0.2%，较上年收窄29.0个百分点。整体看，各省份实播面积"增少降多"，江苏省、安徽省、江西省同比分别下降3.4%、3.2%、2.2%。值得注意的是，湖北省同比增长2.9%，为近五年来首次正增长；湖南省也结束五年下降态势，转为同比持平。

三、棉花实播面积变化的主要原因

1. 新疆

2022年，新疆棉花播种面积增长的主要原因有，一是2022年国家继续在新疆实施深化棉花目标价格补贴政策，巩固了新疆棉农的植棉信心；二是2021年度新疆籽棉收购价格创11年来新高，棉花种植收益明显增加，今年棉农植棉积极性提高；三是随着南疆棉花机械化生产率提高，部分分散的土地进行破埂平地，棉花播种面积进一步增加。

2. 内地

2022年，内地棉花播种面积继续下降的主要原因有三个：一是内地棉花机械化率较低，人工采摘成本相对较高，且农资价格大幅上涨，棉农种植积极性下降；二是2021年度以来，粮食价格大幅上涨，部分棉农倾向种粮；三是新疆棉花补贴水平未在内地实行，棉农植棉意愿较低，内地棉花播种面积呈下降态势。不过，随着棉价飙升至11年来高位，内地棉农植棉信心有所恢复，内地棉花播种面积降幅显著收窄。

表4-2 2022年中国棉花实播面积调查表

单位：万亩、千克/亩、万吨

地区	面积		单产	总产量	
	实播	同比 ±%	预计	预计	同比 ±%
全国	4 428.1	2.5	131.7	583.3	0.6
黄河流域	427.1	-6.4	76.3	32.6	-1.7
山东省	177.4	-7.7	76.6	13.6	-8.4
河南省	45.9	-10.9	63.7	2.9	-2.5
河北省	160.2	-4.7	78.9	12.6	3.6
陕西省	13.4	-1.8	78.2	1.0	18.2
山西省	11.8	-1.1	77.8	0.9	14.0
天津市	18.4	-2.3	79.9	1.5	3.4

续表

长江流域	260.4	−0.2	64.7	16.9	1.6
湖北省	98.6	2.9%	61.5	6.1	2.8
安徽省	66.4	−3.2	60.3	4.0	−5.6
江苏省	15.4	−3.4	71.1	1.1	1.6
湖南省	49.4	0.0	71.9	3.5	1.1
江西省	30.7	−2.2	70.3	2.2	14.8
西北内陆	3 719.0	4.0	143.2	532.6	0.7
甘肃省	28.7	12.0	106.4	3.1	16.0
新疆维吾尔自治区	3 690.4	3.8	143.5	529.6	0.6
其他	21.6	−21.0	57.8	1.2	−18.2

备注：1. 数据来源：国家棉花市场监测系统。
   2. 表中预计单产根据近年单产综合测算。
   3. 调查时间：2022 年 5 月 15 日—31 日。
   4. 制表日期：2022 年 6 月 13 日。

2022 年中国棉花长势调查报告（6 月）

——预计全国新棉总产 606.1 万吨

2022 年 6 月下旬，国家棉花市场监测系统就棉花长势展开全国范围专项调查，样本涉及 14 个省（自治区）、46 个植棉县（市、团场）、1700 个定点植棉信息联系户。调查显示，截至 6 月底，各主产棉区天气整体利于棉花成铃、吐絮，预计 2022 年新棉单产 136.9 千克/亩，同比增长 1.9%，总产量 606.1 万吨，同比增长 4.5%。具体情况如下。

一、预计棉花平均单产、总产量均高于上年

若后期天气正常，预计 2022 年全国棉花平均单产为 136.9 千克/亩，同比增加 1.9%，较近三年均值增长 6.3%。按照国家棉花市场监测系统 5 月份实播面积调查结果 4 428.1 万亩测算，2022 年棉花总产量预计为 606.1 万吨，同比增加 4.5%，较近三年均值增加 3.4%。

分区域看，黄河流域棉区平均单产 74.9 千克/亩，同比增加 3.2%，产量预计为 32.0 万吨，同比减少 3.4%；长江流域棉区平均单产 66.4 千克/亩，同比增加 4.5%，产量预计为 17.3 万吨，同比增加 4.2%；西北内陆棉区平均单产 149.4 千克/亩，同比增加

1.0%，产量预计为555.6万吨，同比增加5.1%，其中新疆平均单产149.7千克/亩，同比增加1.2%，产量预计为552.5万吨，同比增加5.0%。

二、超九成农户反映规模采摘时间正常或提前

调查显示，有87.5%的受访农户预计规模采摘时间正常，同比增加23.4个百分点，9.5%的受访农户预计规模采摘时间提前，同比增加7.2个百分点，3.0%的受访农户预计规模采摘时间延迟，同比减少30.6个百分点；预计内地规模采摘时间基本正常，新疆规模采摘时间较去年提前。

分区域看，黄河流域有97.2%的农户预计采摘时间正常，同比增加14.8个百分点，2.5%的农户预计采摘时间提前，同比减少13.4个百分点，0.4%的农户预计采摘时间延迟，同比减少1.4个百分点，采摘预计延迟5天左右；长江流域有93.8%的农户预计采摘时间正常，同比增加5.3个百分点，6.2%的农户预计采摘时间提前，同比增加3.6个百分点，被调查样本中没有农户预计采摘时间延迟；西北内陆棉区有85.3%的农户预计采摘时间正常，同比增加26.7个百分点，11.0%的农户预计采摘时间提前，同比增加11个百分点，3.7%的农户预计采摘时间延迟，同比减少37.7个百分点。其中，新疆地区有85.1%的农户预计采摘时间正常，同比增加26.9个百分点，11.1%的农户预计采摘时间提前，同比增加11.1个百分点，3.8%的农户预计采摘时间延迟，同比减少38.0个百分点。

三、黄河流域降水强度适宜，棉花长势较好；长江流域多以晴好或小雨天气为主，利于棉花生长；西北内陆棉区7月上旬持续高温，利于花铃期生长

天气：调查显示，有94.4%的受访农户反映天气较好和一般，同比增加4.4个百分点，较近三年均值增加9.2个百分点。其中黄河流域棉区有97.2%的农户反映天气较好和一般，同比基本持平，较近三年均值减少1.3个百分点；长江流域棉区有97.6%的农户反映天气较好和一般，同比基本持平，较近三年均值增加6.0个百分点；西北内陆棉区有93.8%的农户反映天气较好和一般，同比增加5.4个百分点，较近三年均值增加12.2个百分点。

灾害：调查显示，有93.9%的农户反映灾害轻度或未发生，同比减少1.9个百分点，较近三年均值增加5.3个百分点。分区域看，黄河流域有83.4%的农户反映灾害轻度或未发生，同比减少11.2个百分点，较近三年均值减少1.4个百分点；长江流域棉区有85.3%的农户反映灾害轻度或未发生，同比减少4.9个百分点，较近三年均值增加5.1个百分点；西北内陆棉区有96.6%的农户反映灾害轻度或未发生，同比减少0.1个百分点，较近三年均值增加5.0个百分点。

四、主产棉区病虫害情况较去年改善

调查显示，有97.2%的受访农户反映病害轻度或未发生，同比减少1.9个百分点，较近三年均值增加1.3个百分点。有97.5%的受访农户反映虫害轻度或未发生，同比增加2.2个百分点，较近三年均值增加3.4个百分点。

分区域看，黄河流域棉区有85.4%的农户反映病害轻度或未发生，91.8%的农户反映虫害轻度或未发生；长江流域棉区有100%的农户反映病害轻度或未发生，100%农户反映虫害轻度或未发生；西北内陆棉区有98.9%的农户反映病害轻度或未发生，有98.2%的农户反映虫害轻度或未发生。

国家棉花市场监测系统将继续跟踪监测棉花生产、交售情况，并于后期展开棉花产量调查和种植成本调查，敬请关注。

见表：

表4–3　2022年中国棉花产量预测表

表4–4　2022年6月棉花采摘时间预测表

表4–5　2022年6月棉花生长期天气评价表

表4–6　2022年6月棉花生长期天气灾害评价表

表4–7　2022年6月棉花生长期病害评价表

表4–8　2022年6月棉花生长期虫害评价表

表 4-3 2022 年中国棉花产量预测表

单位：万亩、千克/亩、万吨

地区	面积		单产预测		总产量预测	
	今年	同比（%）	今年	同比（%）	今年	同比（%）
全国	4 428.1	2.5	136.9	1.9	606.1	4.5
黄河流域	427.1	-6.4	74.9	3.2	32.0	-3.4
山东省	177.4	-7.7	77.0	-0.3	13.7	-7.9
河南省	45.9	-10.9	58.3	0.3	2.7	-10.6
河北省	160.2	-4.7	76.5	5.6	12.3	0.6
陕西省	13.4	-1.8	76.9	18.3	1.0	16.2
山西省	11.8	-1.1	76.8	13.9	0.9	12.7
天津市	18.4	-2.3	79.7	5.6	1.5	3.2
长江流域	260.4	-0.2	66.4	4.5	17.3	4.2
湖北省	98.6	2.9	64.9	5.5	6.4	8.6
安徽省	66.4	-3.2	63.8	3.1	4.2	-0.1
江苏省	15.4	-3.4	67.2	-0.6	1.0	-3.9
湖南省	49.4	0.0	70.8	-0.4	3.5	-0.4
江西省	30.7	-2.2	69.7	16.5	2.1	13.9
西北内陆	3 719.0	4.0	149.4	1.0	555.6	5.1
甘肃省	28.7	12.0	107.7	4.8	3.1	17.4
新疆维吾尔自治区	3 690.4	3.8	149.7	1.2	552.5	5.0
其他	21.6	-21.0	57.2	2.5	1.2	-19.0

备注：1. 数据来源：国家棉花市场监测系统。
2. 调查时间：2022 年 6 月 15—30 日。
3. 表中面积数据来自国家棉花市场监测系统的《2022 年中国棉花实播面积调查报告》。
4. 表中预计单产、产量同比变动幅度根据《2021 年中国棉花产量调查报告》测算。
5. 制表日期：2022 年 7 月 15 日。

表 4-4 2022 年 6 月棉花采摘时间预测表

地区	提前（%）	正常（%）	延迟（%）
全国	9.5	87.5	3.0
黄河流域	2.5	97.1	0.4
山东	3.7	96.3	0.0
河南	0.0	100.0	0.0
河北	0.0	100.0	0.0
陕西	31.4	57.1	11.4
山西	0.0	100.0	0.0
天津	0.0	100.0	0.0
长江中下游	6.2	93.8	0.0
湖北	0.0	100.0	0.0
安徽	0.0	100.0	0.0
江苏	0.0	100.0	0.0
湖南	13.3	86.7	0.0
江西	31.0	69.0	0.0
西北内陆	11.0	85.3	3.7
甘肃	0.0	100.0	0.0
新疆维吾尔自治区	11.1	85.1	3.8

备注：1. 本表据国家棉花市场监测系统调查涉及的 1 700 户植棉信息联系户情况统计。

2. 调查时间自 2022 年 6 月 15—30 日。

表 4–5 2022 年 6 月棉花生长期天气评价表

地区	好（%）	一般（%）	差（%）
全国	41.0	53.4	5.6
黄河流域	13.5	83.7	2.8
山东	18.3	81.7	0.0
河南	0.0	80.0	20.0
河北	4.3	93.9	1.7
陕西	0.0	100.0	0.0
山西	0.0	100.0	0.0
天津	100.0	0.0	0.0
长江中下游	39.5	58.1	2.4
湖北	0.0	100.0	0.0
安徽	99.1	0.0	0.9
江苏	97.8	2.2	0.0
湖南	27.6	65.5	6.9
江西	27.6	65.5	6.9
西北内陆	44.3	49.5	6.2
甘肃	100.0	0.0	0.0
新疆维吾尔自治区	43.8	49.9	6.2

备注：1. 本表据国家棉花市场监测系统调查涉及的 1 700 户植棉信息联系户情况统计。
 2. 调查时间自 2022 年 6 月 15—30 日。

表 4–6 2022 年 6 月棉花生长期天气灾害评价表

地区	主要灾害			灾害程度		
	涝灾（%）	旱灾（%）	其他（%）	重度（%）	中度（%）	轻度（%）
全国	0.3	37.5	62.2	0.1	6.0	93.9
黄河流域	2.0	63.2	34.8	0.7	15.8	83.4
山东	4.8	61.4	33.7	0.0	0.0	100.0
河南	0.0	100.0	0.0	6.7	86.7	6.7
河北	0.0	57.5	42.5	0.0	17.4	82.6
陕西	0.0	100.0	0.0	0.0	0.0	100.0
山西	0.0	0.0	100.0	0.0	0.0	100.0
天津	0.0	51.7	48.3	0.0	0.0	100.0
长江中下游	0.7	40.0	59.3	0.0	14.7	85.3
湖北	0.0	84.6	15.4	0.0	38.5	61.5
安徽	0.0	21.1	78.9	0.0	0.0	100.0
江苏	0.0	44.4	55.6	0.0	2.2	97.8
湖南	3.7	0.0	96.3	0.0	0.0	100.0
江西	0.0	0.0	100.0	0.0	0.0	100.0
西北内陆	0.0	32.9	67.1	0.0	3.4	96.6
甘肃	0.0	0.0	100.0	0.0	0.0	100.0
新疆维吾尔自治区	0.0	33.1	66.9	0.0	3.4	96.6

备注：1. 本表据国家棉花市场监测系统调查涉及的 1 700 户植棉信息联系户情况统计。
　　　2. 调查时间自 2022 年 6 月 15—30 日。

表4-7 2022年6月棉花生长期病害评价表

地区	病害程度			主要病害		
	黄萎病（%）	枯萎病（%）	其他（%）	重度（%）	中度（%）	轻度（%）
全国	6.6	19.3	74.1	0.0	2.8	97.2
黄河流域	3.5	44.2	52.2	0.0	14.6	85.4
山东	1.3	62.0	36.7	0.0	0.0	100.0
河南	0.0	76.7	23.3	0.0	46.7	53.3
河北	0.0	25.7	74.3	0.0	25.2	74.8
陕西	100.0	0.0	0.0	0.0	0.0	100.0
山西	0.0	0.0	100.0	0.0	0.0	100.0
天津	0.0	0.0	100.0	0.0	0.0	100.0
长江中下游	17.3	4.9	77.8	0.0	0.0	100.0
湖北	23.1	7.7	69.2	0.0	0.0	100.0
安徽	0.0	1.8	98.2	0.0	0.0	100.0
江苏	0.0	4.5	95.5	0.0	0.0	100.0
湖南	46.4	7.1	46.4	0.0	0.0	100.0
江西	0.0	0.0	100.0	0.0	0.0	100.0
西北内陆	6.1	16.6	77.4	0.0	1.1	98.9
甘肃	0.0	0.0	100.0	0.0	0.0	100.0
新疆维吾尔自治区	6.1	16.7	77.2	0.0	1.1	98.9

备注：1. 本表据国家棉花市场监测系统调查涉及的1 700户植棉信息联系户情况统计。
  2. 调查时间自2022年6月15—30日。

表 4–8 2022 年 6 月棉花生长期虫害评价表

地区	虫害程度			主要虫害		
	重度（%）	中度（%）	轻度（%）	棉铃虫（%）	蚜虫（%）	其他（%）
全国	11.5	35.5	53.0	0.0	2.5	97.5
黄河流域	0.0	71.1	28.9	0.0	8.2	91.8
山东	0.0	64.1	35.9	0.0	0.0	100.0
河南	0.0	60.0	40.0	0.0	30.0	70.0
河北	0.0	93.0	7.0	0.0	13.2	86.8
陕西	0.0	100.0	0.0	0.0	0.0	100.0
山西	0.0	0.0	100.0	0.0	0.0	100.0
天津	0.0	0.0	100.0	0.0	0.0	100.0
长江中下游	9.5	21.1	69.4	0.0	0.0	100.0
湖北	25.0	0.0	75.0	0.0	0.0	100.0
安徽	0.0	14.7	85.3	0.0	0.0	100.0
江苏	0.0	62.2	37.8	0.0	0.0	100.0
湖南	0.0	72.4	27.6	0.0	0.0	100.0
江西	0.0	0.0	100.0	0.0	0.0	100.0
西北内陆	13.6	31.0	55.4	0.0	1.8	98.2
甘肃	0.0	0.0	100.0	0.0	0.0	100.0
新疆维吾尔自治区	13.7	31.3	55.0	0.0	1.8	98.2

备注：1. 本表据国家棉花市场监测系统调查涉及的 1 700 户植棉信息联系户情况统计。
       2. 调查时间自 2022 年 6 月 15—30 日。

2022年中国棉花长势调查报告（8月）

——预计2022年度全国新棉总产603.2万吨

2022年8月下旬，国家棉花市场监测系统就棉花长势展开全国范围专项调查，样本涉及14个省（自治区）、46个植棉县（市、团场）、1 700个定点植棉信息联系户。调查显示，截至8月底，各主产棉区天气整体利于棉花成铃、吐絮，预计2022年新棉单产136.2千克/亩，同比增长1.4%，总产量603.2万吨，同比增长4.0%。具体情况如下：

一、预计棉花平均单产、总产量均高于上年

预计2022年全国棉花平均单产为136.2千克/亩，同比上升1.4%，较近三年均值增长5.8%。按照国家棉花市场监测系统5月份实播面积调查结果4 428.1万亩测算，2022年棉花总产量预计为603.2万吨，同比上升4.0%，较近三年均值上升2.9%。

分区域看，黄河流域棉区平均单产71.8千克/亩，同比下降1.1%，产量预计为30.7万吨，同比下降7.4%；长江流域棉区平均单产60.3千克/亩，同比下降5.1%，产量预计为15.7万吨，同比下降5.4%；西北内陆棉区平均单产149.4千克/亩，同比上升1.0%，产量预计为555.7万吨，同比上升5.1%，其中，新疆平均单产149.8千克/亩，同比上升1.2%，产量预计为552.8万吨，同比上升5.0%。

二、超八成农户反映规模采摘时间正常或提前

调查显示，全国有50.6%的受访农户预计规模采摘时间正常，同比下降17.6个百分点，33.0%的受访农户预计规模采摘时间提前，同比上升31.2个百分点，16.3%的受访农户预计规模采摘时间延迟，同比下降13.5个百分点；新疆地区和长江流域棉区规模采摘时间较去年提前，黄河流域棉区规模采摘时间基本正常。

分区域看，黄河流域有72.7%的农户预计采摘时间正常，同比上升0.6个百分点，13.0%的农户预计采摘时间提前，同比上升8.7个百分点，14.3%的农户预计采摘时间延迟，同比下降9.3个百分点；长江流域有29.3%的农户预计采摘时间正常，同比下降58.5个百分点，69.7%的农户预计采摘时间提前，同比上升69.3个百分点，1.0%的农户预计采摘时间延迟，同比下降0.8个百分点；西北内陆棉区有49.1%的农户预计采摘时间正常，同比下降16.5个百分点，32.6%的农户预计采摘时间提前，同比上升31.0个百分点，18.2%的农户预计采摘时间延迟，同比下降14.5个百分点，其中，新疆地区有49.0%的农户预计采摘时间正常，同比减少16.3个百分点，32.6%的农户预计采摘时间提前，同比上升30.9个百分点，18.4%的农户预计采摘时间延迟，同比下降14.6个百分点。

三、黄河流域天气总体有利，棉花长势良好；长江流域前期持续高温干旱，部分地区棉花提前吐絮；西北内陆棉区极端气候少于往年，单产有望增加

天气：调查显示，全国有88.2%的受访农户反映天气较好和一般，同比下降1.1个百分点，较近三年均值上升3.0个百分点。分区域看，黄河流域棉区有76.6%的农户反映天气较好和一般，同比上升5.1个百分点，较近三年均值下降1.3个百分点；长江流域棉区有21.5%的农户反映天气较好和一般，同比下降77.8个百分点，较近三年均值下降47.3个百分点；西北内陆棉区有94.2%的农户反映天气较好和一般，同比上升3.3个百分点，较近三年均值上升6.0个百分点，其中，新疆地区有94.1%的农

户反映天气较好和一般，同比上升 3.3 个百分点，较近三年均值上升 6.0 个百分点。

灾害：调查显示，全国有 86.5% 的农户反映灾害轻度或未发生，同比下降 8.7 个百分点，较近三年均值上升 3.4 个百分点。分区域看，黄河流域有 87.6% 的农户反映灾害轻度或未发生，同比上升 6.2 个百分点，较近三年均值上升 14.6 个百分点；长江流域棉区有 21.6% 的农户反映灾害轻度或未发生，同比下降 76.3 个百分点，较近三年均值下降 40.7 个百分点；西北内陆棉区有 93.1% 的农户反映灾害轻度或未发生，同比下降 3.7 个百分点，较近三年均值上升 5.0 个百分点，其中，新疆地区有 93.0% 的农户反映灾害轻度或未发生，同比下降 3.8 个百分点，较近三年均值上升 5.0 个百分点。

四、主产棉区病害情况同比改善，虫害稍有增加

调查显示，全国有 97.3% 的受访农户反映病害轻度或未发生，同比上升 1.6 个百分点，较近三年均值上升 4.5 个百分点。有 93.2% 的受访农户反映虫害轻度或未发生，同比下降 1.7 个百分点，较近三年均值上升 0.4 个百分点。

分区域看，黄河流域棉区有 98.5% 的农户反映病害轻度或未发生，97.3% 的农户反映虫害轻度或未发生；长江流域棉区有 85.8% 的农户反映病害轻度或未发生，93.1% 农户反映虫害轻度或未发生；西北内陆棉区有 98.3% 的农户反映病害轻度或未发生，有 92.5% 的农户反映虫害轻度或未发生，其中，新疆地区有 98.3% 的农户反映病害轻度或未发生，有 92.4% 的农户反映虫害轻度或未发生。

国家棉花市场监测系统将继续跟踪监测棉花生产、交售情况，并于后期展开棉花产量调查和种植成本调查，敬请关注。

见表：

表 4–9　2022 年中国棉花产量预测表

表 4–10　2022 年 8 月棉花采摘时间预测表

表 4–11　2022 年 8 月棉花生长期天气评价表

表 4–12　2022 年 8 月棉花生长期天气灾害评价表

表 4–13　2022 年 8 月棉花生长期病害评价表

表 4–14　2022 年 8 月棉花生长期虫害评价表

表 4–9　2022 年中国棉花产量预测表

单位：万亩、千克/亩、万吨

地区	面积		单产预测		总产量预测	
	今年	同比（%）	今年	环比（%）	今年	同比（%）
全国	4 428.1	2.5	136.2	1.4	603.2	4.0
黄河流域	427.1	-6.4	71.8	-1.1	30.7	-7.4
山东省	177.4	-7.7	76.3	-1.2	13.5	-8.8
河南省	45.9	-10.9	55.1	-5.3	2.5	-15.6
河北省	160.2	-4.7	71.9	-0.7	11.5	-5.4
陕西省	13.4	-1.8	68.4	5.2	0.9	3.4
山西省	11.8	-1.1	70.1	3.9	0.8	2.8

续表

天津市	18.4	−2.3	72.5	−4.0	1.3	−6.2
长江流域	260.4	−0.2	60.3	−5.1	15.7	−5.4
湖北省	98.6	2.9	60.6	−1.5	6.0	1.4
安徽省	66.4	−3.2	59.6	−3.6	4.0	−6.6
江苏省	15.4	−3.4	64.0	−5.4	1.0	−8.5
湖南省	49.4	0.0	61.3	−13.7	3.0	−13.7
江西省	30.7	−2.2	57.5	−4.0	1.8	−6.1
西北内陆	3 719.0	4.0	149.4	1.0	555.7	5.1
甘肃省	28.7	12.0	102.2	−0.6	2.9	11.4
新疆维吾尔自治区	3 690.4	3.8	149.8	1.2	552.8	5.0
其他	21.6	−21.0	53.5	−4.2	1.2	−24.3

备注：1. 数据来源：国家棉花市场监测系统。
   2. 调查时间：2022 年 8 月 15—30 日。
   3. 表中面积数据来自国家棉花市场监测系统的《2022 年中国棉花实播面积调查报告》。
   4. 表中预计单产、产量同比变动幅度根据《2021 年中国棉花产量调查报告》测算。
   5. 制表日期：2022 年 9 月 16 日。

表 4–10　2022 年 8 月棉花采摘时间预测表

地区	提前（%）	正常（%）	延迟（%）
全国	33.0	50.6	16.3
黄河流域	13.0	72.7	14.3
山东	1.4	95.9	2.7
河南	100.0	0.0	0.0
河北	0.0	66.7	33.3
陕西	28.6	60.0	11.4

续表

山西	28.6	60.0	11.4
天津	0.0	100.0	0.0
长江中下游	69.7	29.3	1.0
湖北	100.0	0.0	0.0
安徽	17.1	82.1	0.9
江苏	0.0	87.5	12.5
湖南	100.0	0.0	0.0
江西	72.4	27.6	0.0
西北内陆	32.6	49.1	18.2
甘肃	36.8	63.2	0.0
新疆维吾尔自治区	32.6	49.0	18.4

备注：1. 本表据国家棉花市场监测系统调查涉及的1 700户植棉信息联系户情况统计。
2. 调查时间自2022年8月15—30日。

表4-11 2022年8月棉花生长期天气评价表

地区	好（%）	一般（%）	差（%）
全国	24.7	63.5	11.8
黄河流域	12.1	64.5	23.4
山东	0.0	100.0	0.0
河南	0.0	0.0	100.0
河北	32.3	34.4	33.3
陕西	0.0	100.0	0.0
山西	0.0	100.0	0.0

续表

天津	0.0	96.7	3.3
长江中下游	0.0	21.5	78.5
湖北	0.0	7.7	92.3
安徽	0.0	21.1	78.9
江苏	0.0	26.8	73.2
湖南	0.0	17.2	82.8
江西	0.0	71.0	29.0
西北内陆	27.9	66.3	5.8
甘肃	0.0	100.0	0.0
新疆维吾尔自治区	28.1	66.0	5.9

备注：1. 本表据国家棉花市场监测系统调查涉及的1 700户植棉信息联系户情况统计。

2. 调查时间自2022年8月15—30日。

表4-12　2022年8月棉花生长期天气灾害评价表

地区	主要灾害			灾害程度		
	涝灾（%）	旱灾（%）	其他（%）	重度（%）	中度（%）	轻度（%）
全国	2.8	10.7	86.5	21.3	29.7	49.0
黄河流域	2.9	9.6	87.6	14.5	47.2	38.4
山东	0.0	0.0	100.0	0.0	65.8	34.2
河南	26.7	73.3	0.0	0.0	96.7	3.3
河北	0.0	4.4	95.6	32.2	9.4	58.4
陕西	0.0	0.0	100.0	0.0	100.0	0.0
山西	0.0	0.0	100.0	0.0	100.0	0.0

续表

天津	0.0	0.0	100.0	55.2	0.0	44.8
长江中下游	13.3	65.2	21.6	1.6	97.7	0.7
湖北	0.0	100.0	0.0	0.0	100.0	0.0
安徽	22.2	29.1	48.7	0.0	98.3	1.7
江苏	0.0	41.5	58.5	26.8	68.3	4.9
湖南	0.0	70.0	30.0	0.0	100.0	0.0
江西	64.5	35.5	0.0	0.0	100.0	0.0
西北内陆	1.7	5.2	93.1	24.4	19.7	55.8
甘肃	0.0	0.0	100.0	0.0	0.0	100.0
新疆维吾尔自治区	1.7	5.3	93.0	24.6	19.9	55.5

备注：1. 本表据国家棉花市场监测系统调查涉及的 1 700 户植棉信息联系户情况统计。
2. 调查时间自 2022 年 8 月 15—30 日。

表 4-13　2022 年 8 月棉花生长期病害评价表

地区	病害程度			主要病害		
	重度（%）	中度（%）	轻度（%）	黄萎病（%）	枯萎病（%）	其他（%）
全国	0.5	2.1	97.3	24.6	16.4	59.0
黄河流域	0.0	1.5	98.5	9.0	35.9	55.1
山东	0.0	0.0	100.0	0.0	64.1	35.9
河南	0.0	13.3	86.7	30.0	70.0	0.0
河北	0.0	0.0	100.0	0.0	2.8	97.2
陕西	0.0	0.0	100.0	100.0	0.0	0.0
山西	0.0	0.0	100.0	100.0	0.0	0.0

续表

天津	0.0	0.0	100.0	0.0	0.0	100.0
长江中下游	0.4	13.7	85.8	17.0	17.1	65.8
湖北	0.0	0.0	100.0	23.1	7.7	69.2
安徽	1.7	21.4	76.9	0.9	13.7	85.5
江苏	0.0	4.9	95.1	2.4	0.0	97.6
湖南	0.0	41.4	58.6	43.3	56.7	0.0
江西	0.0	0.0	100.0	0.0	0.0	100.0
西北内陆	0.6	1.1	98.3	28.0	13.0	59.0
甘肃	0.0	0.0	100.0	0.0	0.0	100.0
新疆维吾尔自治区	0.6	1.1	98.3	28.2	13.1	58.7

备注：1. 本表据国家棉花市场监测系统调查涉及的 1 700 户植棉信息联系户情况统计。
2. 调查时间自 2022 年 8 月 15—30 日。

表4-14　2022年8月棉花生长期虫害评价表

地区	虫害程度			主要虫害		
	重度（%）	中度（%）	轻度（%）	棉铃虫（%）	蚜虫（%）	其他（%）
全国	2.4	4.4	93.2	22.8	19.8	57.3
黄河流域	0.0	2.7	97.3	13.7	44.2	42.1
山东	0.0	0.0	100.0	0.0	69.6	30.4
河南	0.0	0.0	100.0	0.0	0.0	100.0
河北	0.0	7.3	92.7	36.5	25.0	38.5
陕西	0.0	0.0	100.0	0.0	100.0	0.0
山西	0.0	0.0	100.0	0.0	100.0	0.0

续表

天津	0.0	0.0	100.0	0.0	0.0	100.0
长江中下游	1.5	5.3	93.1	29.8	3.2	66.9
湖北	0.0	0.0	100.0	25.0	0.0	75.0
安徽	6.0	17.2	76.7	15.4	0.9	83.8
江苏	0.0	4.9	95.1	0.0	51.2	48.8
湖南	0.0	3.3	96.7	86.7	0.0	13.3
江西	0.0	0.0	100.0	0.0	0.0	100.0
西北内陆	2.9	4.6	92.5	23.7	17.4	58.9
甘肃	0.0	0.0	100.0	0.0	0.0	100.0
新疆维吾尔自治区	3.0	4.6	92.4	23.8	17.6	58.6

备注：1. 本表据国家棉花市场监测系统调查涉及的 1 700 户植棉信息联系户情况统计。

2. 调查时间自 2022 年 8 月 15—30 日。

2022 年中国棉花产量调查报告

——2022 年全国新棉总产预计 613.8 万吨

国家棉花市场监测系统于 10 月底至 11 月初在全国范围内展开 2022 年棉花产量调查，样本涉及 14 个省（自治区）、46 个植棉县、1 700 个定点植棉信息联系户。调查结果显示，2022 年中国棉花平均单产 138.6 千克/亩，同比增长 3.2%；按监测系统调查实播面积 4 428.1 万亩测算，预计全国总产量 613.8 万吨，同比增长 5.8%；其中新疆产量预计 563.4 万吨，同比增长 7.1%。具体情况如下：

今年新疆棉花播种面积增加，且全疆绝大部分地区气温高于往年，气象条件利于棉花生长，为产量增加打下良好基础。预计 2022 年新疆棉花平均单产 152.7 千克/亩，同比上升 3.2%，较 8 月份预测上升 1.9%；预计产量 563.4 万吨，同比增长 7.1%，较 8 月份预测增加 1.9%。

今年黄河流域棉花播种面积下降较多，阶段性干旱和降雨对棉花生长有一定不利影响，导致棉花单产和产量有所下降。预计 2022 年黄河流域棉花平均单产 72.1 千克/亩，同比下降 0.8%，8 月份预测上升 0.3%；预计总产量 30.8 万吨，同比下降 7.1%，均较 8 月份预测上升 0.3%。

今年长江流域地区异常干旱缺雨，棉田虫害高于去年，导致棉花单产和产量下降明显。预计2022年长江流域棉花平均单产58.3千克/亩，同比下降8.3%，较8月份预测下降3.4%；预计总产量15.2万吨，同比下降8.6%，较8月份预测下降3.4%。

表4-15 2022年中国棉花产量预测表

单位：万亩、千克/亩、万吨

地区	面积预测		单产预测		总产量预测	
	今年	同比（%）	今年	同比（%）	今年	同比（%）
全国	4 428.1	2.5	138.6	3.2	613.8	5.8
西北内陆	3 719.1	4.0	152.4	3.0	566.7	7.2
甘肃省	28.7	12.0	112.6	9.6	3.2	22.8
新疆维吾尔自治区	3 690.4	3.8	152.7	3.2	563.4	7.1
其他	21.5	-21.0	56.5	1.1	1.2	-20.3
黄河流域	427.1	-6.4	72.1	-0.8	30.8	-7.1
山东省	177.4	-7.7	73.9	-4.3	13.1	-11.6
河南省	45.9	-10.9	59.6	2.5	2.7	-8.7
河北省	160.2	-4.7	73.6	1.6	11.8	-3.2
陕西省	13.4	-1.8	67.2	3.3	0.9	1.5
山西省	11.8	-1.1	69.2	2.5	0.8	1.4
天津市	18.5	-2.3	76.4	1.2	1.4	-0.9
长江流域	260.4	-0.2	58.3	-8.3	15.2	-8.6
湖北省	98.6	2.9	61.7	0.3	6.1	3.3
安徽省	66.4	-3.2	54.5	-11.8	3.6	-14.6
江苏省	15.4	-3.4	63.8	-5.6	1.0	-8.8
湖南省	49.4	0.0	61.7	-13.3	3.0	-13.3
江西省	30.7	-2.2	47.1	-21.2	1.4	-23.0

备注：1. 数据来源：国家棉花市场监测系统。
2. 调查时间：2022年10月底—11月初。
3. 表中面积数据来自国家棉花市场监测系统的《2022年中国棉花实播面积调查报告》。

统计资料

第五部分

棉花生产

表 5-1　1978—2023 年中国棉花生产情况表

单位：千公顷、万吨、千克/公顷

年份	农作物总播种面积	棉花播种面积	棉花产量	单位面积产量
1978	150 104	4 866	217.0	455
1980	146 380	4 920	271.0	550
1985	143 626	5 140	415.0	807
1989	146 554	5 203	379.0	728
1990	148 362	5 588	451.0	807
1991	149 586	6 538	568.0	868
1992	149 007	6 835	451.0	660
1993	147 741	4 985	374.0	750
1994	148 241	5 528	434.0	785
1995	149 879	5 422	477.0	879
1996	152 381	4 722	420.0	890
1997	153 969	4 491	460.0	1 025
1998	155 706	4 459	450.0	1 009
1999	156 373	3 726	383.0	1 028
2000	156 300	4 041	442.0	1 093
2001	155 708	4 810	532.0	1 107
2002	154 636	4 184	492.0	1 175
2003	152 415	5 111	486.0	951
2004	153 553	5 693	632.0	1 111
2005	155 488	5 062	571.0	1 129
2006	157 021	5 409	674.0	1 247
2007	153 464	5 926	762.4	1 286
2008	156 266	5 754	749.2	1 302
2009	158 639	4 952	637.7	1 288
2010	160 675	4 849	596.1	1 229

续表

年份	农作物总播种面积	棉花播种面积	棉花产量	单位面积产量
2011	162 283	5 038	658.9	1 308
2012	163 416	4 688	683.6	1 458
2013	164 627	4 346	629.9	1 449
2014	165 446	4 222	617.8	1 463
2015	166 374	3 797	560.3	1 476
2016	166 650	3 345	529.9	1 584
2017	166 332	3 195	565.3	1 769
2018	165 902	3 354	610.3	1 819
2019	165 931	3 339	588.9	1 764
2020	167 487	3 169	591.0	1 865
2021	168 695	3 028	573	1 893
2022	169 991	3 000	598	1 993
2023	169 991	3 000	598	1 993

数据来源：《中国统计年鉴2023》。

表 5–2 2022/2023 年度分省棉花生产情况表

单位：千公顷、万吨、千克/公顷

省份	农作物总播种面积	棉花播种面积	棉花产量	单位面积产量
全国	169 991	3 000	598	1 993
北京	143.8	0.0	0.0	1 108
天津	443.5	2.5	0.3	1 294
河北	8 114	116.1	13.9	1 197
山西	3 611.6	0.3	0.0	1 390
内蒙古	8 750.7	—	0.0	—
辽宁	4 326.9	0.0	0.0	900
上海	269.2	0.0	0.0	1 237
江苏	7 534.2	4.2	0.6	1 396

续表

省份	农作物总播种面积	棉花播种面积	棉花产量	单位面积产量
浙江	2 027.2	3.4	0.5	1 388
安徽	8 933.6	30.3	2.6	844
福建	1 682.1	0.0	0.0	958
江西	5 730.5	19.7	2.2	1 102
山东	10 964.1	113.3	14.5	1 278
河南	14 711.5	10.9	1.40	1 253
湖北	8 191.9	115.8	10.3	892
湖南	8 591.5	64.6	8.2	1 274
广西	6 271.4	1.0	0.1	1 026
四川	10 227.4	0.3	0.0	901
贵州	5 359.5	0.4	0.0	941
云南	7 130.6	0.0	0.0	—
陕西	4 212.2	0.1	0.0	1 552
甘肃	4 061.9	20.3	4.0	1 962
新疆维吾尔自治区	6 493.1	2 496.9	539.4	2 160

数据来源：《中国统计年鉴2023》。

表 5–3　2022/2023 年度山东省棉花生产情况表

单位：公顷、吨、千克/公顷

地区	棉花播种面积	棉花产量	单位面积产量
全省	113 349	144 834	1 278
济南市	2 967	3 501	1 180
青岛市	20	25	1 212
淄博市	801	1 064	1 328
枣庄市	858	1 075	1 253
东营市	13 870	14 569	1 050
烟台市	4	6	1 457
潍坊市	3 899	4 626	1 186
济宁市	20 278	26 378	1 301
泰安市	2 876	3 702	1 287

续表

日照市	113	134	1 186
临沂市	1 605	2 077	1 294
德州市	16 065	22 297	1 388
聊城市	3 616	4 434	1 226
滨州市	16 147	18 773	1 160
菏泽市	30 229	42 212	1 396

数据来源：《山东统计年鉴2023》。

表 5–4　2022/2023 年度河南省棉花生产情况表

单位：千公顷、万吨、千克/公顷

地区	棉花播种面积	棉花产量	单位面积产量
全省	10.85	1.36	—
郑州市	0.29	0.03	—
开封市	3.04	0.41	—
洛阳市	1.37	0.19	—
平顶山市	0.25	0.03	—
安阳市	1.13	0.11	—
鹤壁市	0.33	0.02	—
新乡市	0.62	0.06	—
焦作市	0.12	0.02	—
濮阳市	0.31	0.05	—
许昌市	0.35	0.04	—
漯河市	0.02	0.00	—
三门峡市	0.20	0.02	—
南阳市	0.49	0.06	—
商丘市	0.51	0.06	—
信阳市	0.71	0.06	—
周口市	0.96	0.18	—
驻马店市	0.03	0.00	—
济源示范区	0.11	0.01	—

数据来源：《河南统计年鉴2023》。

表 5-5　2022/2023 年度河北省棉花生产情况表

单位：千公顷、万吨、千克/公顷

地区	棉花播种面积	棉花产量	单位面积产量
全省	116.1	13.9	1 197
石家庄市	0.2	0.02	2 240
秦皇岛市	—	—	—
唐山市	7.9	0.92	1 163
廊坊市	0.6	0.06	1 123
保定市	—	—	—
沧州市	7.4	0.86	1 154
衡水市	21.8	2.56	1 174
邢台市	44.3	5.12	1 154
邯郸市	33.9	4.36	1 288
辛集市	—	—	1 183

数据来源：《河北统计年鉴2023》。

表 5-6　2022/2023 年度天津市棉花生产情况表

单位：千公顷、万吨、千克/公顷

地区	棉花播种面积	棉花产量	单位面积产量
全市	0.25	0.32	—
塘沽区	—	—	—
汉沽区	—	—	—
大港区	—	—	—
东丽区	—	—	—
西青区	—	—	—
津南区	—	—	—
北辰区	—	—	—
武清区	—	—	—
宝坻区	—	—	—
宁河县	—	—	—
静海县	—	—	—
蓟县	—	—	—

数据来源：《天津统计年鉴2023》。

表 5-7　2022/2023 年度陕西省棉花生产情况表

单位：千公顷、万吨、千克/公顷

地区	棉花播种面积	棉花产量	单位面积产量
全省	0.14	0.02	1 552
西安市	0.03	0.0049	1 506
渭南市	—	—	—
延安市	0.03	0.0034	1 133
汉中市	—	—	—
安康市	0.07	0.0125	1 769
榆林市	0.01	0.0009	1 364

数据来源：《陕西统计年鉴 2023》。

表 5-8　2022/2023 年度江苏省棉花生产情况表

单位：千公顷、万吨、千克/公顷

地区	棉花播种面积	棉花产量	单位面积产量
全省	4.15	0.5799	1 397
南京市	—	0.03	—
徐州市	—	0.47	—
常州市	—	0.01	—
苏州市	—	0.01	—
南通市	—	0.06	—
连云港市	—	—	—
淮安市	—	—	—
盐城市	—	0.01	—
扬州市	—	—	—
镇江市	—	—	—
泰州市	—	—	—
宿迁市	—	—	—

数据来源：《江苏统计年鉴 2023》。

表 5–9 2022/2023 年度安徽省棉花生产情况表

单位：公顷、吨、千克/公顷

地区	棉花播种面积	棉花产量	单位面积产量
全省	30 291	25 579	844
合肥市	2 709	1 914	707
淮北市	3	3	889
亳州市	688	560	814
宿州市	346	257	741
蚌埠市	—	—	—
阜阳市	383	288	751
淮南市	54	47	873
滁州市	120	97	802
六安市	2 189	1 693	773
马鞍山市	241	199	823
芜湖市	3 247	2 966	914
宣城市	85	69	810
铜陵市	1 854	1 550	836
池州市	971	830	854
安庆市	17 327	15 059	869
黄山市	73	49	663

数据来源：《安徽统计年鉴2023》。

表 5–10 2022/2023 年度湖北省棉花生产情况表

单位：千公顷、万吨、千克/公顷

地区	棉花播种面积	棉花产量	单位面积产量
全省	115.80	10.33	
武汉市	—	0.58	—
黄石市	—	0.28	—
十堰市	—	—	—
宜昌市	—	0.29	—
襄阳市	—	0.75	—
鄂州市	—	0.31	—
荆门市	—	0.31	—

续表

地区			
孝感市	—	0.78	—
荆州市	—	2.62	—
黄冈市	—	2.18	—
咸宁市	—	0.26	—
随州市	—	0.29	—
仙桃市	—	0.94	—
潜江市	—	0.13	—
天门市	—	0.61	—

注：1. 数据来源《湖北统计年鉴2023》。

2. 带*的数据由国家棉花市场监测系统测算而得。

表5-11 2022/2023年度湖南省棉花生产情况表

单位：千公顷、万吨、千克/公顷

地区	棉花播种面积	棉花产量	单位面积产量
全省	64.62	82 305.49	1 273.68
长沙市	—	—	—
株洲市	—	—	—
湘潭市	—	—	—
衡阳市	—	—	—
邵阳市	—	—	—
岳阳市	—	—	—
常德市	—	—	—
张家界市	—	—	—
益阳市	—	—	—
郴州市	—	—	—
永州市	—	—	—
怀化市	—	—	—
娄底市	—	—	—
湘西州	—	—	—

注：数据来源为《湖南统计年鉴2023》。

表 5-12 2022/2023 年度江西省棉花生产情况表

单位：公顷、吨、千克/公顷

地区	棉花播种面积	棉花产量	单位面积产量
全省	19 718	21 721	1 102
南昌市	68	94	1 395
景德镇市	554	879	1 587
九江市	16 714	17 410	1 042
新余市	367	622	1 692
赣州市	1	2	2 507
吉安市	121	157	1 305
宜春市	1 476	2 080	1 409
抚州市	132	179	1 356
上饶市	286	299	1 042

数据来源：《江西统计年鉴2023》。

表 5-13 2022/2023 年度甘肃省棉花生产情况表

单位：千公顷、万吨、千克/公顷

地区	棉花播种面积	棉花产量	单位面积产量
全省	20.31	—	—
白银市	—	—	—
武威市	—	—	—
酒泉市	—	—	—
金昌市	—	—	—

数据来源：《甘肃统计年鉴2023》。

棉花购销

表 5-14　2022/2023 年度中国棉花收购、加工与销售进度统计表

日期	收购进度（%）	加工进度（%）	销售进度（%）
2022 年 9 月	19.8	28.6	0.0
2022 年 10 月	57.9	26.7	2.0
2022 年 11 月	94.3	48.5	8.1
2022 年 12 月	97.5	72.5	17.8
2023 年 1 月	98.3	85.2	24.5
2023 年 2 月	99.1	97.4	46.0
2023 年 3 月	99.9	98.7	72.2
2023 年 4 月	100.0	99.9	81.7
2023 年 5 月	100.0	100.0	90.2
2023 年 6 月	100.0	100.0	97.1
2023 年 7 月	100.0	100.0	99.1
2023 年 8 月	100.0	100.0	99.3

数据来源：国家棉花市场监测系统。
备注：收购进度 = 已交售籽棉量 / 已采摘籽棉量；加工进度 = 已加工皮棉量 / 籽棉收购折皮棉量；销售进度 = 已销售皮棉量 / 籽棉收购量折皮棉量

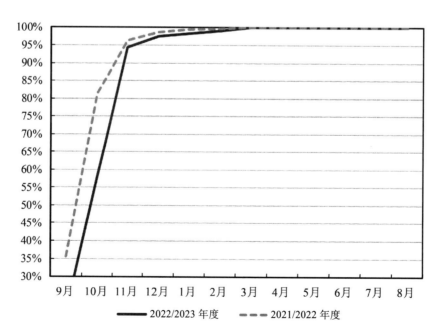

图 5-1　2022/2023 年度中国棉花收购进度与上年对比

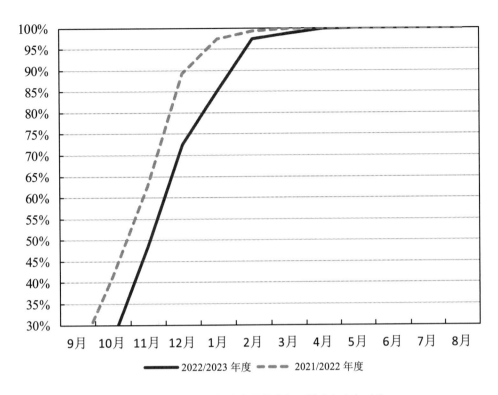

图 5-2　2022/2023 年度中国棉花加工进度与上年对比

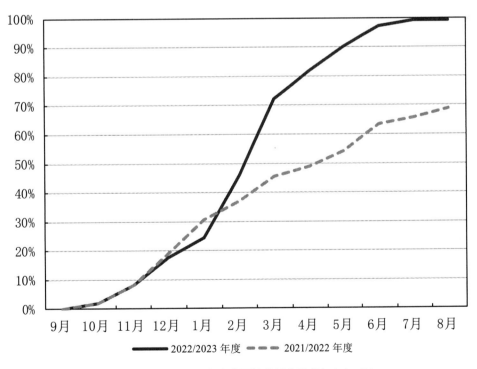

图 5-3　2022/2023 年度中国棉花销售进度与上年对比

棉花价格

表5–15 2022/2023年度国家棉花价格指数月平均价格表

单位：元/吨

日期	国家棉花价格A指数	国家棉花价格B指数
2022年9月	16 076	15 702
2022年10月	16 048	15 672
2022年11月	15 563	15 235
2022年12月	15 326	15 017
2023年1月	15 564	15 268
2023年2月	15 934	15 649
2023年3月	15 629	15 343
2023年4月	15 777	15 508
2023年5月	16 462	16 184
2023年6月	17 393	17 128
2023年7月	17 892	17 629
2023年8月	18 232	18 006

数据来源：国家棉花市场监测系统。

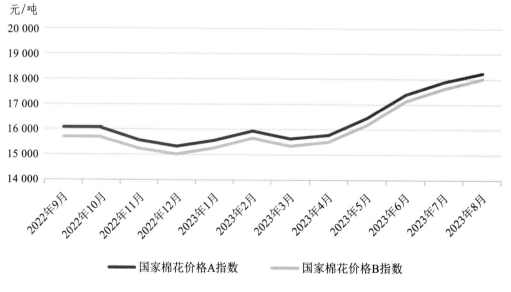

图5–4 2022/2023年度国家棉花价格走势

国家棉花价格指数简介

国家棉花价格指数（即 CNCotton A、CNCotton B）简称为国棉指数，是国家棉花市场监测系统通过分布在内地主产销区的 165 个棉花和纺织监测站，对当地皮棉成交价格进行跟踪监测，经审核后加权汇总得出国家棉花价格指数。CNCottonA 指数代表内地 2129 级皮棉成交均价，CNCottonB 指数代表内地 3128 级皮棉成交均价。国家相关部门在棉花市场宏观调控和目标价格改革政策实施过程中，均将国家棉花价格指数纳入政策参考指标。

国家棉花价格指数强调区域概念，并假设同等级棉花在同一个地区的工厂接受价与轧花厂仓库交货价水平基本一致，与当日发布的《国内主要地区棉花现货价格行情》配合使用，可比较全面地反映当日内主要地区棉花平均成交价格水平。国家棉花价格指数于每个工作日下午 5 点左右发布及时反映行情变化。

表 5–16　2022/2023 年度国家棉花价格指数及中国棉花收购价格指数日价格表

单位：元/吨

日　　期	国家棉花价格 A 指数	国家棉花价格 B 指数	中国棉花收购价格指数
2022 年 09 月 01 日	16 362	15 997	—
2022 年 09 月 02 日	16 307	15 949	—
2022 年 09 月 05 日	16 257	15 899	—
2022 年 09 月 06 日	16 247	15 894	13 336
2022 年 09 月 07 日	16 213	15 859	13 336
2022 年 09 月 08 日	16 165	15 809	13 367
2022 年 09 月 09 日	16 157	15 799	14 173
2022 年 09 月 13 日	16 104	15 743	13 693
2022 年 09 月 14 日	16 055	15 691	13 818
2022 年 09 月 15 日	16 155	15 790	13 876
2022 年 09 月 16 日	16 205	15 849	14 041
2022 年 09 月 19 日	16 104	15 749	13 908
2022 年 09 月 20 日	16 004	15 599	13 910
2022 年 09 月 21 日	15 980	15 579	13 945
2022 年 09 月 22 日	16 002	15 603	13 897
2022 年 09 月 23 日	16 013	15 619	13 909
2022 年 09 月 26 日	15 863	15 472	13 900
2022 年 09 月 27 日	15 855	15 468	14 004
2022 年 09 月 28 日	15 855	15 468	14 096

续表

日　　期	国家棉花价格 A 指数	国家棉花价格 B 指数	中国棉花收购价格指数
2022 年 09 月 29 日	15 844	15 456	13 861
2022 年 09 月 30 日	15 850	15 460	13 893
2022 年 10 月 03 日	15 850	15 460	13 898
2022 年 10 月 04 日	15 855	15 464	13 965
2022 年 10 月 05 日	15 848	15 460	13 975
2022 年 10 月 06 日	15 841	15 454	13 991
2022 年 10 月 07 日	15 847	15 460	13 986
2022 年 10 月 08 日	15 847	15 460	10 899
2022 年 10 月 09 日	15 860	15 471	11 265
2022 年 10 月 10 日	15 849	15 464	11 404
2022 年 10 月 11 日	15 900	15 516	11 097
2022 年 10 月 12 日	16 048	15 667	11 437
2022 年 10 月 13 日	16 248	15 870	11 432
2022 年 10 月 14 日	16 296	15 916	11 209
2022 年 10 月 17 日	16 307	15 930	11 486
2022 年 10 月 18 日	16 280	15 905	11 529
2022 年 10 月 19 日	16 268	15 893	11 532
2022 年 10 月 20 日	16 255	15 879	11 689
2022 年 10 月 21 日	16 235	15 862	11 798
2022 年 10 月 24 日	16 235	15 862	11 956
2022 年 10 月 25 日	16 187	15 815	11 881
2022 年 10 月 26 日	16 140	15 791	11 889
2022 年 10 月 27 日	16 089	15 739	11 777
2022 年 10 月 28 日	16 060	15 712	11 712
2022 年 10 月 31 日	15 757	15 411	11 381
2022 年 11 月 01 日	15 704	15 363	11 343
2022 年 11 月 02 日	15 696	15 356	11 313
2022 年 11 月 03 日	15 744	15 407	11 334

续表

日　　期	国家棉花价格 A 指数	国家棉花价格 B 指数	中国棉花收购价格指数
2022 年 11 月 04 日	15 783	15 451	11 493
2022 年 11 月 07 日	15 783	15 451	11 560
2022 年 11 月 08 日	15 770	15 439	11 577
2022 年 11 月 09 日	15 716	15 389	11 606
2022 年 11 月 10 日	15 613	15 289	11 648
2022 年 11 月 11 日	15 611	15 286	11 632
2022 年 11 月 14 日	15 611	15 286	11 592
2022 年 11 月 15 日	15 602	15 278	11 667
2022 年 11 月 16 日	15 552	15 229	11 668
2022 年 11 月 17 日	15 506	15 179	11 819
2022 年 11 月 18 日	15 516	15 191	11 744
2022 年 11 月 21 日	15 468	15 141	11 879
2022 年 11 月 22 日	15 456	15 131	11 864
2022 年 11 月 23 日	15 448	15 124	11 947
2022 年 11 月 24 日	15 442	15 121	11 962
2022 年 11 月 25 日	15 455	15 127	11 938
2022 年 11 月 28 日	15 353	15 023	11 991
2022 年 11 月 29 日	15 303	14 974	11 950
2022 年 11 月 30 日	15 255	14 924	11 985
2022 年 12 月 01 日	15 252	14 920	12 094
2022 年 12 月 02 日	15 266	14 933	12 028
2022 年 12 月 05 日	15 258	14 926	12 079
2022 年 12 月 06 日	15 258	14 926	12 100
2022 年 12 月 07 日	15 266	14 933	12 035
2022 年 12 月 08 日	15 290	14 976	12 023
2022 年 12 月 09 日	15 315	15 017	12 175
2022 年 12 月 12 日	15 366	15 067	12 239
2022 年 12 月 13 日	15 366	15 067	12 364

续表

日　　期	国家棉花价格 A 指数	国家棉花价格 B 指数	中国棉花收购价格指数
2022 年 12 月 14 日	15 359	15 058	12 318
2022 年 12 月 15 日	15 353	15 052	12 303
2022 年 12 月 16 日	15 372	15 068	12 114
2022 年 12 月 19 日	15 357	15 053	11 903
2022 年 12 月 20 日	15 334	15 030	14 530
2022 年 12 月 21 日	15 346	15 045	14 528
2022 年 12 月 22 日	15 334	15 032	14 533
2022 年 12 月 23 日	15 323	15 022	14 480
2022 年 12 月 26 日	15 336	15 035	14 479
2022 年 12 月 27 日	15 352	15 052	14 474
2022 年 12 月 28 日	15 364	15 062	14 467
2022 年 12 月 29 日	15 340	15 038	14 456
2022 年 12 月 30 日	15 360	15 058	14 510
2023 年 01 月 03 日	15 385	15 087	14 518
2023 年 01 月 04 日	15 400	15 100	14 565
2023 年 01 月 05 日	15 383	15 085	14 571
2023 年 01 月 06 日	15 400	15 105	14 553
2023 年 01 月 09 日	15 422	15 126	14 562
2023 年 01 月 10 日	15 469	15 171	14 600
2023 年 01 月 11 日	15 491	15 197	14 505
2023 年 01 月 12 日	15 471	15 176	14 544
2023 年 01 月 13 日	15 466	15 171	14 664
2023 年 01 月 16 日	15 466	15 171	14 666
2023 年 01 月 17 日	15 476	15 186	14 667
2023 年 01 月 18 日	15 529	15 235	14 671
2023 年 01 月 19 日	15 630	15 331	14 660
2023 年 01 月 20 日	15 672	15 373	14 518
2023 年 01 月 28 日	15 722	15 424	14 714

续表

日　　期	国家棉花价格 A 指数	国家棉花价格 B 指数	中国棉花收购价格指数
2023 年 01 月 29 日	15 756	15 461	14 802
2023 年 01 月 30 日	15 957	15 662	14 796
2023 年 01 月 31 日	16 055	15 762	14 879
2023 年 02 月 01 日	16 106	15 815	14 919
2023 年 02 月 02 日	16 175	15 890	14 886
2023 年 02 月 03 日	16 173	15 887	14 880
2023 年 02 月 06 日	16 126	15 842	14 953
2023 年 02 月 07 日	16 108	15 828	14 957
2023 年 02 月 08 日	16 089	15 807	14 966
2023 年 02 月 09 日	16 084	15 798	14 938
2023 年 02 月 10 日	16 067	15 778	14 942
2023 年 02 月 13 日	16 013	15 730	14 880
2023 年 02 月 14 日	15 904	15 619	14 840
2023 年 02 月 15 日	15 893	15 615	14 742
2023 年 02 月 16 日	15 862	15 582	14 750
2023 年 02 月 17 日	15 857	15 577	14 766
2023 年 02 月 20 日	15 795	15 511	14 757
2023 年 02 月 21 日	15 790	15 507	14 795
2023 年 02 月 22 日	15 794	15 513	14 672
2023 年 02 月 23 日	15 799	15 520	14 686
2023 年 02 月 24 日	15 717	15 424	14 660
2023 年 02 月 27 日	15 666	15 374	14 672
2023 年 02 月 28 日	15 655	15 361	14 666
2023 年 03 月 01 日	15 651	15 358	14 568
2023 年 03 月 02 日	15 698	15 408	14 599
2023 年 03 月 03 日	15 809	15 523	14 625
2023 年 03 月 06 日	15 811	15 526	14 615
2023 年 03 月 07 日	15 862	15 576	14 557

续表

日期	国家棉花价格 A 指数	国家棉花价格 B 指数	中国棉花收购价格指数
2023 年 03 月 08 日	15 855	15 568	14 734
2023 年 03 月 09 日	15 851	15 557	14 628
2023 年 03 月 10 日	15 805	15 521	14 593
2023 年 03 月 13 日	15 706	15 421	14 601
2023 年 03 月 14 日	15 696	15 408	14 592
2023 年 03 月 15 日	15 696	15 408	14 595
2023 年 03 月 16 日	15 596	15 306	14 571
2023 年 03 月 17 日	15 559	15 269	14 612
2023 年 03 月 20 日	15 502	15 218	14 600
2023 年 03 月 21 日	15 489	15 204	14 591
2023 年 03 月 22 日	15 483	15 199	14 599
2023 年 03 月 23 日	15 479	15 198	14 589
2023 年 03 月 24 日	15 474	15 193	14 569
2023 年 03 月 27 日	15 424	15 142	14 601
2023 年 03 月 28 日	15 445	15 165	14 597
2023 年 03 月 29 日	15 495	15 216	14 537
2023 年 03 月 30 日	15 495	15 216	14 537
2023 年 03 月 31 日	15 574	15 294	14 525
2023 年 04 月 03 日	15 599	15 321	14 565
2023 年 04 月 04 日	15 599	15 321	14 680
2023 年 04 月 06 日	15 605	15 330	14 584
2023 年 04 月 07 日	15 670	15 394	14 542
2023 年 04 月 10 日	15 707	15 434	14 541
2023 年 04 月 11 日	15 669	15 396	14 524
2023 年 04 月 12 日	15 658	15 383	14 632
2023 年 04 月 13 日	15 658	15 383	14 718
2023 年 04 月 14 日	15 716	15 443	14 750
2023 年 04 月 17 日	15 766	15 495	14 768

续表

日　　期	国家棉花价格 A 指数	国家棉花价格 B 指数	中国棉花收购价格指数
2023 年 04 月 18 日	15 796	15 524	14 754
2023 年 04 月 19 日	15 899	15 648	14 726
2023 年 04 月 20 日	15 892	15 642	14 727
2023 年 04 月 21 日	15 798	15 545	14 733
2023 年 04 月 23 日	15 794	15 542	—
2023 年 04 月 24 日	15 794	15 542	—
2023 年 04 月 25 日	15 913	15 642	—
2023 年 04 月 26 日	15 970	15 692	—
2023 年 04 月 27 日	15 993	15 716	—
2023 年 04 月 28 日	16 040	15 766	—
2023 年 05 月 04 日	16 142	15 867	—
2023 年 05 月 05 日	16 293	16 016	—
2023 年 05 月 06 日	16 316	16 032	—
2023 年 05 月 08 日	16 467	16 185	—
2023 年 05 月 09 日	16 460	16 171	—
2023 年 05 月 10 日	16 439	16 152	—
2023 年 05 月 11 日	16 425	16 140	—
2023 年 05 月 12 日	16 356	16 068	—
2023 年 05 月 15 日	16 350	16 062	—
2023 年 05 月 16 日	16 367	16 078	—
2023 年 05 月 17 日	16 377	16 094	—
2023 年 05 月 18 日	16 394	16 107	—
2023 年 05 月 19 日	16 423	16 141	—
2023 年 05 月 22 日	16 598	16 327	—
2023 年 05 月 23 日	16 678	16 412	—
2023 年 05 月 24 日	16 643	16 379	—
2023 年 05 月 25 日	16 612	16 347	—
2023 年 05 月 26 日	16 562	16 296	—

续表

日期	国家棉花价格A指数	国家棉花价格B指数	中国棉花收购价格指数
2023年05月29日	16 612	16 347	—
2023年05月30日	16 596	16 329	—
2023年05月31日	16 587	16 320	—
2023年06月01日	16 642	16 374	—
2023年06月02日	16 718	16 447	—
2023年06月05日	16 980	16 701	—
2023年06月06日	17 322	17 035	—
2023年06月07日	17 371	17 088	—
2023年06月08日	17 435	17 152	—
2023年06月09日	17 446	17 171	—
2023年06月12日	17 424	17 147	—
2023年06月13日	17 533	17 266	—
2023年06月14日	17 581	17 316	—
2023年06月15日	17 615	17 350	—
2023年06月16日	17 636	17 378	—
2023年06月19日	17 582	17 322	—
2023年06月20日	17 560	17 301	—
2023年06月21日	17 532	17 270	—
2023年06月25日	17 503	17 250	—
2023年06月26日	17 491	17 238	—
2023年06月27日	17 447	17 193	—
2023年06月28日	17 444	17 192	—
2023年06月29日	17 442	17 191	—
2023年06月30日	17 552	17 305	—
2023年07月03日	17 578	17 324	—
2023年07月04日	17 591	17 324	—
2023年07月05日	17 568	17 303	—
2023年07月06日	17 564	17 301	—

续表

日　　期	国家棉花价格 A 指数	国家棉花价格 B 指数	中国棉花收购价格指数
2023 年 07 月 07 日	17 597	17 324	—
2023 年 07 月 10 日	17 609	17 339	—
2023 年 07 月 11 日	17 604	17 333	—
2023 年 07 月 12 日	17 757	17 491	—
2023 年 07 月 13 日	17 867	17 600	—
2023 年 07 月 14 日	17 896	17 631	—
2023 年 07 月 17 日	17 875	17 614	—
2023 年 07 月 18 日	18 001	17 740	—
2023 年 07 月 19 日	18 001	17 740	—
2023 年 07 月 20 日	18 015	17 755	—
2023 年 07 月 21 日	18 165	17 903	—
2023 年 07 月 24 日	18 165	17 903	—
2023 年 07 月 25 日	18 142	17 878	—
2023 年 07 月 26 日	18 175	17 909	—
2023 年 07 月 27 日	18 188	17 927	—
2023 年 07 月 28 日	18 191	17 938	—
2023 年 07 月 31 日	18 176	17 930	—
2023 年 08 月 01 日	18 255	18 022	—
2023 年 08 月 02 日	18 282	18 057	—
2023 年 08 月 03 日	18 255	18 026	—
2023 年 08 月 04 日	18 238	18 005	—
2023 年 08 月 07 日	18 238	18 005	—
2023 年 08 月 08 日	18 266	18 033	—
2023 年 08 月 09 日	18 245	18 016	—
2023 年 08 月 10 日	18 238	18 013	—
2023 年 08 月 11 日	18 242	18 017	—
2023 年 08 月 14 日	18 242	18 017	—
2023 年 08 月 15 日	18 228	18 005	—

续表

日　　期	国家棉花价格 A 指数	国家棉花价格 B 指数	中国棉花收购价格指数
2023 年 08 月 16 日	18 216	17 992	—
2023 年 08 月 17 日	18 178	17 952	—
2023 年 08 月 18 日	18 148	17 922	—
2023 年 08 月 21 日	18 148	17 922	—
2023 年 08 月 22 日	18 154	17 930	—
2023 年 08 月 23 日	18 142	17 916	—
2023 年 08 月 24 日	18 164	17 939	—
2023 年 08 月 25 日	18 182	17 955	—
2023 年 08 月 28 日	18 242	18 016	—
2023 年 08 月 29 日	18 339	18 116	—
2023 年 08 月 30 日	18 330	18 109	—
2023 年 08 月 31 日	18 369	18 150	—

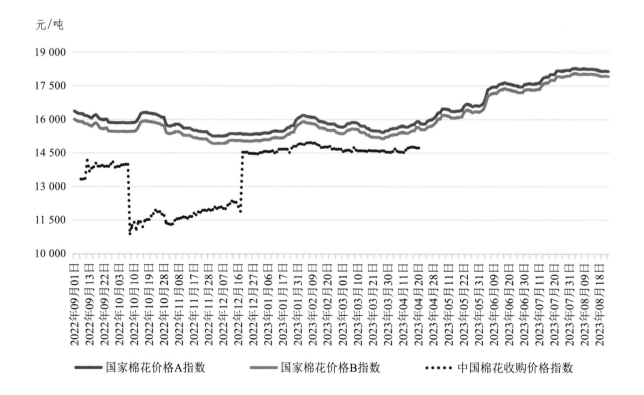

图 5-5　2022/2023 年度国家棉花价格指数及中国棉花收购价格指数走势

表 5-17 2022/2023 年度国内各等级棉花分月价格表

单位：元/吨

日期	1129B 级	2129B 级	3128B 级	4129B 级	2227B 级
2022 年 9 月	16 327	16 076	15 702	15 021	14 326
2022 年 10 月	16 281	16 048	15 672	14 957	14 148
2022 年 11 月	15 806	15 563	15 235	14 530	13 632
2022 年 12 月	15 547	15 326	15 017	14 308	13 383
2023 年 1 月	15 777	15 564	15 268	14 566	13 638
2023 年 2 月	16 155	15 934	15 649	14 976	14 036
2023 年 3 月	15 872	15 629	15 343	14 749	13 814
2023 年 4 月	16 023	15 777	15 508	14 941	13 994
2023 年 5 月	16 690	16 462	16 184	15 652	14 704
2023 年 6 月	17 611	17 393	17 128	16 622	15 690
2023 年 7 月	18 097	17 892	17 629	17 163	16 220
2023 年 8 月	18 465	18 232	18 006	17 577	16 647

数据来源：国家棉花市场监测系统。

表 5-18 2022/2023 年度中国主要地区棉花价格表

单位：元/吨

日期	冀鲁豫地区				
	1129B 级	2129B 级	3128B 级	4128B 级	2227B 级
2022 年 9 月	16 334	16 096	15 741	15 064	14 324
2022 年 10 月	16 290	16 067	15 708	14 998	14 154
2022 年 11 月	15 801	15 574	15 261	14 548	13 625
2022 年 12 月	15 564	15 359	15 058	14 338	13 404
2023 年 1 月	15 816	15 602	15 322	14 605	13 670
2023 年 2 月	16 190	15 976	15 709	15 013	14 080
2023 年 3 月	15 911	15 671	15 398	14 790	13 861
2023 年 4 月	16 060	15 817	15 560	14 988	14 043
2023 年 5 月	16 745	16 517	16 247	15 728	14 763
2023 年 6 月	17 652	17 439	17 188	16 700	15 743
2023 年 7 月	18 127	17 924	17 683	17 205	16 245
2023 年 8 月	18 503	18 307	18 104	17 638	16 694

续表

日期	长江中下游地区				
	1129B 级	2129B 级	3128B 级	4129B 级	2227B 级
2022 年 9 月	16 322	16 050	15 651	14 967	14 326
2022 年 10 月	16 270	16 019	15 623	14 916	14 142
2022 年 11 月	15 814	15 540	15 190	14 531	13 642
2022 年 12 月	15 516	15 271	14 959	14 274	13 345
2023 年 1 月	15 710	15 506	15 201	14 522	13 590
2023 年 2 月	16 095	15 869	15 572	14 940	13 973
2023 年 3 月	15 815	15 564	15 276	14 720	13 743
2023 年 4 月	15 972	15 718	15 444	14 910	13 927
2023 年 5 月	16 614	16 383	16 098	15 574	14 629
2023 年 6 月	17 550	17 325	17 042	16 527	15 621
2023 年 7 月	18 051	17 838	17 546	17 115	16 193
2023 年 8 月	18 434	18 210	17 959	17 530	16 621

日期	东南沿海地区				
	1129B 级	2129B 级	3128B 级	4129B 级	2227B 级
2022 年 9 月	16 400	16 124	15 738	15 055	14 364
2022 年 10 月	16 367	16 138	15 742	14 967	14 150
2022 年 11 月	15 928	15 700	15 365	14 565	13 683
2022 年 12 月	15 660	15 390	15 084	14 335	13 386
2023 年 1 月	15 828	15 559	15 221	14 532	13 555
2023 年 2 月	16 223	15 937	15 652	14 916	13 966
2023 年 3 月	15 880	15 627	15 330	14 617	13 822
2023 年 4 月	16 018	15 780	15 495	14 776	13 988
2023 年 5 月	16 739	16 501	16 229	15 536	14 735
2023 年 6 月	17 729	17 478	17 249	16 655	15 783
2023 年 7 月	18 210	17 996	17 769	17 221	16 315
2023 年 8 月	18 556	18 379	18 128	17 582	16 674

续表

日期	北方地区				
	1129B 级	2129B 级	3128B 级	4129B 级	2227B 级
2022 年 9 月	16 248	16 019	15 648	14 898	14 298
2022 年 10 月	16 220	16 000	15 609	14 848	14 078
2022 年 11 月	15 752	15 502	15 198	14 448	13 548
2022 年 12 月	15 470	15 259	14 959	14 286	13 348
2023 年 1 月	15 725	15 525	15 225	14 575	13 625
2023 年 2 月	16 123	15 923	15 623	14 980	14 030
2023 年 3 月	15 813	15 575	15 299	14 720	13 795
2023 年 4 月	15 910	15 660	15 433	14 878	13 910
2023 年 5 月	16 490	16 240	16 040	15 490	14 538
2023 年 6 月	17 448	17 231	16 967	16 462	15 545
2023 年 7 月	18 024	17 824	17 524	17 112	16 145
2023 年 8 月	18 488	18 288	18 000	17 673	16 642

日期	西北内陆地区				
	1129B 级	2129B 级	3128B 级	4129B 级	2227B 级
2022 年 9 月	16 262	16 003	15 593	14 907	14 320
2022 年 10 月	16 204	15 977	15 549	14 793	14 155
2022 年 11 月	15 748	15 520	15 134	14 334	13 648
2022 年 12 月	15 505	15 276	14 891	14 168	13 405
2023 年 1 月	15 739	15 511	15 125	14 425	13 639
2023 年 2 月	16 087	15 859	15 460	14 826	13 980
2023 年 3 月	15 796	15 568	15 171	14 576	13 720
2023 年 4 月	15 963	15 738	15 366	14 758	13 900
2023 年 5 月	16 604	16 404	16 040	15 440	14 560
2023 年 6 月	17 513	17 313	16 968	16 394	15 514
2023 年 7 月	18 007	17 807	17 486	16 966	16 073
2023 年 8 月	18 384	18 184	17 871	17 375	16 478

续表

日期	新疆维吾尔自治区				
	1129B 级	2129B 级	3128B 级	4129B 级	2227B 级
2022 年 9 月	16 208	15 876	15 494	14 893	14 216
2022 年 10 月	16 124	15 786	15 410	14 774	14 077
2022 年 11 月	15 556	15 215	14 878	14 220	13 520
2022 年 12 月	15 267	14 925	14 589	13 930	13 243
2023 年 1 月	15 584	15 244	14 906	14 250	13 569
2023 年 2 月	15 907	15 572	15 230	14 589	13 909
2023 年 3 月	15 578	15 247	14 877	14 293	13 606
2023 年 4 月	15 694	15 365	15 000	14 437	13 742
2023 年 5 月	16 493	16 176	15 815	15 279	14 566
2023 年 6 月	17 475	17 162	16 822	16 336	15 566
2023 年 7 月	17 948	17 635	17 302	16 834	16 047
2023 年 8 月	18 394	18 106	17 830	17 358	16 555

数据来源：国家棉花市场监测系统。

表 5–19　2022/2023 年度中国棉花收购价格指数月均值表

单位：元 / 吨

日期	中国棉花收购价格指数
2022 年 9 月	13 831
2022 年 10 月	12 052
2022 年 11 月	11 705
2022 年 12 月	13 101
2023 年 1 月	14 636
2023 年 2 月	14 816
2023 年 3 月	14 593

数据来源：国家棉花市场监测系统。

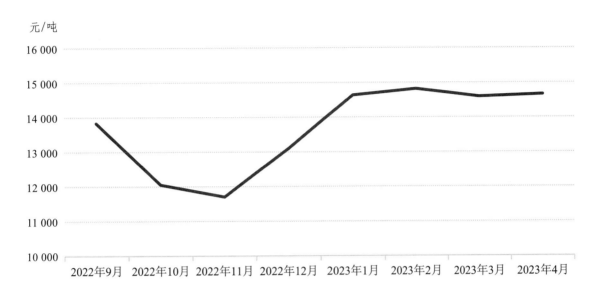

图 5-6　2021/2022 年度中国棉花收购价格指数走势

中国棉花收购价格指数简介

中国棉花收购价格指数（英文名为：CN Cotton Index Seed Cotton，简称为 CNCottonS），根据国家棉花市场监测系统 140 个监测站每日 3 级籽棉收购价格、棉籽平均价格和收购籽棉平均衣分率、含杂等质量指标计算得出，表示 3 级籽棉折皮棉收购价格，反映棉花企业的籽棉收购成本，计价单位为元/吨。

CNCottonS 的计算方法：由国内各产棉省（区、市）各等级籽棉主体收购价格，算术平均得出当日内籽棉平均收购价格。根据各地 3 级籽棉平均收购价格、棉籽平均价格、平均衣分率折算出中国棉花收购价格指数。

CNCottonS 为国内植棉主产省（区）和部分非主产区不同等级收购籽棉的主体价格的算术平均价，反映某一日国内棉花收购价格的变化趋势。中国棉花收购价格指数不代表任一时间和地点棉花的实际收购价格。

CNCottonS 于每年 9 月 1 日起开始更新，收购旺季时每周一至周五更新，收购淡季时每周四更新，每年 5 月份以后停止更新。

表 5-20　2022/2023 年度中国主要地区籽棉收购折皮棉成本月平均价格表

单位：元/吨

日期	山东省	河南省	河北省	陕西省	安徽省	江苏省	湖南省	江西省
2022 年 9 月	13 494	13 384	14 692	13 476	13 540	—	—	—
2022 年 10 月	14 290	14 289	14 886	13 342	13 600	13 253	—	—
2022 年 11 月	14 466	14 607	14 502	13 800	13 836	14 254	14 666	—
2022 年 12 月	14 423	14 732	14 710	14 053	13 638	15 201	14 269	—

续表

日期	山东省	河南省	河北省	陕西省	安徽省	江苏省	湖南省	江西省
2023年1月	14 662	15 069	15 075	14 357	13 370	15 162	14 321	15 287
2023年2月	14 922	15 472	15 039	14 473	13 771	14 628	14 321	15 312
2023年3月	14 528	15 426	14 857	14 220	13 668	14 423	14 321	15 134

数据来源：国家棉花市场监测系统。

表 5-21　2022/2023 年度内地与新疆棉籽月均价对比表

单位：元/千克

日期	内地	新疆维吾尔自治区
2022年9月	7.7	6.58
2022年10月	7.64	5.88
2022年11月	7.24	5.74
2022年12月	7.12	5.76
2023年1月	7.12	—

数据来源：国家棉花市场监测系统。

表 5-22　2022/2023 年度中国棉花、纯棉纱及涤纶短纤月平均价格表

日期	国家棉花价格B指数	32支纯棉纱	涤纶短纤	棉、纱价差	棉、涤价差
2022年9月	18 138	27 062	7 036	8 924	11 102
2022年10月	21 609	30 184	7 963	8 575	13 646
2022年11月	21 140	29 953	7 180	8 813	13 960
2022年12月	20 879	28 682	6 876	7 803	14 003
2023年1月	21 926	28 769	7 375	6 843	14 551
2023年2月	22 199	29 366	7 646	7 167	14 553
2023年3月	22 361	28 954	7 828	6 593	14 533
2023年4月	22 450	28 704	7 836	6 254	14 614
2023年5月	22 090	28 792	8 336	6 702	13 754

续表

日期	国家棉花价格B指数	32支纯棉纱	涤纶短纤	棉、纱价差	棉、涤价差
2023年6月	20 369	28 398	8 681	8 029	11 688
2023年7月	16 786	26 460	8 024	9 674	8 762
2023年8月	15 882	24 926	7 567	9 044	8 315

数据来源：国家棉花市场监测系统。

注：棉、纱价差＝32支纯棉纱－国家棉花价格B指数。

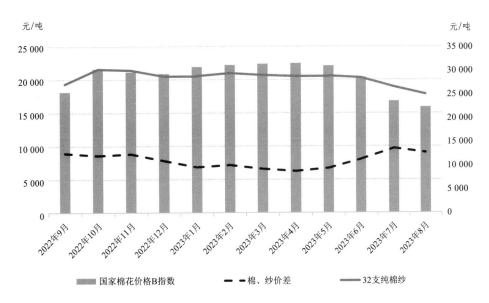

图 5-7　2022/2023 年度国内棉花、棉纱价格差异

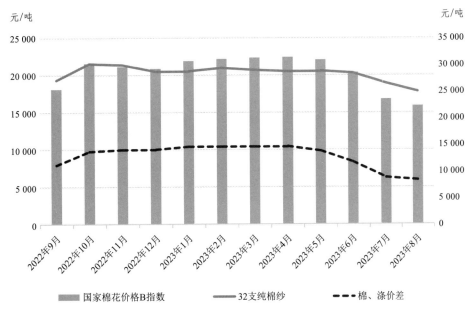

图 5-8　2021/2022 年度国内棉花、涤短价格差异

表 5–23　2022/2023 年度郑州棉花期货主力合约日交易量价统计表

单位：元／吨、手

交易日期	合约代码	开盘价	最高价	最低价	收盘价	结算价	成交量	持仓量
2022 年 9 月 1 日	CF301	14 980	15 080	14 880	14 900	14 970	374 409	452 565
2022 年 9 月 2 日	CF301	14 850	14 860	14 040	14 210	14 380	932 108	464 418
2022 年 9 月 5 日	CF301	14 290	14 645	14 235	14 495	14 445	718 454	447 513
2022 年 9 月 6 日	CF301	14 500	14 595	14 420	14 540	14 505	389 431	439 706
2022 年 9 月 7 日	CF301	14 510	14 570	14 370	14 475	14 465	367 804	444 934
2022 年 9 月 8 日	CF301	14 445	14 465	14 340	14 365	14 395	341 400	444 806
2022 年 9 月 9 日	CF301	14 380	14 625	14 360	14 530	14 465	359 262	448 359
2022 年 9 月 13 日	CF301	14 535	14 565	14 285	14 535	14 415	385 119	462 472
2022 年 9 月 14 日	CF301	14 420	14 485	14 355	14 445	14 415	314 537	455 776
2022 年 9 月 15 日	CF301	14 450	14 930	14 430	14 830	14 710	626 564	457 188
2022 年 9 月 16 日	CF301	14 815	14 985	14 465	14 500	14 755	645 425	442 935
2022 年 9 月 19 日	CF301	14 475	14 655	14 250	14 255	14 475	574 135	464 074
2022 年 9 月 20 日	CF301	14 190	14 245	14 010	14 180	14 155	531 457	483 609
2022 年 9 月 21 日	CF301	14 120	14 190	13 915	14 045	14 050	472 282	504 633
2022 年 9 月 22 日	CF301	14 105	14 250	13 970	14 205	14 120	526 370	502 899
2022 年 9 月 23 日	CF301	14 180	14 210	13 740	13 780	13 995	591 422	552 365
2022 年 9 月 26 日	CF301	13 650	13 755	13 415	13 520	13 575	735 330	577 968
2022 年 9 月 27 日	CF301	13 550	13 620	13 260	13 450	13 465	689 439	583 670
2022 年 9 月 28 日	CF301	13 540	13 585	13 195	13 220	13 370	619 664	601 168
2022 年 9 月 29 日	CF301	13 245	13 465	13 245	13 395	13 360	530 303	562 859
2022 年 9 月 30 日	CF301	13 400	13 745	13 335	13 420	13 515	691 686	530 579
2022 年 10 月 10 日	CF301	13 600	13 620	13 340	13 470	13 445	340 269	537 937
2022 年 10 月 11 日	CF301	13 580	13 880	13 570	13 755	13 740	720 989	529 175
2022 年 10 月 12 日	CF301	13 795	13 945	13 715	13 935	13 805	566 849	518 514

续表

交易日期	合约代码	开盘价	最高价	最低价	收盘价	结算价	成交量	持仓量
2022年10月13日	CF301	13 860	13 975	13 570	13 620	13 820	657 098	518 067
2022年10月14日	CF301	13 505	13 955	13 505	13 860	13 775	587 035	515 873
2022年10月17日	CF301	13 805	13 855	13 665	13 745	13 745	527 906	516 205
2022年10月18日	CF301	13 725	13 820	13 520	13 615	13 635	503 418	533 971
2022年10月19日	CF301	13 620	13 660	13 420	13 510	13 505	466 058	549 407
2022年10月20日	CF301	13 455	13 500	13 130	13 200	13 275	756 567	574 758
2022年10月21日	CF301	13 200	13 310	13 140	13 225	13 225	478 717	568 759
2022年10月24日	CF301	13 185	13 385	13 170	13 290	13 295	618 602	562 803
2022年10月25日	CF301	13 225	13 290	13 035	13 195	13 160	592 860	564 739
2022年10月26日	CF301	13 245	13 330	13 080	13 150	13 240	442 895	565 545
2022年10月27日	CF301	13 145	13 200	12 970	13 000	13 095	424 507	598 137
2022年10月28日	CF301	12 960	13 020	12 765	12 855	12 890	574 025	586 022
2022年10月31日	CF301	12 790	12 820	12 270	12 485	12 510	816 699	580 018
2022年11月1日	CF301	12 450	12 675	12 355	12 670	12 495	798 420	588 719
2022年11月2日	CF301	12 755	13 030	12 690	12 960	12 890	931 044	548 738
2022年11月3日	CF301	12 905	13 015	12 845	12 930	12 935	572 857	543 965
2022年11月4日	CF301	12 895	13 250	12 840	13 185	13 080	719 232	539 805
2022年11月7日	CF301	13 280	13 465	13 065	13 175	13 280	766 193	525 467
2022年11月8日	CF301	13 215	13 340	13 015	13 115	13 155	628 274	520 144
2022年11月9日	CF301	13 140	13 210	12 865	12 990	13 040	589 276	518 206
2022年11月10日	CF301	12 990	13 250	12 970	13 130	13 130	639 552	510 135
2022年11月11日	CF301	13 100	13 375	13 020	13 300	13 215	719 375	510 557
2022年11月14日	CF301	13 300	13 440	13 185	13 230	13 320	640 715	497 736
2022年11月15日	CF301	13 180	13 405	13 120	13 395	13 275	565 036	472 398
2022年11月16日	CF301	13 435	13 480	13 345	13 395	13 415	481 447	441 747
2022年11月17日	CF301	13 425	13 540	13 310	13 510	13 420	523 051	428 804

续表

交易日期	合约代码	开盘价	最高价	最低价	收盘价	结算价	成交量	持仓量
2022年11月18日	CF301	13 450	13 590	13 435	13 555	13 530	481 676	422 413
2022年11月21日	CF301	13 555	13 585	13 135	13 250	13 320	602 033	400 258
2022年11月22日	CF301	13 215	13 510	13 190	13 425	13 350	438 550	396 857
2022年11月23日	CF301	13 425	13 470	13 335	13 410	13 400	296 589	397 024
2022年11月24日	CF301	13 365	13 485	13 315	13 465	13 415	262 866	396 849
2022年11月25日	CF301	13 450	13 490	13 330	13 465	13 420	286 596	391 355
2022年11月28日	CF305	13 210	13 215	12 905	12 980	13 050	323 724	421 290
2022年11月29日	CF305	12 965	13 130	12 950	13 115	13 045	200 251	432 396
2022年11月30日	CF305	13 150	13 180	13 010	13 035	13 090	213 829	455 469
2022年12月1日	CF305	13 110	13 390	13 105	13 380	13 265	397 738	513 747
2022年12月2日	CF305	13 400	13 480	13 370	13 455	13 430	424 598	579 652
2022年12月5日	CF305	13 460	13 535	13 385	13 455	13 460	444 966	611 815
2022年12月6日	CF305	13 455	13 620	13 405	13 620	13 505	414 834	647 227
2022年12月7日	CF305	13 600	13 750	13 525	13 620	13 660	725 891	679 263
2022年12月8日	CF305	13 610	13 715	13 520	13 690	13 625	407 931	706 098
2022年12月9日	CF305	13 710	13 850	13 655	13 845	13 775	610 770	749 296
2022年12月12日	CF305	13 850	14 100	13 780	13 795	13 945	835 023	746 068
2022年12月13日	CF305	13 800	13 925	13 665	13 840	13 800	531 943	739 792
2022年12月14日	CF305	13 880	13 945	13 780	13 900	13 875	457 617	746 561
2022年12月15日	CF305	13 860	14 060	13 845	14 030	13 945	553 509	755 266
2022年12月16日	CF305	13 990	14 320	13 990	14 145	14 170	888 775	758 774
2022年12月19日	CF305	14 100	14 140	13 680	13 775	13 865	839 330	727 577
2022年12月20日	CF305	13 820	13 950	13 760	13 880	13 865	468 380	724 321
2022年12月21日	CF305	13 900	14 150	13 865	14 075	14 010	517 397	726 088
2022年12月22日	CF305	14 080	14 150	13 820	13 880	14 015	554 240	721 808
2022年12月23日	CF305	13 920	13 940	13 760	13 910	13 850	483 036	711 496

续表

交易日期	合约代码	开盘价	最高价	最低价	收盘价	结算价	成交量	持仓量
2022年12月26日	CF305	13 940	14 095	13 845	14 025	13 980	465 988	711 129
2022年12月27日	CF305	14 025	14 260	13 995	14 220	14 170	537 406	737 313
2022年12月28日	CF305	14 200	14 290	14 115	14 230	14 220	504 878	754 391
2022年12月29日	CF305	14 200	14 250	14 065	14 180	14 150	425 942	749 613
2022年12月30日	CF305	14 175	14 275	14 135	14 260	14 210	394 281	750 623
2023年1月3日	CF305	14 290	14 395	13 985	14 360	14 225	542 466	765 095
2023年1月4日	CF305	14 355	14 365	14 205	14 305	14 305	394 950	758 115
2023年1月5日	CF305	14 315	14 355	14 175	14 275	14 270	438 649	756 762
2023年1月6日	CF305	14 305	14 370	14 245	14 360	14 315	373 103	764 132
2023年1月9日	CF305	14 360	14 445	14 290	14 390	14 365	431 802	769 170
2023年1月10日	CF305	14 400	14 480	14 370	14 445	14 430	413 783	771 970
2023年1月11日	CF305	14 460	14 475	14 410	14 420	14 450	280 367	768 736
2023年1月12日	CF305	14 440	14 450	14 245	14 370	14 355	471 266	752 574
2023年1月13日	CF305	14 395	14 425	14 215	14 405	14 345	402 848	743 420
2023年1月16日	CF305	14 375	14 410	14 265	14 290	14 315	301 491	734 480
2023年1月17日	CF305	14 280	14 405	14 245	14 375	14 345	258 257	729 568
2023年1月18日	CF305	14 415	14 745	14 395	14 705	14 585	512 623	763 105
2023年1月19日	CF305	14 710	14 915	14 675	14 810	14 785	377 365	749 569
2023年1月20日	CF305	14 790	14 930	14 780	14 850	14 850	234 358	726 245
2023年1月30日	CF305	15 050	15 120	14 855	14 885	15 005	305 804	726 414
2023年1月31日	CF305	14 905	15 180	14 900	15 100	15 060	411 235	755 917
2023年2月1日	CF305	15 080	15 230	15 015	15 190	15 150	362 962	776 930
2023年2月2日	CF305	15 190	15 275	14 980	15 105	15 150	529 925	770 592
2023年2月3日	CF305	15 100	15 135	14 905	15 045	15 000	498 140	759 432
2023年2月6日	CF305	15 050	15 090	14 720	14 925	14 900	558 094	739 588
2023年2月7日	CF305	14 935	15 030	14 815	14 915	14 925	405 017	734 013

续表

交易日期	合约代码	开盘价	最高价	最低价	收盘价	结算价	成交量	持仓量
2023年2月8日	CF305	14 915	14 920	14 735	14 780	14 810	413 430	733 247
2023年2月9日	CF305	14 800	14 860	14 730	14 830	14 805	325 953	732 494
2023年2月10日	CF305	14 835	14 860	14 435	14 480	14 620	676 831	715 533
2023年2月13日	CF305	14 500	14 520	14 300	14 315	14 410	447 361	717 102
2023年2月14日	CF305	14 365	14 365	14 085	14 310	14 220	589 056	716 771
2023年2月15日	CF305	14 300	14 460	14 260	14 350	14 365	478 806	702 807
2023年2月16日	CF305	14 350	14 395	14 250	14 350	14 330	359 154	704 398
2023年2月17日	CF305	14 330	14 330	14 155	14 170	14 240	363 509	710 010
2023年2月20日	CF305	14 150	14 390	14 130	14 370	14 265	450 166	707 604
2023年2月21日	CF305	14 355	14 480	14 355	14 460	14 430	387 928	706 494
2023年2月22日	CF305	14 470	14 540	14 390	14 465	14 470	428 107	705 918
2023年2月23日	CF305	14 455	14 520	14 430	14 445	14 475	327 118	703 647
2023年2月24日	CF305	14 490	14 530	14 260	14 285	14 380	524 757	709 613
2023年2月27日	CF305	14 280	14 360	14 215	14 290	14 295	371 853	713 951
2023年2月28日	CF305	14 265	14 370	14 245	14 365	14 295	284 090	710 558
2023年3月1日	CF305	14 385	14 475	14 315	14 445	14 405	354 429	695 108
2023年3月2日	CF305	14 465	14 735	14 440	14 710	14 560	473 899	675 414
2023年3月3日	CF305	14 710	14 770	14 655	14 750	14 715	392 888	666 014
2023年3月6日	CF305	14 705	14 780	14 610	14 690	14 690	369 170	663 207
2023年3月7日	CF305	14 670	14 730	14 530	14 665	14 650	342 403	659 057
2023年3月8日	CF305	14 660	14 700	14 575	14 665	14 650	315 197	642 590
2023年3月9日	CF305	14 650	14 750	14 475	14 485	14 620	452 098	632 777
2023年3月10日	CF305	14 530	14 590	14 275	14 340	14 435	566 140	610 801
2023年3月13日	CF305	14 330	14 375	14 155	14 235	14 270	487 470	604 078
2023年3月14日	CF305	14 150	14 395	14 100	14 235	14 260	425 019	587 265
2023年3月15日	CF305	14 265	14 355	14 245	14 275	14 295	266 905	581 110

续表

交易日期	合约代码	开盘价	最高价	最低价	收盘价	结算价	成交量	持仓量
2023 年 3 月 16 日	CF305	14 160	14 200	13 810	13 830	14 025	643 502	547 954
2023 年 3 月 17 日	CF305	13 860	13 960	13 715	13 900	13 845	458 983	549 570
2023 年 3 月 20 日	CF305	13 850	14 240	13 805	13 980	14 010	552 429	530 384
2023 年 3 月 21 日	CF305	14 020	14 080	13 860	13 930	13 970	338 434	535 815
2023 年 3 月 22 日	CF305	14 050	14 065	13 915	13 990	13 995	328 378	532 783
2023 年 3 月 23 日	CF305	14 040	14 055	13 930	13 965	13 990	267 745	530 248
2023 年 3 月 24 日	CF305	13 970	14 005	13 825	13 895	13 920	392 223	529 339
2023 年 3 月 27 日	CF305	13 810	13 930	13 740	13 910	13 850	331 349	517 270
2023 年 3 月 28 日	CF305	13 980	14 225	13 965	14 205	14 135	419 232	477 851
2023 年 3 月 29 日	CF305	14 210	14 485	14 210	14 380	14 355	446 332	443 659
2023 年 3 月 30 日	CF305	14 445	14 450	14 255	14 325	14 335	301 021	433 186
2023 年 3 月 31 日	CF305	14 355	14 370	14 265	14 325	14 320	234 778	420 941
2023 年 4 月 3 日	CF305	14 310	14 430	14 245	14 335	14 345	329 827	401 618
2023 年 4 月 4 日	CF305	14 340	14 395	14 305	14 365	14 350	208 009	381 628
2023 年 4 月 4 日	CF309	14 540	14 590	14 495	14 550	14 540	150 617	375 379
2023 年 4 月 6 日	CF309	14 490	14 710	14 465	14 695	14 595	233 888	414 281
2023 年 4 月 7 日	CF309	14 695	14 935	14 685	14 900	14 815	372 198	470 007
2023 年 4 月 10 日	CF309	14 900	14 900	14 755	14 810	14 835	367 097	504 870
2023 年 4 月 11 日	CF309	14 795	14 825	14 615	14 790	14 715	357 626	521 130
2023 年 4 月 12 日	CF309	14 770	14 845	14 675	14 730	14 760	355 306	532 940
2023 年 4 月 13 日	CF309	14 775	14 880	14 660	14 875	14 765	356 386	556 640
2023 年 4 月 14 日	CF309	14 885	15 025	14 765	14 795	14 930	564 301	571 858
2023 年 4 月 17 日	CF309	14 840	15 170	14 835	15 125	15 010	517 785	601 079
2023 年 4 月 18 日	CF309	15 105	15 165	15 045	15 145	15 105	359 588	621 373
2023 年 4 月 19 日	CF309	15 150	15 230	15 100	15 160	15 155	413 602	629 288
2023 年 4 月 20 日	CF309	15 150	15 215	15 085	15 175	15 150	445 291	633 568

续表

交易日期	合约代码	开盘价	最高价	最低价	收盘价	结算价	成交量	持仓量
2023年4月21日	CF309	15 080	15 100	14 780	14 855	14 940	697 293	602 579
2023年4月24日	CF309	14 860	14 945	14 740	14 895	14 855	448 096	603 389
2023年4月25日	CF309	14 915	15 315	14 900	15 220	15 190	843 605	629 747
2023年4月26日	CF309	15 065	15 420	15 030	15 325	15 235	871 160	664 742
2023年4月27日	CF309	15 275	15 355	15 205	15 225	15 275	556 423	653 322
2023年4月28日	CF309	15 285	15 510	15 245	15 485	15 370	646 722	651 647
2023年5月4日	CF309	15 360	15 775	15 360	15 715	15 620	585 643	681 409
2023年5月5日	CF309	15 750	16 000	15 750	15 995	15 855	712 528	708 445
2023年5月8日	CF309	16 050	16 065	15 705	15 920	15 880	945 644	703 939
2023年5月9日	CF309	15 900	15 950	15 535	15 600	15 760	761 379	691 860
2023年5月10日	CF309	15 600	15 830	15 565	15 685	15 695	690 059	690 406
2023年5月11日	CF309	15 710	15 740	15 565	15 620	15 645	572 863	676 441
2023年5月12日	CF309	15 600	15 605	15 405	15 440	15 480	612 393	647 601
2023年5月15日	CF309	15 500	15 780	15 380	15 760	15 600	755 247	652 482
2023年5月16日	CF309	15 795	15 900	15 655	15 705	15 790	660 428	644 153
2023年5月17日	CF309	15 705	15 865	15 675	15 720	15 765	513 647	641 497
2023年5月18日	CF309	15 770	15 955	15 720	15 855	15 805	569 758	637 518
2023年5月19日	CF309	15 805	16 040	15 690	15 995	15 865	688 357	647 982
2023年5月22日	CF309	16 005	16 340	15 965	16 125	16 165	926 366	649 926
2023年5月23日	CF309	16 095	16 280	16 055	16 135	16 150	628 755	656 417
2023年5月24日	CF309	16 155	16 210	15 720	15 725	15 995	766 213	628 077
2023年5月25日	CF309	15 700	15 770	15 420	15 565	15 610	908 282	592 878
2023年5月26日	CF309	15 570	15 590	15 305	15 475	15 435	958 786	554 679
2023年5月29日	CF309	15 470	15 745	15 395	15 645	15 600	559 965	540 804
2023年5月30日	CF309	15 640	15 650	15 385	15 505	15 535	537 839	543 894
2023年5月31日	CF309	15 585	15 615	15 450	15 500	15 530	465 540	537 566

续表

交易日期	合约代码	开盘价	最高价	最低价	收盘价	结算价	成交量	持仓量
2023年6月1日	CF309	15 450	16 465	15 420	16 400	16 025	1 471 437	586 730
2023年6月2日	CF309	16 325	16 545	16 150	16 340	16 375	1 363 825	588 464
2023年6月5日	CF309	16 340	17 015	16 315	16 760	16 725	2 054 891	620 921
2023年6月6日	CF309	16 730	17 060	16 685	16 860	16 860	1 200 126	641 119
2023年6月7日	CF309	16 805	16 955	16 570	16 815	16 765	904 044	636 564
2023年6月8日	CF309	16 770	16 935	16 720	16 865	16 835	600 555	637 111
2023年6月9日	CF309	16 945	17 070	16 665	16 790	16 830	746 945	628 246
2023年6月12日	CF309	16 765	16 830	16 580	16 755	16 695	639 852	616 378
2023年6月13日	CF309	16 765	16 905	16 595	16 870	16 755	595 256	618 228
2023年6月14日	CF309	16 875	16 935	16 715	16 830	16 805	439 502	600 253
2023年6月15日	CF309	16 810	17 000	16 725	16 770	16 860	700 370	600 601
2023年6月16日	CF309	16 800	17 020	16 700	16 795	16 860	556 486	599 213
2023年6月19日	CF309	16 880	16 895	16 375	16 475	16 650	711 857	577 443
2023年6月20日	CF309	16 495	16 735	16 420	16 700	16 615	436 817	569 392
2023年6月21日	CF309	16 675	16 690	16 320	16 350	16 495	483 973	528 534
2023年6月26日	CF309	16 220	16 465	16 200	16 265	16 310	283 624	521 734
2023年6月27日	CF309	16 245	16 400	16 120	16 315	16 245	398 418	513 620
2023年6月28日	CF309	16 255	16 365	16 210	16 330	16 295	265 186	504 550
2023年6月29日	CF309	16 290	16 390	16 230	16 280	16 310	231 180	492 572
2023年6月30日	CF309	16 300	16 785	16 240	16 660	16 575	560 246	486 968
2023年7月3日	CF309	16 655	16 860	16 645	16 785	16 760	285 728	477 822
2023年7月4日	CF309	16 800	16 865	16 425	16 505	16 635	368 108	465 594
2023年7月5日	CF309	16 550	16 630	16 480	16 555	16 555	209 337	462 418
2023年7月6日	CF309	16 585	16 615	16 465	16 575	16 555	211 329	458 854
2023年7月7日	CF309	16 540	16 790	16 520	16 680	16 685	336 432	454 474
2023年7月10日	CF309	16 700	16 730	16 605	16 665	16 670	211 104	454 321

续表

交易日期	合约代码	开盘价	最高价	最低价	收盘价	结算价	成交量	持仓量
2023年7月11日	CF309	16 610	17 105	16 555	17 100	16 790	455 537	484 878
2023年7月12日	CF309	17 065	17 285	17 020	17 240	17 155	601 741	489 965
2023年7月13日	CF309	17 215	17 295	17 105	17 225	17 210	289 750	479 968
2023年7月14日	CF309	17 150	17 330	17 075	17 125	17 185	312 678	471 786
2023年7月17日	CF309	17 170	17 225	16 830	16 905	16 975	439 158	448 632
2023年7月18日	CF309	16 950	17 285	16 910	17 180	17 135	343 152	443 054
2023年7月19日	CF309	16 995	17 190	16 830	17 160	16 985	521 278	428 070
2023年7月20日	CF401	17 230	17 345	17 125	17 195	17 220	324 574	416 906
2023年7月21日	CF401	17 220	17 440	17 150	17 300	17 320	513 534	471 626
2023年7月24日	CF401	17 100	17 200	16 930	17 055	17 085	643 050	471 226
2023年7月25日	CF401	17 150	17 230	17 025	17 160	17 110	443 411	482 371
2023年7月26日	CF401	17 175	17 325	17 135	17 220	17 220	514 564	493 886
2023年7月27日	CF401	17 240	17 410	17 200	17 265	17 285	464 745	508 069
2023年7月28日	CF401	17 210	17 310	17 155	17 240	17 220	460 355	515 405
2023年7月31日	CF401	17 265	17 510	17 200	17 440	17 345	622 199	555 871
2023年8月1日	CF401	17 425	17 530	17 390	17 465	17 455	409 102	569 702
2023年8月2日	CF401	17 450	17 525	17 330	17 465	17 445	458 358	578 696
2023年8月3日	CF401	17 440	17 480	17 160	17 175	17 305	644 386	558 630
2023年8月4日	CF401	17 190	17 225	16 980	17 140	17 120	531 527	550 243
2023年8月7日	CF401	17 135	17 415	17 075	17 360	17 275	550 639	564 602
2023年8月8日	CF401	17 350	17 410	17 100	17 110	17 300	448 921	563 829
2023年8月9日	CF401	17 065	17 290	17 030	17 150	17 160	527 870	569 747
2023年8月10日	CF401	17 155	17 255	17 100	17 160	17 170	401 603	569 383
2023年8月11日	CF401	17 215	17 305	17 135	17 230	17 210	490 828	557 813
2023年8月14日	CF401	17 230	17 380	17 060	17 115	17 190	675 484	553 748
2023年8月15日	CF401	17 130	17 220	17 090	17 165	17 150	331 928	547 990

续表

交易日期	合约代码	开盘价	最高价	最低价	收盘价	结算价	成交量	持仓量
2023年8月16日	CF401	17 165	17 175	16 820	16 870	17 010	605 006	585 071
2023年8月17日	CF401	16 885	16 950	16 585	16 650	16 785	638 419	585 215
2023年8月18日	CF401	16 705	16 980	16 625	16 955	16 800	672 666	563 092
2023年8月21日	CF401	16 905	17 035	16 805	16 945	16 920	475 277	550 021
2023年8月22日	CF401	16 980	16 985	16 825	16 935	16 910	331 891	548 073
2023年8月23日	CF401	16 925	17 120	16 905	17 055	17 010	403 319	544 662
2023年8月24日	CF401	17 050	17 300	17 005	17 230	17 185	417 996	557 063
2023年8月25日	CF401	17 200	17 435	17 165	17 420	17 295	399 623	582 191
2023年8月28日	CF401	17 450	17 775	17 410	17 545	17 590	734 976	619 548
2023年8月29日	CF401	17 500	17 575	17 380	17 460	17 490	385 653	615 997

数据来源：郑州商品交易所。

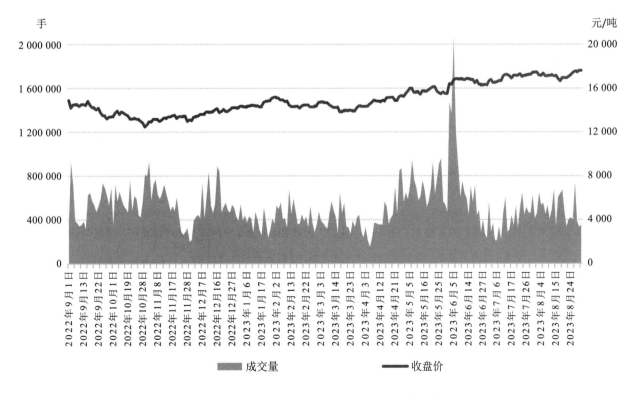

图 5-9　2022/2023 年度郑棉主力合约量价走势

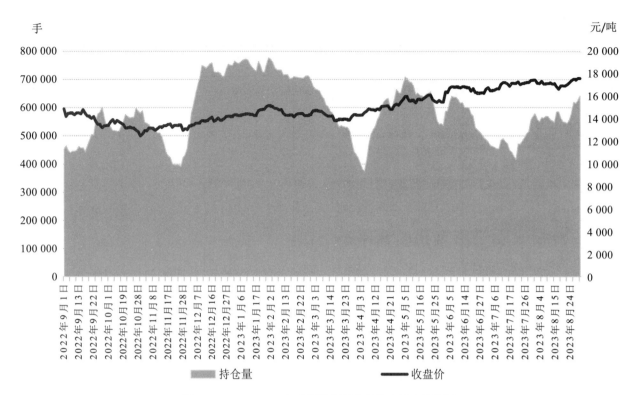

图 5-10 2022/2023 年度郑棉期货交易持仓量变化情况

表 5-24 2022/2023 年度郑州棉花期货与现货月平均价格表

单位：元/吨

日期	国家棉花价格 B 指数	郑棉期货近月合约结算价	价差（现货—期货）
2022 年 9 月	15 702	14 681	1 021
2022 年 10 月	15 672	14 118	1 554
2022 年 11 月	15 235	13 598	1 637
2022 年 12 月	15 017	13 872	1 145
2023 年 1 月	15 268	14 455	813
2023 年 2 月	15 649	14 603	1 046
2023 年 3 月	15 343	14 249	1 094
2023 年 4 月	15 508	14 723	785
2023 年 5 月	16 184	15 550	634
2023 年 6 月	17 128	16 381	747
2023 年 7 月	17 629	16 852	777
2023 年 8 月	18 006	17 270	736

数据来源：国家棉花市场监测系统、郑州商品交易所。

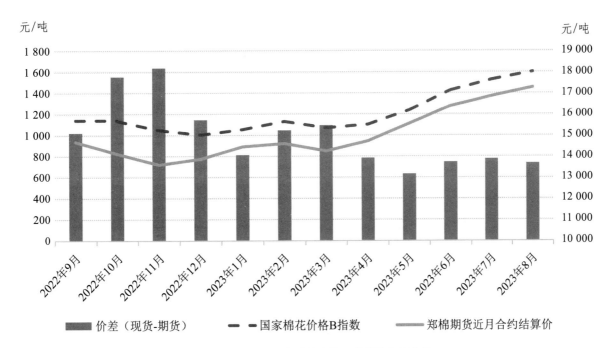

图 5-11　2022/2023 年度国内期、现货价格及差异

表 5-25　2022/2023 年度国内外现货月平均价格对比表

单位：元 / 吨

日期	国家棉花价格 A 指数	国家棉花价格 B 指数	国际棉花指数（SM） 折合人民币价格	国际棉花指数（M） 折合人民币价格
2022 年 9 月	16 076	15 702	19 929	19 648
2022 年 10 月	16 048	15 672	17 562	17 293
2022 年 11 月	15 563	15 235	18 018	17 811
2022 年 12 月	15 326	15 017	17 323	17 052
2023 年 1 月	15 564	15 268	17 148	16 848
2023 年 2 月	15 934	15 649	16 645	16 315
2023 年 3 月	15 629	15 343	16 120	15 772
2023 年 4 月	15 777	15 508	16 16 5	15 837
2023 年 5 月	16 462	16 184	16 199	15 902
2023 年 6 月	17 393	17 128	16 214	15 914
2023 年 7 月	17 892	17 629	16 885	16 592
2023 年 8 月	18 232	18 006	17 117	16 829

注：1. 数据来源为国家棉花市场监测系统。

　　2. 国际棉花指数折成人民币价格所采用的汇率为海关计征汇率，即每月使用上一个月第三个星期三（第三个星期三为法定节假日时，顺延采用第四个星期三的汇率）中国人民银行公布的美元对人民币的基准汇率；关税为配额内关税（1%）；增值税为（9%）；港口费用为 200 元 / 吨。

国际棉花指数简介

国际棉花指数（International Cotton Indices）包括 SM 级指数（Premium Index）和 M 级指数（Standard Index）。

1．产地的选择：各主要棉花出口国家和地区，包括美国、印度、中亚、西非、澳大利亚、巴西等。
2．等级的选择：SM1-1/8"（相当于国棉 2 级）和 M1-3/32"（相当于国棉 3 级）。
3．报价的选择：各主要棉商报价的加权平均价。
4．产地权重的选择：上年度各主要产地的棉花进口总量视为 100% 进行权重分配。
5．指数的生成：国际棉花指数包括 SM 指数和 M 指数，分别由各主要产地这两个等级棉花报价的加权平均值生成。

表 5–26　2022/2023 年度国际棉花指数日价格表

单位：美分 / 磅

日　　期	国际棉花指数 (SM)	国际棉花指数 (M)
2022 年 9 月 1 日	135.72	134.05
2022 年 9 月 2 日	130.72	129.05
2022 年 9 月 5 日	125.72	124.05
2022 年 9 月 6 日	125.72	124.05
2022 年 09 月 07 日	126.03	124.36
2022 年 9 月 8 日	123.84	122.13
2022 年 9 月 9 日	126.00	124.29
2022 年 9 月 13 日	127.80	126.09
2022 年 9 月 14 日	124.30	122.59
2022 年 9 月 15 日	124.72	122.99
2022 年 9 月 16 日	125.30	123.58
2022 年 9 月 19 日	121.30	119.58
2022 年 9 月 20 日	118.06	116.34
2022 年 9 月 21 日	115.35	113.63
2022 年 9 月 22 日	118.95	117.20
2022 年 9 月 23 日	118.56	116.84
2022 年 9 月 26 日	114.56	112.83
2022 年 9 月 27 日	110.42	108.70
2022 年 9 月 28 日	110.14	108.41
2022 年 9 月 29 日	110.57	108.84
2022 年 9 月 30 日	107.26	105.52

续表

日　　期	国际棉花指数 (SM)	国际棉花指数 (M)
2022 年 10 月 3 日	107.43	105.70
2022 年 10 月 4 日	106.30	104.58
2022 年 10 月 5 日	110.30	108.56
2022 年 10 月 6 日	105.33	103.59
2022 年 10 月 7 日	105.00	103.27
2022 年 10 月 8 日	106.31	104.59
2022 年 10 月 9 日	106.31	104.59
2022 年 10 月 10 日	106.31	104.59
2022 年 10 月 11 日	110.36	108.62
2022 年 10 月 12 日	110.95	109.22
2022 年 10 月 13 日	107.03	105.29
2022 年 10 月 14 日	106.90	105.16
2022 年 10 月 17 日	105.26	103.53
2022 年 10 月 18 日	105.22	103.47
2022 年 10 月 19 日	104.43	102.69
2022 年 10 月 20 日	100.71	99.02
2022 年 10 月 21 日	99.82	98.13
2022 年 10 月 24 日	101.25	99.81
2022 年 10 月 25 日	98.31	96.88
2022 年 10 月 26 日	100.25	99.18
2022 年 10 月 27 日	99.35	98.20
2022 年 10 月 28 日	96.65	95.51
2022 年 10 月 31 日	93.67	92.53
2022 年 11 月 1 日	93.56	92.42
2022 年 11 月 2 日	96.53	95.39
2022 年 11 月 3 日	100.74	99.56
2022 年 11 月 4 日	104.44	103.25
2022 年 11 月 7 日	108.03	106.80
2022 年 11 月 8 日	108.49	107.27
2022 年 11 月 9 日	108.66	107.43

续表

日　　期	国际棉花指数 (SM)	国际棉花指数 (M)
2022 年 11 月 10 日	107.43	106.21
2022 年 11 月 11 日	107.38	106.17
2022 年 11 月 14 日	108.95	107.73
2022 年 11 月 15 日	106.28	105.05
2022 年 11 月 16 日	108.79	107.53
2022 年 11 月 17 日	108.63	107.40
2022 年 11 月 18 日	106.78	105.55
2022 年 11 月 21 日	105.06	103.86
2022 年 11 月 22 日	101.42	100.25
2022 年 11 月 23 日	103.82	102.63
2022 年 11 月 24 日	104.27	103.07
2022 年 11 月 25 日	104.27	103.07
2022 年 11 月 28 日	101.42	100.28
2022 年 11 月 29 日	100.17	99.04
2022 年 11 月 30 日	101.81	100.68
2022 年 12 月 1 日	104.31	103.09
2022 年 12 月 2 日	104.54	103.32
2022 年 12 月 5 日	102.33	101.00
2022 年 12 月 6 日	102.70	101.32
2022 年 12 月 7 日	103.18	101.74
2022 年 12 月 8 日	100.03	98.52
2022 年 12 月 9 日	98.62	97.01
2022 年 12 月 12 日	98.47	96.82
2022 年 12 月 13 日	97.46	95.80
2022 年 12 月 14 日	99.28	97.54
2022 年 12 月 15 日	99.06	97.33
2022 年 12 月 16 日	98.79	97.06
2022 年 12 月 19 日	99.56	97.81
2022 年 12 月 20 日	101.65	99.88
2022 年 12 月 21 日	105.27	103.49

续表

日　　期	国际棉花指数 (SM)	国际棉花指数 (M)
2022 年 12 月 22 日	105.48	103.74
2022 年 12 月 23 日	102.58	101.07
2022 年 12 月 26 日	102.81	101.16
2022 年 12 月 27 日	102.81	101.16
2022 年 12 月 28 日	101.77	100.11
2022 年 12 月 29 日	100.86	99.20
2022 年 12 月 30 日	100.12	98.45
2023 年 1 月 3 日	100.67	98.96
2023 年 1 月 4 日	100.54	98.83
2023 年 1 月 5 日	98.51	96.95
2023 年 1 月 6 日	99.43	97.64
2023 年 1 月 9 日	102.54	100.73
2023 年 1 月 10 日	102.80	100.95
2023 年 1 月 11 日	101.73	99.95
2023 年 1 月 12 日	100.98	99.14
2023 年 1 月 13 日	99.20	97.46
2023 年 1 月 16 日	99.40	97.65
2023 年 1 月 17 日	99.40	97.65
2023 年 1 月 18 日	99.94	98.19
2023 年 1 月 19 日	102.10	100.40
2023 年 1 月 20 日	101.23	99.43
2023 年 1 月 28 日	105.22	103.43
2023 年 1 月 29 日	105.22	103.43
2023 年 1 月 30 日	104.25	102.29
2023 年 1 月 31 日	102.78	100.91
2023 年 2 月 1 日	103.67	101.60
2023 年 2 月 2 日	103.11	101.18
2023 年 2 月 3 日	103.78	101.85
2023 年 2 月 6 日	103.08	101.19
2023 年 2 月 7 日	101.37	99.43

续表

日期	国际棉花指数(SM)	国际棉花指数(M)
2023年2月8日	103.22	101.19
2023年2月9日	102.94	100.94
2023年2月10日	102.84	100.81
2023年2月13日	102.60	100.57
2023年2月14日	102.72	100.67
2023年2月15日	102.67	100.62
2023年2月16日	99.90	97.87
2023年2月17日	99.27	97.28
2023年2月20日	98.77	96.78
2023年2月21日	98.77	96.78
2023年2月22日	98.60	96.56
2023年2月23日	98.90	96.86
2023年2月24日	99.16	97.12
2023年2月27日	101.83	99.81
2023年2月28日	101.72	99.72
2023年3月1日	100.94	98.91
2023年3月2日	102.50	100.48
2023年3月3日	101.12	99.18
2023年3月6日	101.56	99.63
2023年3月7日	101.70	99.69
2023年3月8日	99.88	97.90
2023年3月9日	99.04	96.95
2023年3月10日	98.60	96.49
2023年3月13日	94.59	92.49
2023年3月14日	97.84	95.69
2023年3月15日	98.04	95.90
2023年3月16日	95.72	93.73
2023年3月17日	95.63	93.63
2023年3月20日	94.43	92.45
2023年3月21日	93.72	91.62

续表

日　　期	国际棉花指数 (SM)	国际棉花指数 (M)
2023 年 3 月 22 日	94.14	92.00
2023 年 3 月 23 日	94.25	92.03
2023 年 3 月 24 日	93.60	91.42
2023 年 3 月 27 日	92.64	90.46
2023 年 3 月 28 日	95.16	92.91
2023 年 3 月 29 日	98.09	95.84
2023 年 3 月 30 日	98.33	96.07
2023 年 3 月 31 日	98.86	96.58
2023 年 4 月 3 日	98.22	96.12
2023 年 4 月 4 日	97.78	95.69
2023 年 4 月 6 日	96.47	94.37
2023 年 4 月 7 日	98.53	96.40
2023 年 4 月 10 日	98.53	96.40
2023 年 4 月 11 日	97.88	95.77
2023 年 4 月 12 日	97.91	95.80
2023 年 4 月 13 日	97.47	95.46
2023 年 4 月 14 日	98.12	96.07
2023 年 4 月 17 日	97.84	95.79
2023 年 4 月 18 日	98.11	96.04
2023 年 4 月 19 日	99.25	97.29
2023 年 4 月 20 日	98.40	96.51
2023 年 4 月 21 日	95.47	93.70
2023 年 4 月 23 日	95.47	93.70
2023 年 4 月 24 日	95.53	93.75
2023 年 4 月 25 日	96.07	94.30
2023 年 4 月 26 日	94.02	92.25
2023 年 4 月 27 日	93.27	91.41
2023 年 4 月 28 日	95.22	93.36
2023 年 5 月 4 日	94.00	92.21
2023 年 5 月 5 日	96.14	94.18

续表

日　　期	国际棉花指数 (SM)	国际棉花指数 (M)
2023 年 5 月 6 日	96.14	94.18
2023 年 5 月 8 日	98.19	96.20
2023 年 5 月 9 日	97.77	95.83
2023 年 5 月 10 日	95.95	94.09
2023 年 5 月 11 日	95.19	93.22
2023 年 5 月 12 日	94.06	92.36
2023 年 5 月 15 日	94.65	92.88
2023 年 5 月 16 日	96.40	94.63
2023 年 5 月 17 日	97.40	95.64
2023 年 5 月 18 日	100.78	98.96
2023 年 5 月 19 日	100.56	98.79
2023 年 5 月 22 日	100.32	98.55
2023 年 5 月 23 日	99.28	97.63
2023 年 5 月 24 日	98.23	96.52
2023 年 5 月 25 日	96.07	94.47
2023 年 5 月 26 日	94.47	92.85
2023 年 5 月 29 日	97.68	96.05
2023 年 5 月 30 日	97.68	96.05
2023 年 5 月 31 日	98.30	96.66
2023 年 6 月 1 日	97.80	96.15
2023 年 6 月 2 日	100.20	98.45
2023 年 6 月 5 日	99.21	97.39
2023 年 6 月 6 日	98.34	96.57
2023 年 6 月 7 日	98.71	96.91
2023 年 6 月 8 日	97.80	95.92
2023 年 6 月 9 日	97.54	95.72
2023 年 6 月 12 日	97.33	95.52
2023 年 6 月 13 日	97.04	95.27
2023 年 6 月 14 日	96.66	94.96
2023 年 6 月 15 日	94.72	92.85

续表

日期	国际棉花指数 (SM)	国际棉花指数 (M)
2023年6月16日	94.13	92.22
2023年6月19日	95.51	93.77
2023年6月20日	95.51	93.77
2023年6月21日	94.85	92.98
2023年6月25日	94.85	92.98
2023年6月26日	93.32	91.48
2023年6月27日	92.11	90.47
2023年6月28日	91.34	89.70
2023年6月29日	91.42	89.76
2023年6月30日	93.09	91.44
2023年7月3日	94.43	92.76
2023年7月4日	95.46	93.79
2023年7月5日	95.46	93.79
2023年7月6日	94.71	93.13
2023年7月7日	94.16	92.54
2023年7月10日	95.45	93.83
2023年7月11日	93.54	91.92
2023年7月12日	96.40	94.78
2023年7月13日	95.60	94.21
2023年7月14日	96.02	94.30
2023年7月17日	95.57	93.85
2023年7月18日	96.49	94.76
2023年7月19日	96.63	94.91
2023年7月20日	98.00	96.25
2023年7月21日	98.52	96.74
2023年7月24日	98.68	96.94
2023年7月25日	99.34	97.60
2023年7月26日	101.25	99.51
2023年7月27日	102.13	100.38
2023年7月28日	98.59	96.84

续表

日　　期	国际棉花指数(SM)	国际棉花指数(M)
2023年7月31日	98.47	96.72
2023年8月1日	98.77	97.00
2023年8月2日	100.27	98.50
2023年8月3日	98.87	97.13
2023年8月4日	98.06	96.48
2023年8月7日	97.65	96.08
2023年8月8日	98.50	96.85
2023年8月9日	98.31	96.65
2023年8月10日	98.43	96.78
2023年8月11日	99.03	97.34
2023年8月14日	100.78	99.09
2023年8月15日	99.41	97.76
2023年8月16日	98.41	96.81
2023年8月17日	97.76	96.05
2023年8月18日	97.04	95.21
2023年8月21日	96.50	94.80
2023年8月22日	96.59	94.90
2023年8月23日	97.14	95.55
2023年8月24日	98.59	97.00

数据来源：国家棉花市场监测系统、中国棉花网。

表5-27　2022/2023年度国际期、现货月平均价格对比表

单位：美分/磅

日　　期	国际棉花指数(SM)	国际棉花指数(M)	ICE近月合约结算价
2022年9月	121.00	119.29	97.52
2022年10月	104.06	102.47	81.17
2022年11月	104.41	103.21	83.68
2022年12月	101.44	99.85	83.13
2023年1月	101.44	99.67	84.57

续表

日　　期	国际棉花指数（SM）	国际棉花指数（M）	ICE 近月合约结算价
2023 年 2 月	101.45	99.44	84.06
2023 年 3 月	97.41	95.31	80.92
2023 年 4 月	96.98	95.01	81.96
2023 年 5 月	97.11	95.33	82.46
2023 年 6 月	95.78	94.01	80.19
2023 年 7 月	96.90	95.22	82.70
2023 年 8 月	98.66	97.00	85.58

数据来源：国家棉花市场监测系统、美国洲际交易所（ICE）。

表 5–28　2022/2023 年度 ICE 棉花期货近月合约日结算价格表

单位：美分/磅

日　　期	结算价	日　　期	结算价
2022 年 9 月 1 日	134.05	2022 年 9 月 27 日	108.70
2022 年 9 月 2 日	129.05	2022 年 9 月 28 日	108.70
2022 年 9 月 5 日	124.05	2022 年 9 月 29 日	108.84
2022 年 9 月 6 日	124.05	2022 年 9 月 30 日	105.52
2022 年 9 月 7 日	124.36	2022 年 10 月 3 日	105.70
2022 年 9 月 8 日	122.13	2022 年 10 月 4 日	104.58
2022 年 9 月 9 日	124.29	2022 年 10 月 5 日	108.56
2022 年 9 月 13 日	126.09	2022 年 10 月 6 日	103.59
2022 年 9 月 14 日	122.59	2022 年 10 月 7 日	103.27
2022 年 9 月 15 日	122.99	2022 年 10 月 8 日	104.59
2022 年 9 月 16 日	123.58	2022 年 10 月 9 日	104.59
2022 年 9 月 19 日	119.58	2022 年 10 月 10 日	104.59
2022 年 9 月 20 日	116.34	2022 年 10 月 11 日	108.62
2022 年 9 月 21 日	113.63	2022 年 10 月 12 日	109.22
2022 年 9 月 22 日	117.20	2022 年 10 月 13 日	105.29
2022 年 9 月 23 日	116.84	2022 年 10 月 14 日	105.16
2022 年 9 月 26 日	112.83	2022 年 10 月 17 日	103.53

续表

日　　期	结算价	日　　期	结算价
2022 年 10 月 18 日	103.47	2022 年 11 月 29 日	99.04
2022 年 10 月 19 日	102.69	2022 年 11 月 30 日	100.68
2022 年 10 月 20 日	99.02	2022 年 12 月 1 日	103.09
2022 年 10 月 21 日	98.13	2022 年 12 月 2 日	103.32
2022 年 10 月 24 日	99.81	2022 年 12 月 5 日	101.00
2022 年 10 月 25 日	96.88	2022 年 12 月 6 日	101.32
2022 年 10 月 26 日	99.18	2022 年 12 月 7 日	101.74
2022 年 10 月 27 日	98.20	2022 年 12 月 8 日	98.52
2022 年 10 月 28 日	95.51	2022 年 12 月 9 日	97.01
2022 年 10 月 31 日	92.53	2022 年 12 月 12 日	96.82
2022 年 11 月 1 日	92.42	2022 年 12 月 13 日	95.80
2022 年 11 月 2 日	95.39	2022 年 12 月 14 日	97.54
2022 年 11 月 3 日	99.56	2022 年 12 月 15 日	97.33
2022 年 11 月 4 日	103.25	2022 年 12 月 16 日	97.06
2022 年 11 月 7 日	106.80	2022 年 12 月 19 日	97.81
2022 年 11 月 8 日	107.27	2022 年 12 月 20 日	99.88
2022 年 11 月 9 日	107.43	2022 年 12 月 21 日	103.49
2022 年 11 月 10 日	106.21	2022 年 12 月 22 日	103.74
2022 年 11 月 11 日	106.17	2022 年 12 月 23 日	101.07
2022 年 11 月 14 日	107.73	2022 年 12 月 26 日	101.16
2022 年 11 月 15 日	105.05	2022 年 12 月 27 日	101.16
2022 年 11 月 16 日	107.53	2022 年 12 月 28 日	100.11
2022 年 11 月 17 日	107.40	2022 年 12 月 29 日	99.20
2022 年 11 月 18 日	105.55	2022 年 12 月 30 日	98.45
2022 年 11 月 21 日	103.86	2023 年 1 月 3 日	98.96
2022 年 11 月 22 日	100.25	2023 年 1 月 4 日	98.83
2022 年 11 月 23 日	102.63	2023 年 1 月 5 日	96.95
2022 年 11 月 24 日	103.07	2023 年 1 月 6 日	97.64
2022 年 11 月 25 日	103.07	2023 年 1 月 9 日	100.73
2022 年 11 月 28 日	100.28	2023 年 1 月 10 日	100.95

续表

日　　期	结算价	日　　期	结算价
2023年1月11日	99.95	2023年2月27日	99.81
2023年1月12日	99.14	2023年2月28日	99.72
2023年1月13日	97.46	2023年3月1日	98.91
2023年1月16日	97.65	2023年3月2日	100.48
2023年1月17日	97.65	2023年3月3日	99.18
2023年1月18日	98.19	2023年3月6日	99.63
2023年1月19日	100.40	2023年3月7日	99.69
2023年1月20日	99.43	2023年3月8日	97.90
2023年1月28日	103.43	2023年3月9日	96.95
2023年1月29日	103.43	2023年3月10日	96.49
2023年1月30日	102.29	2023年3月13日	92.49
2023年1月31日	100.91	2023年3月14日	95.69
2023年2月1日	101.60	2023年3月15日	95.90
2023年2月2日	101.18	2023年3月16日	93.73
2023年2月3日	101.85	2023年3月17日	93.63
2023年2月6日	101.19	2023年3月20日	92.45
2023年2月7日	99.43	2023年3月21日	91.62
2023年2月8日	101.19	2023年3月22日	92.00
2023年2月9日	100.94	2023年3月23日	92.03
2023年2月10日	100.81	2023年3月24日	91.42
2023年2月13日	100.57	2023年3月27日	90.46
2023年2月14日	100.67	2023年3月28日	92.91
2023年2月15日	100.62	2023年3月29日	95.84
2023年2月16日	97.87	2023年3月30日	96.07
2023年2月17日	97.28	2023年3月31日	96.58
2023年2月20日	96.78	2023年4月3日	96.12
2023年2月21日	96.78	2023年4月4日	95.69
2023年2月22日	96.56	2023年4月6日	94.37
2023年2月23日	96.86	2023年4月7日	96.40
2023年2月24日	97.12	2023年4月10日	96.40

续表

日　　期	结算价	日　　期	结算价
2023年4月11日	95.77	2023年5月24日	96.52
2023年4月12日	95.80	2023年5月25日	94.47
2023年4月13日	95.46	2023年5月26日	92.85
2023年4月14日	96.07	2023年5月29日	96.05
2023年4月17日	95.79	2023年5月30日	96.05
2023年4月18日	96.04	2023年5月31日	96.66
2023年4月19日	97.29	2023年6月1日	96.15
2023年4月20日	96.51	2023年6月2日	98.45
2023年4月21日	93.70	2023年6月5日	97.39
2023年4月23日	93.70	2023年6月6日	96.57
2023年4月24日	93.75	2023年6月7日	96.91
2023年4月25日	94.30	2023年6月8日	95.92
2023年4月26日	92.25	2023年6月9日	95.72
2023年4月27日	91.41	2023年6月12日	95.52
2023年4月28日	93.36	2023年6月13日	95.27
2023年5月4日	92.21	2023年6月14日	94.96
2023年5月5日	94.18	2023年6月15日	92.85
2023年5月6日	94.18	2023年6月16日	92.22
2023年5月8日	96.20	2023年6月19日	93.77
2023年5月9日	95.83	2023年6月20日	93.77
2023年5月10日	94.09	2023年6月21日	92.98
2023年5月11日	93.22	2023年6月25日	92.98
2023年5月12日	92.36	2023年6月26日	91.48
2023年5月15日	92.88	2023年6月27日	90.47
2023年5月16日	94.63	2023年6月28日	89.70
2023年5月17日	95.64	2023年6月29日	89.76
2023年5月18日	98.96	2023年6月30日	91.44
2023年5月19日	98.79	2023年7月3日	92.76
2023年5月22日	98.55	2023年7月4日	93.79
2023年5月23日	97.63	2023年7月5日	93.79

续表

日　　期	结算价	日　　期	结算价
2023年7月6日	93.13	2023年8月2日	98.50
2023年7月7日	92.54	2023年8月3日	97.13
2023年7月10日	93.83	2023年8月4日	96.48
2023年7月11日	91.92	2023年8月7日	96.08
2023年7月12日	94.78	2023年8月8日	96.85
2023年7月13日	94.21	2023年8月9日	96.65
2023年7月14日	94.30	2023年8月10日	96.78
2023年7月17日	93.85	2023年8月11日	97.34
2023年7月18日	94.76	2023年8月14日	99.09
2023年7月19日	94.91	2023年8月15日	97.76
2023年7月20日	96.25	2023年8月16日	96.81
2023年7月21日	96.74	2023年8月17日	96.05
2023年7月24日	96.94	2023年8月18日	95.21
2023年7月25日	97.60	2023年8月21日	94.80
2023年7月26日	99.51	2023年8月22日	94.90
2023年7月27日	100.38	2023年8月23日	95.55
2023年7月28日	96.84	2023年8月24日	97.00
2023年7月31日	96.72	2023年8月25日	97.28
2023年8月1日	97.00		

花纱布进出口

表5-29　2022/2023年度中国棉花进口分国别统计表

单位：吨

国别	数量	国别	数量
全球	1 424 485	马里	3 215
美国	716 015	阿根廷	2 271

续表

国别	数量	国别	数量
巴西	437 619	乍得	1 172
澳大利亚	113 463	南非	1 143
苏丹	28 081	中非共和国	963
印度	23 728	坦桑尼亚	880
缅甸	17 348	吉尔吉斯斯坦	846
土耳其	16 387	喀麦隆	821
墨西哥	15 261	塔吉克斯坦	474
埃及	15 255	乌干达	296
贝宁	13 341	尼日利亚	109
布基纳法索	6 661	秘鲁	105
哈萨克斯坦	4 781	哥斯达黎加	66
以色列	3 352	尼泊尔	10

数据来源：中国海关总署（不含已梳的棉花）。

表5-30 2022/2023年度中国棉花出口分国别和地区统计表

单位：吨

国别	数量
全球	17 489
孟加拉国	9 748
越南	5 471
马来西亚	1 244
印度尼西亚	534
乌兹别克斯坦	252
泰国	103
北朝鲜	73
韩国	64

数据来源：中国海关总署（不含已梳的棉花）。

表 5-31 2022/2023 年度棉花进口分月统计表

单位：万吨

月　份	进口	
	数　量	同比 ±%
合　计	1 424 485	−17.58
2022 年 9 月	88 578	20.61
2022 年 10 月	129 499	106.78
2022 年 11 月	177 969	87.36
2022 年 12 月	170 662	25.21
2023 年 1 月	139 645	−38.73
2023 年 2 月	85 040	−54.01
2023 年 3 月	72 344	−64.57
2023 年 4 月	83 837	−51.60
2023 年 5 月	109 207	−40.08
2023 年 6 月	83 073	−48.99
2023 年 7 月	109 660	−7.15
2023 年 8 月	174 971	62.86

表 5-32 2003/2004 年度以来进口棉占中国用棉总量比例表

单位：万吨

年　度	合　计	国内产量	进口量	进口比例 %
2003/2004	684.9	485.9	199.0	29.1
2004/2005	798.3	632.3	166.0	20.8
2005/2006	982.3	571.3	411.0	41.8
2006/2007	977.8	749.8	228.0	23.3
2007/2008	1 033.0	789.0	244.0	23.6
2008/2009	943.8	799.1	144.7	15.3
2009/2010	926.1	675.7	250.4	27.0
2010/2011	880.7	623.1	257.6	29.2
2011/2012	1 298.8	802.8	544.0	41.9

续表

年　　度	合　　计	国内产量	进口量	进口比例 %
2012/2013	1 201.1	761.5	439.6	36.6
2013/2014	1 000.1	699.7	300.4	30.0
2014/2015	806.4	651.0	155.4	19.3
2015/2016	617.7	521.6	96.1	18.4
2016/2017	622.7	511.7	111.0	21.7
2017/2018	745.7	612.7	133.0	17.8
2018/2019	813.4	610.5	202.9	24.9
2019/2020	744.6	584.3	160.3	21.5
2020/2021	869.7	595.0	274.7	31.6
2021/2022	752.9	580.1	172.8	23.0
2022/2023	814.3	671.9	142.4	17.5

数据来源：国家棉花市场监测系统。

表 5–33　2022/2023 年度棉纱进出口分月统计表

单位：吨

月　份	进　口		出　口	
	数　量	同比 ±%	数　量	同比 ±%
合　计	1 334 195	−10.69	260 159	−7.79
2022 年 9 月	89 229	−52.55	26 304	10.86
2022 年 10 月	64 859	−56.04	23 691	0.68
2022 年 11 月	80 102	−47.39	25 559	7.43
2022 年 12 月	76 169	−45.61	24 947	−7.80
2023 年 1 月	60 119	−60.84	24 763	−21.60
2023 年 2 月	93 966	−3.74	18 221	4.20
2023 年 3 月	137 038	10.31	24 510	4.56
2023 年 4 月	120 328	0.98	20 694	2.08
2023 年 5 月	128 944	−1.47	17 820	−21.70
2023 年 6 月	138 318	34.40	16 380	−26.70
2023 年 7 月	159 305	144.57	17 773	−30.42
2023 年 8 月	185 818	155.78	19 497	−5.32

数据来源：中国海关总署。

表 5-34　2022/2023 年度棉布进出口分月统计表

单位：万米

月　份	进　口		出　口	
	数　量	同比 ±%	数　量	同比 ±%
合　计	34 920	114.49	591 238	−12.89
2022 年 9 月	2 652	68.95	51 481	−8.71
2022 年 10 月	2 985	99.13	50 300	−5.10
2022 年 11 月	3 517	140.06	46 672	−17.34
2022 年 12 月	3 674	154.47	45 183	−29.33
2023 年 1 月	3 091	150.42	57 178	−22.55
2023 年 2 月	2 336	138.21	34 221	−4.49
2023 年 3 月	2 926	179.63	55 134	9.95
2023 年 4 月	1 892	114.99	52 867	−2.91
2023 年 5 月	3 572	240.20	51 605	−14.21
2023 年 6 月	3 408	207.27	49 023	−14.55
2023 年 7 月	3 195	231.55	46 498	−26.80
2023 年 8 月	1 672	−44.97	51 076	−4.81

数据来源：中国海关总署。

表 5-35　2022/2023 年度纺织品服装出口额分月统计表

单位：亿美元

月　份	纺织品服装		纺织品		服　装	
	金　额	同比 ±%	金　额	同比 ±%	金　额	同比 ±%
合　计	3 005.24	−10.53	1 362.5	−11.55	1 642.74	−9.66
2022 年 9 月	275.18	−5.49	119.28	−3.80	155.91	−6.75
2022 年 10 月	241.22	−15.87	110.78	−10.78	130.44	−19.76
2022 年 11 月	240.72	−15.72	111.7	−15.55	129.01	−15.87
2022 年 12 月	246.33	−19.19	108.26	−24.15	138.07	−14.82
2023 年 1-2 月	408.42	−18.50	191.65	−22.38	216.78	−14.72
2023 年 3 月	263.90	19.88	129.05	9.46	134.85	31.89

续表

月 份	纺织品服装		纺织品		服 装	
	金 额	同比 ±%	金 额	同比 ±%	金 额	同比 ±%
2023 年 4 月	256.58	9.03	127.42	4.12	129.16	14.36
2023 年 5 月	253.20	−13.12	120.22	−14.14	132.98	−12.18
2023 年 6 月	269.92	−12.65	115.67	−12.86	154.25	−12.49
2023 年 7 月	271.15	−17.65	111.53	−17.20	159.61	−17.96
2023 年 8 月	278.62	−8.45	116.94	−4.70	161.68	−10.98

数据来源：中国海关总署。

棉花消费

表 5–36　2022/2023 年度全国纺织生产分月统计表

单位：万吨、亿米

月份	纺纱产量	同比 ±%	化纤产量	同比 ±%	布产量	同比 ±%
总计	2 556.5	−8.50	6 956.9	4.12	347.7	−11.86
2022 年 9 月	229.9	−4.49	579.6	8.54	32.1	−4.75
2022 年 10 月	231.5	−4.81	579.2	7.92	31.8	−6.74
2022 年 11 月	244	−8.27	550.9	−2.69	33.0	−11.05
2022 年 12 月	257.9	−6.22	523.6	−10.48	34.7	−11.48
2023 年 1-2 月	393.4	−1.33	960.9	−5.37	50	−12.28
2023 年 3 月	234.3	−8.19	657.2	3.43	30.8	−11.33
2023 年 4 月	199.2	−9.86	588.3	9.01	27.4	−15.17
2023 年 5 月	194.2	−13.03	609.2	9.39	27.4	−13.29
2023 年 6 月	199.8	−15.37	641.9	7.38	28.7	−15.24
2023 年 7 月	185.1	−14.94	631.5	13.52	25.7	−16.56
2023 年 8 月	187.2	−13.77	634.6	13.61	26.2	−13.25

数据来源：国家统计局。

中国棉花产销存预测

表5-37　2001/2002年度以来国内棉花产销存预测与价格对比表

单位：万吨、元/吨

年度	期初库存	产量	进口	消费	出口	期末库存	库存消费比%	年度均价
2001/2002	436.49	531.48	11.65	523.49	9.05	447.08	83.95	10 140
2002/2003	447.08	491.70	71.90	601.03	15.10	394.55	64.04	12 008
2003/2004	394.55	485.90	199.00	620.27	3.00	456.17	73.19	16 100
2004/2005	456.17	632.30	166.00	813.42	1.00	440.06	54.03	12 432
2005/2006	440.06	571.27	411.00	953.45	1.00	467.87	49.02	14 103
2006/2007	467.87	749.79	228.00	1 106.29	1.86	337.51	30.46	13 300
2007/2008	337.51	789.00	244.00	1 017.41	1.50	351.59	34.51	13 766
2008/2009	351.59	799.12	144.65	969.44	1.74	324.18	33.38	12 162
2009/2010	324.18	675.70	250.47	1 025.64	0.53	224.18	21.85	15 760
2010/2011	224.18	623.05	257.63	908.09	2.66	194.11	21.31	25 671
2011/2012	194.11	802.80	544.03	920.49	1.23	619.22	67.18	19 192
2012/2013	619.22	761.50	439.61	962.81	0.93	856.59	88.88	19 141
2013/2014	856.59	699.70	300.37	797.25	0.93	1 058.48	132.61	18 581
2014/2015	1 058.48	662.10	167.13	806.41	2.51	1 078.79	133.36	13 751
2015/2016	1 078.79	521.60	96.14	789.12	2.38	905.02	114.34	12 865
2016/2017	905.02	511.70	111.03	849.82	1.31	676.62	79.50	15 683
2017/2018	676.62	612.70	132.16	878.29	3.57	539.62	61.19	15 885
2018/2019	539.62	610.50	202.86	840.08	4.83	508.07	60.13	15 189
2019/2020	508.07	584.30	160.34	747.67	2.56	502.48	66.98	12 515
2020/2021	502.48	595.00	274.66	861.00	2.51	508.63	58.90	15 387
2021/2022	508.63	580.10	172.82	730.00	2.80	528.74	72.15	20 402
2022/2023	528.74	671.90	142.45	770.00	1.80	571.29	74.02	16 041

注：1.数据来源为国家棉花市场监测系统（发布时间截至2023年12月）；2.年度均价为国家棉花价格B指数的棉花年度均价。

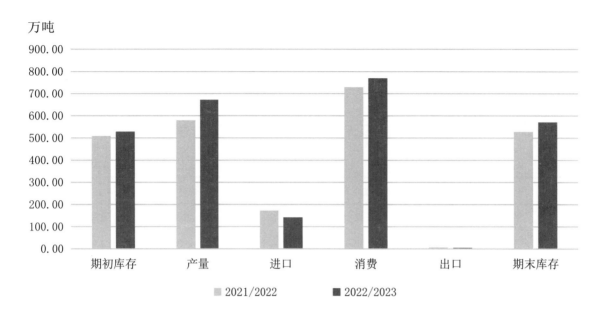

图 5–12　2021/2022 年度与 2022/2023 年度中国产销存预测同比对比

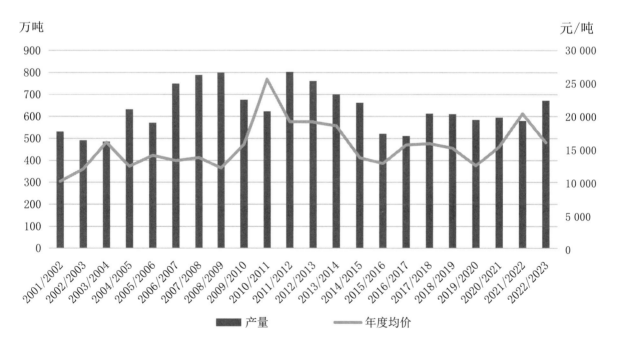

图 5–13　2001/2002 年度以来国内棉价与中国棉花产量预测对比

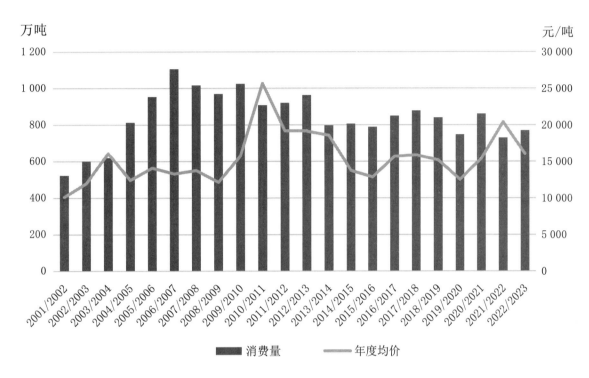

图 5-14　2001/2002 年度以来国内棉价与中国棉花消费量预测对比

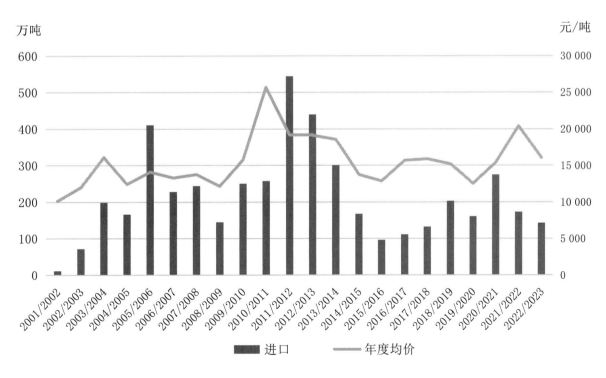

图 5-15　2001/2002 年度以来国内棉价与中国棉花进口量预测对比

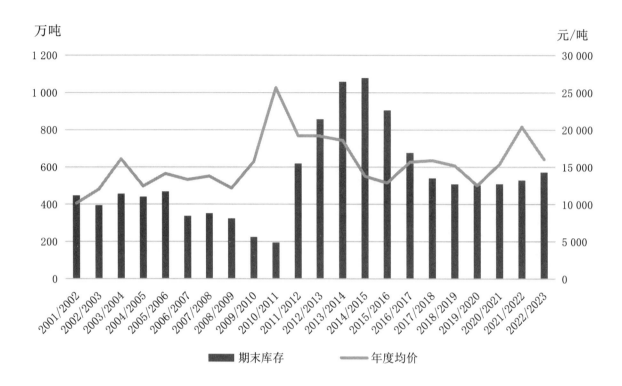

图 5-16 2001/2002 年度以来国内棉价与中国棉花期末库存预测对比

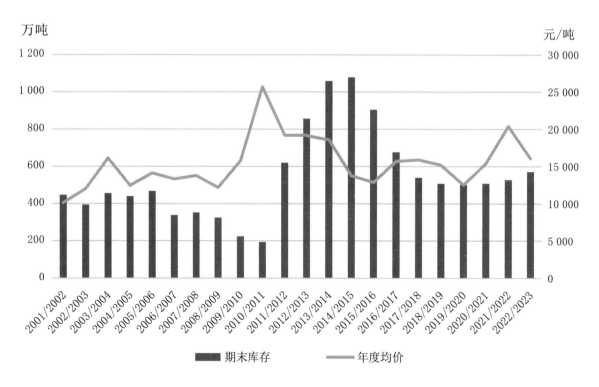

图 5-17 2001/2002 年度以来国内棉价与中国棉花库存消费比对比

全球棉花产销存预测

表5-38 2003/2004年度以来全球棉花产销存预测表

单位：万吨、美分/磅

年度	期初库存	产量	进口量	消费量	出口量	期末库存	库存消费比	国际棉花指数（M）
2003/2004	1 041.3	2 055.5	743.5	2 135.7	720.1	1 004.4	47	55.71
2004/2005	1 004.4	2 647.2	739.5	2 377.7	760.9	1 279.7	54	53.57
2005/2006	1 279.7	2 559.4	972.5	2 546.2	978.1	1 326.9	52	57.32
2006/2007	1 326.9	2 622.5	834.0	2 704.2	814.7	1 302.4	48	59.12
2007/2008	1 302.4	2 607.0	859.0	2 696.3	846.3	1 272.6	47	74.71
2008/2009	1 272.6	2 393.9	664.6	2 402.6	657.7	1 304.3	54	61.27
2009/2010	1 304.3	2 248.0	803.8	2 602.3	779.6	976.0	38	82.56
2010/2011	976.0	2 475.3	793.4	2 515.2	759.6	969.1	39	170.05
2011/2012	969.1	2 780.5	989.5	2 262.9	1 000.4	1 483.0	66	101.21
2012/2013	1 483.0	2 751.6	1 034.1	2 349.3	1 008.1	1 921.6	82	89.59
2013/2014	1 921.6	2 584.4	901.9	2 385.2	897.6	2 125.9	89	90.79
2014/2015	2 125.9	2 614.4	795.0	2 449.1	788.7	2 292.9	94	72.04
2015/2016	2 292.9	2 126.8	775.5	2 469.0	759.6	1 964.7	80	71.27
2016/2017	1 964.7	2 315.7	822.4	2 544.0	829.9	1 730.2	68	82.26
2017/2018	1 730.2	2 661.4	900.6	2 685.2	905.9	1 705.3	64	88.97
2018/2019	1 705.3	2 495.4	922.9	2 605.0	906.6	1 615.7	62	81.92
2019/2020	1 615.7	2 594.8	886.7	2 287.1	897.3	1 916.5	84	71.87
2020/2021	1 916.5	2 483.7	1 059.1	2 704.7	1 066.9	1 690.7	63	88.91
2021/2022	1 690.7	2 494.0	935.4	2 530.6	940.5	1 662.1	66	125.94
2022/2023	1 662.1	2 539.5	820.6	2 428.2	806.2	1 803.5	74	99.65
2023/2024	1 803.5	2 458.5	939.6	2 476.2	939.5	1 794.0	72	—

注：1. 数据来源为美国农业部，中国棉花网。
2. 2004/2005年度以前为北欧到岸价A指数，2004/2005年度以后为国际棉花指数（M）。

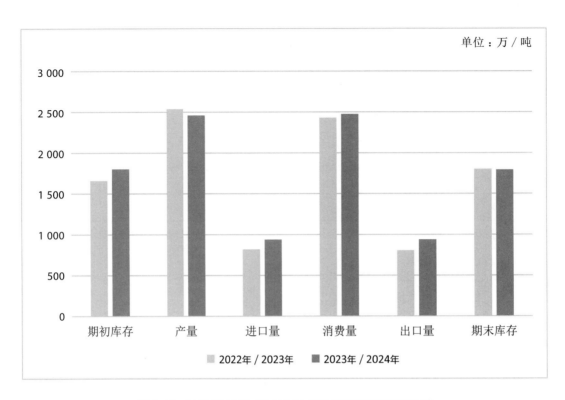

图 5-18　2022/2023 和 2023/2024 年度全球产销存预测比较

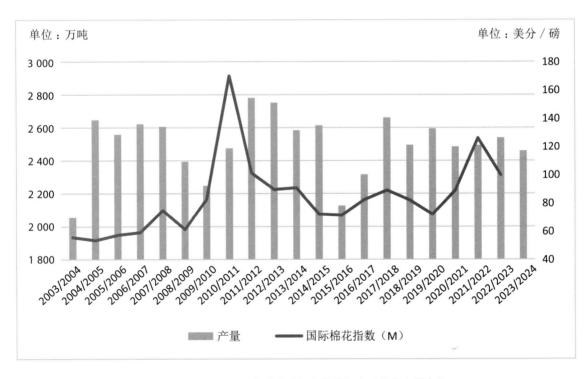

图 5-19　2003/2004 年度以来国际棉价与全球棉花产量变化

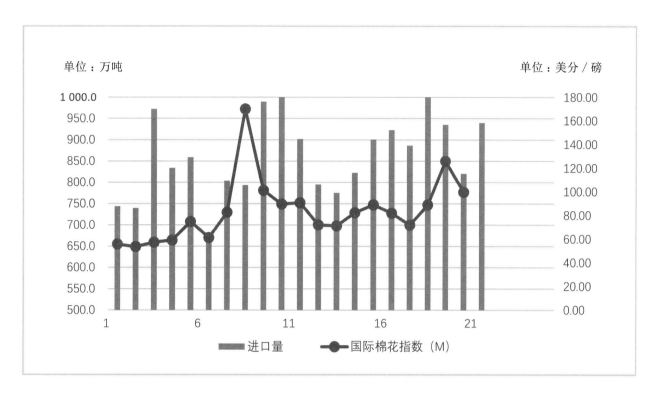

图 5-20　2003/2004 年度以来国际棉价与全球棉花进口量变化

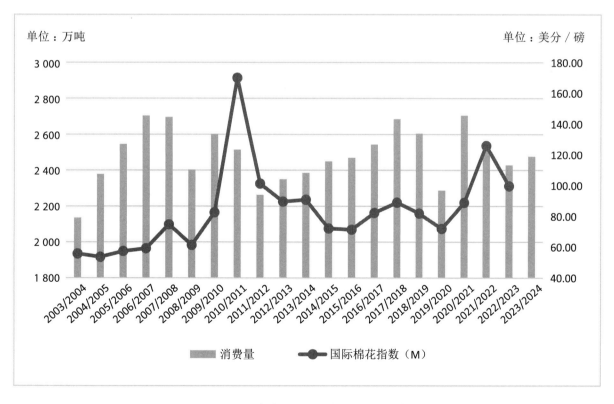

图 5-21　2003/2004 年度以来国际棉价与全球棉花消费量变化

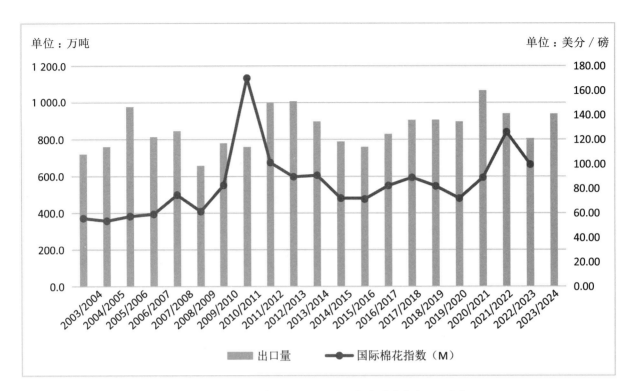

图 5-22　2003/2004 年度以来国际棉价与全球棉花出口量变化

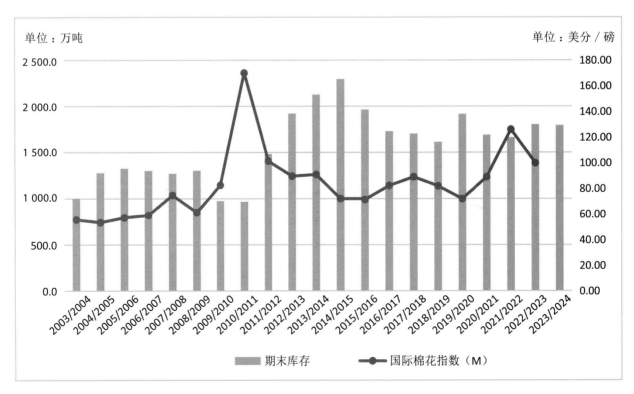

图 5-23　2003/2004 年度以来国际棉价与全球棉花期末库存变化

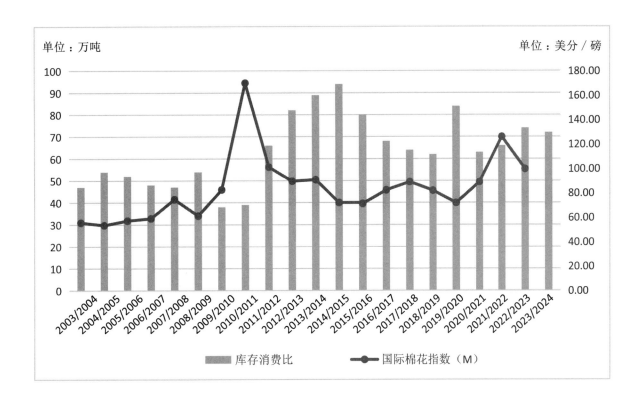

图 5-24　2003/2004 年度以来国际棉价与全球棉花库存消费比变化

表 5-39　2003/2004 年度以来主要国家棉花产量预测统计表

单位：万吨

年度	中国	印度	美国	巴基斯坦	乌兹别克斯坦	巴西	土耳其	澳大利亚	西非
2003/2004	518.2	304.8	397.5	170.8	89.3	131.0	89.3	34.8	92.8
2004/2005	659.7	413.7	506.2	242.5	113.2	128.5	90.4	65.3	100.9
2005/2006	618.3	414.8	520.2	214.5	120.8	102.3	77.3	59.9	90.6
2006/2007	772.9	489.9	470.0	208.6	116.5	152.4	82.7	29.4	81.9
2007/2008	805.6	537.8	418.2	186.2	116.5	160.2	67.5	13.6	57.0
2008/2009	799.1	507.3	279.0	185.9	100.2	119.3	42.0	33.2	57.0
2009/2010	696.7	533.4	265.4	201.2	84.9	118.7	38.1	38.6	55.9
2010/2011	664.1	592.2	394.2	188.1	89.3	196.0	45.9	91.4	56.3
2011/2012	740.3	631.4	339.1	230.8	91.4	189.4	74.9	119.8	70.2
2012/2013	762.0	620.5	377.0	202.5	98.0	130.6	57.7	100.2	90.4

续表

年度	中国	印度	美国	巴基斯坦	乌兹别克斯坦	巴西	土耳其	澳大利亚	西非
2013/2014	713.1	675.0	281.1	206.8	89.3	174.2	50.1	89.3	91.1
2014/2015	664.1	675.0	353.9	213.4	89.3	152.4	68.6	50.1	96.5
2015/2016	529.1	620.5	283.7	174.2	80.6	141.5	57.7	52.3	100.1
2016/2017	457.2	587.9	359.8	179.6	80.6	141.5	69.7	98.0	84.4
2017/2018	544.3	642.3	466.8	178.5	80.6	169.8	87.1	102.3	91.4
2018/2019	587.9	598.7	404.7	161.1	71.8	239.5	93.6	54.4	107.3
2019/2020	593.3	642.3	439.9	135.0	76.2	272.2	78.4	18.5	104.7
2020/2021	642.3	600.9	318.1	98.0	76.2	235.6	63.1	61.0	103.4
2021/2022	582.4	609.6	398.1	124.1	74.0	287.4	82.7	115.4	108.3
2022/2023	609.6	598.7	310.1	80.6	58.8	283.0	106.7	108.9	87.5
2023/2024	587.9	544.3	278.2	145.9	63.1	317.0	69.7	111.1	107.1

资料来源：美国农业部（USDA）。

单位：万吨

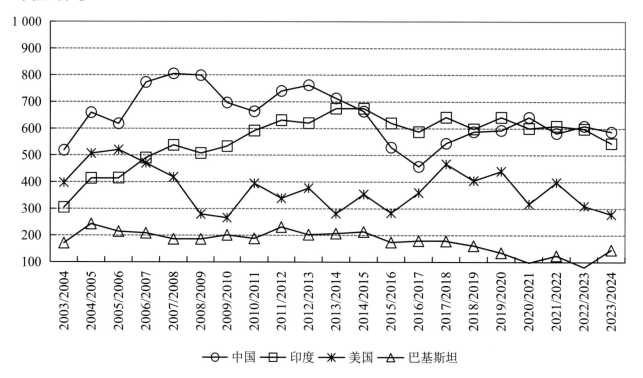

图 5-25　2003/2004 年度以来主要国家棉花产量变化

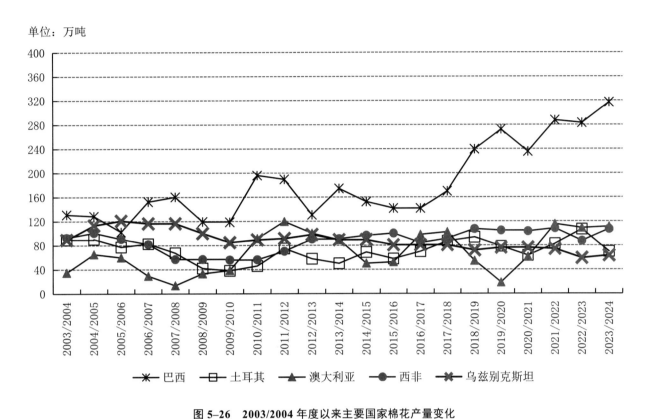

图 5-26 2003/2004 年度以来主要国家棉花产量变化

表 5-40 2003/2004 年度以来主要国家棉花消费量预测统计表

单位：万吨

年度	中国	印度	巴基斯坦	土耳其	美国	巴西	孟加拉国	印度尼西亚	泰国	越南
2003/2004	696.7	293.9	209.0	130.6	136.4	87.4	39.2	46.8	40.3	12.5
2004/2005	838.3	322.2	228.6	154.6	145.7	93.8	47.9	46.8	45.7	15.2
2005/2006	979.8	363.6	250.4	152.4	127.8	96.9	54.4	47.4	44.6	16.3
2006/2007	1 088.6	394.1	261.3	158.9	107.4	99.6	69.7	51.7	42.5	21.2
2007/2008	1 110.4	405.0	261.3	132.8	99.8	100.2	76.2	56.6	42.5	26.1
2008/2009	958.0	386.5	241.7	107.8	77.1	91.4	80.6	51.2	34.8	27.2
2009/2010	1 088.6	430.0	226.4	128.5	77.3	95.8	87.1	56.6	38.6	34.8
2010/2011	1 001.5	447.4	215.6	121.9	84.9	93.6	91.4	56.6	37.0	35.4
2011/2012	827.4	423.5	217.7	121.9	71.9	87.1	76.2	53.3	28.3	36.5
2012/2013	783.8	475.7	234.1	131.7	76.2	89.3	84.9	64.2	32.1	49.0

续表

年度	中国	印度	巴基斯坦	土耳其	美国	巴西	孟加拉国	印度尼西亚	泰国	越南
2013/2014	751.2	511.7	226.4	137.2	77.3	91.4	90.4	66.4	32.7	69.7
2014/2015	827.4	533.4	230.8	141.5	82.7	89.3	94.7	66.4	32.7	89.3
2015/2016	707.6	550.8	219.9	139.3	80.6	72.9	127.4	68.6	30.5	98.0
2016/2017	778.4	517.1	222.1	147.0	71.8	69.7	139.3	63.1	26.1	117.6
2017/2018	849.1	538.9	226.4	152.4	72.9	74.0	156.8	74.0	26.1	143.7
2018/2019	903.6	550.8	230.8	152.4	71.8	76.2	147.2	78.4	25.0	163.3
2019/2020	838.2	533.4	230.8	154.6	65.3	74.0	161.1	67.5	21.8	156.8
2020/2021	827.4	522.5	217.7	152.4	50.9	65.3	158.9	63.1	15.2	148.1
2021/2022	870.9	561.7	242.2	185.1	55.3	69.7	191.8	54.4	14.0	163.3
2022/2023	772.9	500.8	196.0	174.2	47.9	69.7	178.5	53.3	15.2	141.5
2023/2024	794.7	522.5	217.7	163.3	41.4	71.8	169.8	47.9	14.2	145.9

资料来源：美国农业部（USDA）。

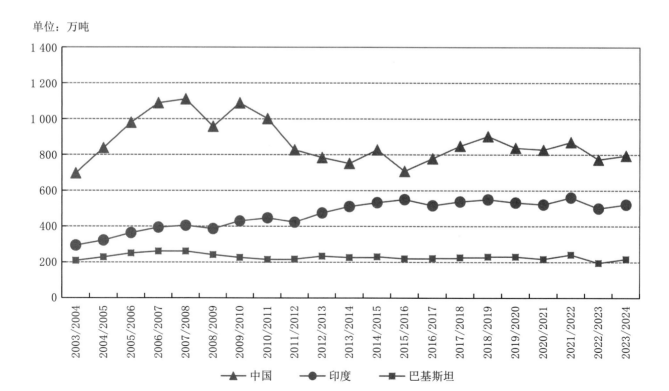

图 5-27　2003/2004 年度以来主要国家棉花消费量变化

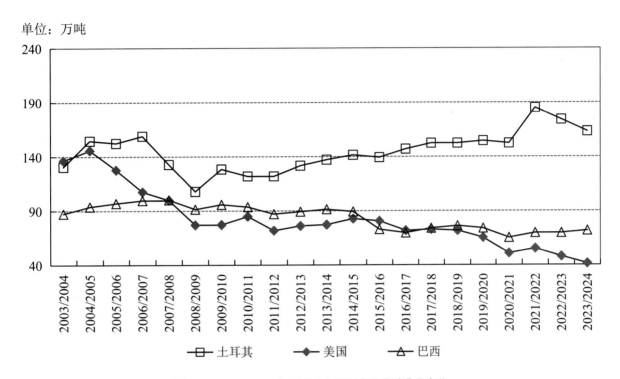

图 5-28 2003/2004 年度以来主要国家棉花消费量变化

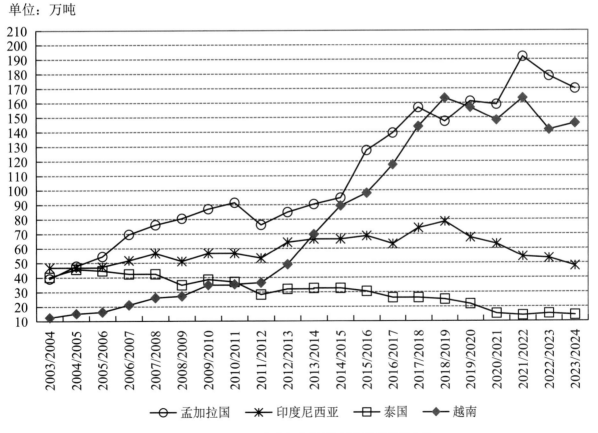

图 5-29 2003/2004 年度以来主要国家棉花消费量变化

表5-41 2003/2004年度以来主要国家棉花进口量预测统计表

单位：万吨

年度	中国	土耳其	巴基斯坦	孟加拉国	印度尼西亚	泰国	越南
2003/2004	192.3	51.6	39.3	39.2	46.8	36.5	11.8
2004/2005	139.0	74.3	38.2	49.0	47.9	49.7	15.0
2005/2006	419.9	76.2	35.2	53.3	47.9	41.2	15.1
2006/2007	230.5	87.7	50.2	70.8	52.3	41.5	21.3
2007/2008	251.0	71.1	85.1	78.4	58.8	42.0	26.3
2008/2009	152.3	63.6	41.7	82.7	52.3	34.9	27.2
2009/2010	237.4	95.7	34.3	87.1	58.8	39.3	36.9
2010/2011	260.8	72.9	31.4	92.5	56.6	38.1	34.2
2011/2012	534.2	51.9	19.6	71.9	54.4	27.5	35.4
2012/2013	442.6	80.4	39.2	84.9	65.3	32.9	52.5
2013/2014	307.5	92.4	26.1	89.3	65.3	33.7	69.7
2014/2015	152.4	82.7	32.7	96.9	67.5	34.3	93.1
2015/2016	119.7	82.7	43.5	125.2	67.5	31.6	100.2
2016/2017	98.0	80.6	47.9	137.2	63.1	26.7	119.8
2017/2018	115.4	76.2	58.8	157.9	75.1	27.2	150.2
2018/2019	152.4	63.1	63.1	176.4	79.5	25.6	165.5
2019/2020	196.0	87.1	91.4	158.9	67.5	21.8	156.8
2020/2021	280.0	116.0	115.9	190.5	50.2	13.0	159.2
2021/2022	223.2	113.2	115.4	180.7	54.4	14.2	163.3
2022/2023	174.2	93.6	108.9	174.2	53.3	15.2	143.7
2023/2024	239.5	89.3	87.1	163.3	50.1	14.2	145.9

资料来源：美国农业部（USDA）。

单位：万吨

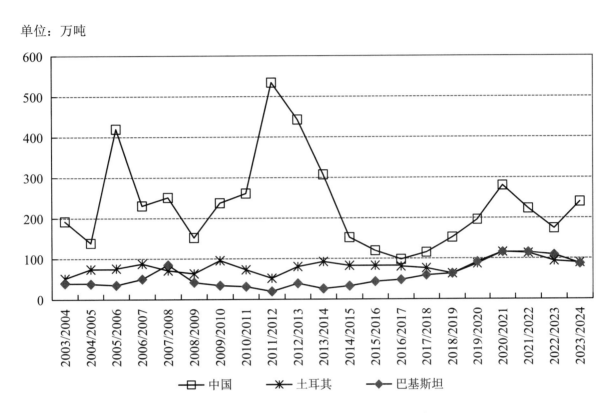

图 5-30　2003/2004 年度以来主要国家棉花进口量变化

单位：万吨

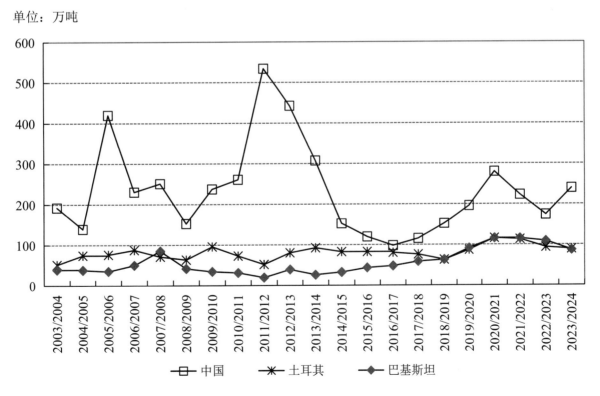

图 5-31　2003/2004 年度以来主要国家棉花进口量变化

表 5-42　2003/2004 年度以来主要国家棉花出口量预测统计表

单位：万吨

年度	美国	印度	乌兹别克斯坦	西非	澳大利亚	巴西
2003/2004	299.6	15.2	67.5	86.8	47.0	21.0
2004/2005	314.3	14.4	86.0	79.2	43.5	33.9
2005/2006	384.8	80.0	104.5	88.4	62.8	42.9
2006/2007	282.2	106.1	98.0	80.0	46.4	28.3
2007/2008	296.9	163.3	91.4	54.9	26.5	48.6
2008/2009	288.7	51.4	65.3	45.5	26.1	59.6
2009/2010	262.1	142.6	82.7	49.9	46.0	43.3
2010/2011	313.0	108.9	57.7	48.3	54.4	43.5
2011/2012	255.0	241.2	54.4	50.6	101.0	104.3
2012/2013	283.6	168.7	69.7	84.0	134.3	93.8
2013/2014	229.3	204.7	58.8	81.9	105.6	48.6
2014/2015	217.7	108.9	50.1	77.9	69.7	74.0
2015/2016	217.7	115.4	50.1	102.9	56.6	91.4
2016/2017	265.6	91.4	46.8	77.2	89.3	63.1
2017/2018	322.2	93.6	26.1	80.0	93.6	87.1
2018/2019	326.6	95.8	17.4	100.7	78.4	126.3
2019/2020	359.2	87.1	10.9	101.8	32.7	191.6
2020/2021	356.4	134.8	8.9	111.0	34.1	239.8
2021/2022	337.5	126.3	4.4	105.1	84.9	180.7
2022/2023	266.7	72.9	2.2	113.0	128.5	180.7
2023/2024	265.6	39.2	0.5	100.2	123.0	250.4

资料来源：美国农业部（USDA）。

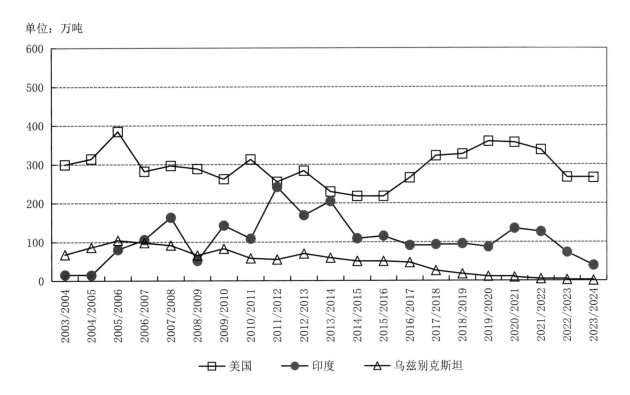

图 5-32 2003/2004 年度以来主要国家棉花出口量变化

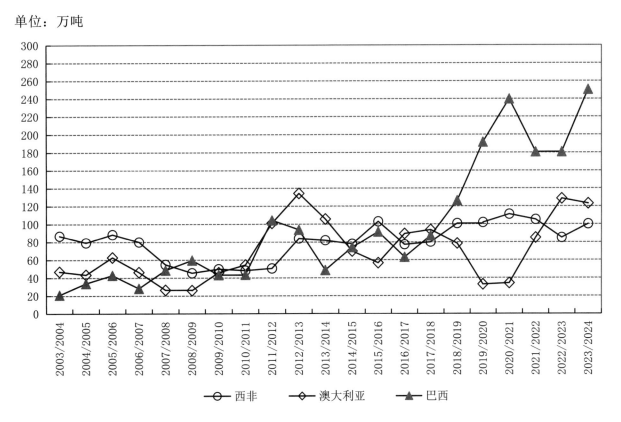

图 5-33 2003/2004 年度以来主要国家棉花出口量变化

表 5–43 2003/2004 年度以来主要国家棉花期末库存预测统计表

单位：万吨

年度	中国	印度	巴基斯坦	土耳其	美国	巴西	孟加拉国	印度尼西亚	泰国	墨西哥
2003/2004	413.3	91.1	68.2	32.2	75.1	97.7	8.2	8.0	8.6	24.9
2004/2005	400.4	190.8	107.7	39.0	119.6	106.3	10.5	8.2	12.5	28.7
2005/2006	490.7	170.7	100.1	35.4	132.1	78.7	10.8	7.9	8.9	28.8
2006/2007	447.1	170.5	92.3	40.3	206.4	117.7	12.9	7.7	7.7	22.4
2007/2008	446.4	153.0	95.9	38.1	218.8	136.1	15.6	9.0	6.9	20.3
2008/2009	465.2	239.9	73.5	32.9	138.0	108.7	18.5	9.2	6.3	16.6
2009/2010	310.2	211.2	66.2	34.9	64.2	94.8	19.3	10.6	6.4	13.4
2010/2011	230.9	256.9	54.9	28.7	56.6	172.1	21.6	9.9	7.0	13.0
2011/2012	676.7	236.6	61.7	27.0	72.9	174.0	18.9	11.5	5.7	15.5
2012/2013	1 096.5	260.6	59.0	28.6	82.7	126.3	21.0	13.2	5.8	14.1
2013/2014	1 365.3	246.4	53.9	29.5	53.3	167.0	22.2	12.5	6.3	12.5
2014/2015	1 353.3	296.5	58.8	35.0	106.7	161.0	26.8	14.0	7.3	15.2
2015/2016	1 415.7	269.7	50.3	30.4	65.3	141.1	28.2	11.9	5.1	12.8
2016/2017	1 041.8	256.8	56.4	31.7	104.5	148.3	33.7	11.5	4.8	11.3
2017/2018	863.7	287.0	53.1	38.7	126.3	180.4	39.6	14.5	4.9	14.0
2018/2019	661.2	175.8	51.3	36.5	95.8	227.1	45.3	14.4	3.9	15.3
2019/2020	723.8	272.5	47.2	38.0	119.7	263.5	39.3	11.5	3.4	15.7
2020/2021	854.6	292.6	49.3	59.0	68.6	242.1	63.1	9.7	1.7	9.3
2021/2022	788.2	236.0	45.5	55.7	74.0	279.6	55.3	9.6	1.8	9.3
2022/2023	820.6	248.1	33.5	71.1	76.2	292.9	48.7	10.0	2.0	10.0
2023/2024	845.0	268.3	46.8	33.3	67.5	120.5	34.5	9.8	3.0	6.6

资料来源：美国农业部（USDA）。

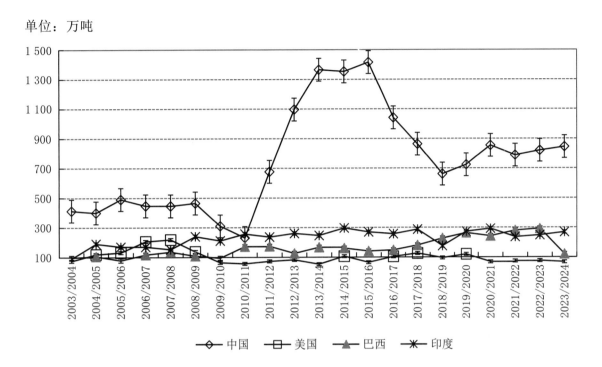

图 5-34 2003/2004 年度以来主要国家棉花期末库存变化

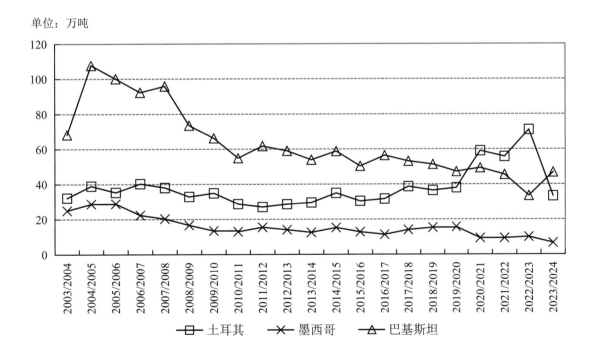

图 5-35 2003/2004 年度以来主要国家棉花期末库存变化

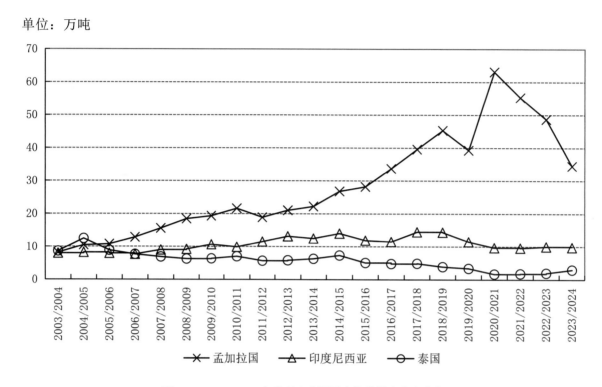

图 5-36 2003/2004 年度以来主要国家棉花期末库存变化

表 5-44 2022/2023 年度主要国家棉花产销存预测表

单位：万吨

国家和地区	期初库存	产量	进口量	消费量	出口量	期末库存
全球	1 866.6	2 519.7	920.4	2 432	919.9	1 950
美国	81.6	310.1	0.1	47.9	266.7	76.2
澳大利亚	105.8	108.9	0	0.2	128.5	90.1
巴西	259.9	283	0.3	69.7	180.7	292.9
中国	812.4	609.6	174.2	772.9	2.7	820.6
印度	187.2	598.7	35.9	500.8	72.9	248.1
孟加拉国	49.9	3.4	174.2	178.5	0	48.7
巴基斯坦	41.1	80.6	108.9	196	0.5	33.5
乌兹别克斯坦	36.2	58.8	1.6	59.9	2.2	34.6
越南	22.2	0.1	143.7	141.5	0	24.5

资料来源：美国农业部（USDA）。

表 5-45 2003/2004 年度以来全球棉花种植面积和单产统计表

单位：亿亩、千克/亩

年　度	种植面积	单　产
2003/2004	4.8	43.5
2004/2005	5.4	49.3
2005/2006	5.2	48.9
2006/2007	5.2	51.4
2007/2008	4.9	53.2
2008/2009	4.6	51.3
2009/2010	4.5	49.6
2010/2011	5.1	50.6
2011/2012	5.4	51.2
2012/2013	5.1	52.2
2013/2014	4.9	53.3
2014/2015	5.1	50.8
2015/2016	4.6	48.2
2016/2017	4.5	51.7
2017/2018	5.1	53.2
2018/2019	5.0	51.4
2019/2020	5.2	50.5
2020/2021	4.7	51.7
2021/2022	4.9	51.4
2022/2023	4.8	53.3

数据来源：美国农业部（USDA）。

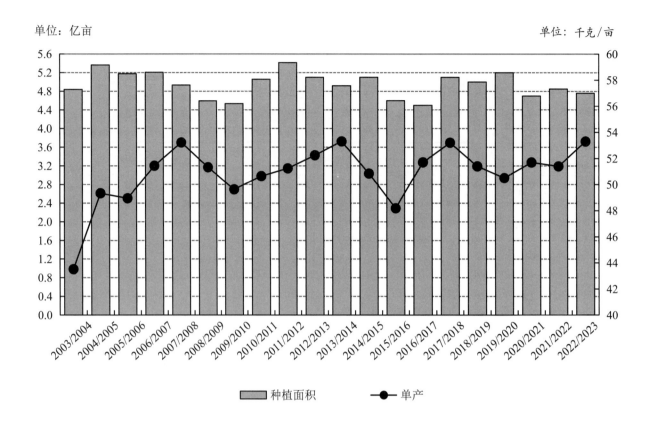

图 5-37 2003/2004 年度以来全球棉花种植面积和单产变化

表 5-46 2013/2014 年度以来 ICE 期货近月合约均价与美棉出口量对比表

单位：万吨、美分/磅

年度	美棉出口装运量	ICE 期货价格
2013/2014	231.96	84.29
2014/2015	240.41	63.55
2015/2016	199.3	63.08
2016/2017	326.55	72.99
2017/2018	354.5	79.91
2018/2019	323	72.05
2019/2020	337.7	62.18
2020/2021	356.4	80.43
2021/2022	315.2	118.9
2022/2023	278	84.42

数据来源：美国农业部（USDA）、美国洲际交易所（ICE）。

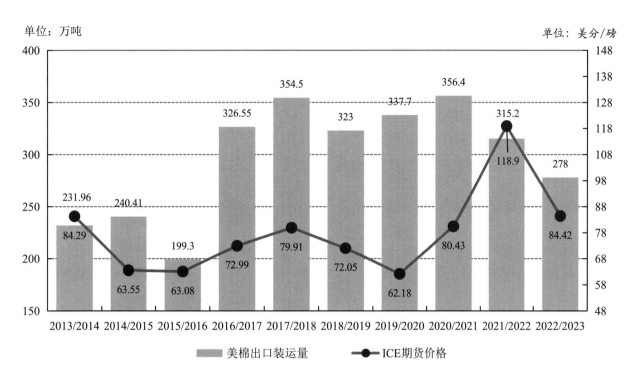

图 5-38 2013/2014 年度以来 ICE 期货近月合约均价与美棉出口量比较

表 5-47 2022/2023 年度美棉出口装运量分月统计表

单位：万吨

月　份	美棉出口装运量	美棉对中国出口装运量	比重 %
2022 年 8 月	28.90	7.2	25
2022 年 9 月	17.60	5.5	31
2022 年 10 月	16.90	6.6	39
2022 年 11 月	14.00	6.2	44
2022 年 12 月	11.50	4.1	36
2023 年 1 月	21.80	7.1	33
2023 年 2 月	20.20	5.1	25
2023 年 3 月	26.20	6.1	23
2023 年 4 月	34.20	11.1	32
2023 年 5 月	36.70	12.8	35
2023 年 6 月	22.50	10.8	48
2023 年 7 月	23.60	18.9	80

数据来源：美国农业部（USDA）。

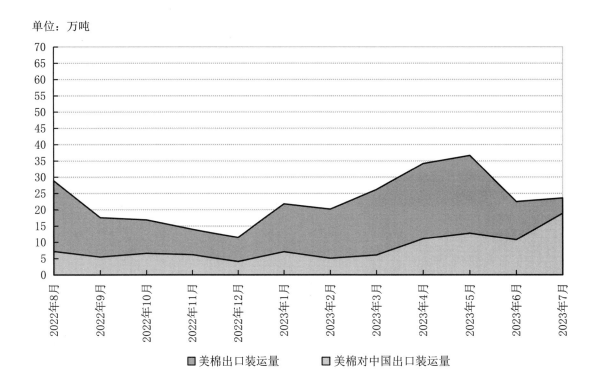

图5-39 2022/2023年度美棉出口装运量变化

大事记

第六部分

国 内 棉 花

关于进一步完善自治区棉花及纺织服装产业政策措施的通知

2022年9月20日，为认真贯彻落实习近平总书记视察新疆时的重要讲话重要指示精神，深入贯彻落实第三次中央新疆工作座谈会精神，贯彻落实国务院关于稳增长、稳就业部署安排和自治区党委十届五次全会精神，有效应对疫情防控和国内外市场不确定因素等对自治区棉花及纺织服装产业发展带来的影响，促进自治区棉花及纺织服装产业健康持续发展，经自治区人民政府同意，现将自治区棉花出疆运费补贴和纺织服装等政策措施进行调整，具体包含新增就业岗前培训补贴，优化纺织印染补贴政策，给予新增流动资金贷款贴息政策，按季度拨付政策性补贴资金，建立"白名单"制度，取消对2018年以后新增纺织产能销售运费补贴政策的限制。

国家发改委发布《2023年粮食、棉花进口关税配额申请和分配细则》

2022年9月30日，国家发展改革委根据《农产品进口关税配额管理暂行办法》，制定了2023年粮食、棉花进口关税配额申请和分配细则。2023年棉花进口关税配额总量为89.4万吨，其中33%为国营贸易配额。

自治区印发《关于做好2022年度新棉收购工作的通知》保障今年棉花市场平稳运行

2022年10月14日，自治区人民政府办公厅印发《关于做好2022年度新棉收购工作的通知》，要求各地各部门做好疫情防控常态化下的新棉上市收购保障工作，有效解决新棉收购中存在的突出问题，确保棉花采收、交售、加工、入库、公检、销售等全流程安全通畅，保障今年棉花市场平稳运行。

通知要求，各地要统筹疫情防控和棉花收购工作，突出棉花收购和物流两个关键环节，完善疫情防控工作规范，有序组织生产技术人员和疆内外公检人员到位，实施"点对点"闭环管理，协调好棉花加工所需物料辅料的供应，保障采收机械跨区作业和棉花运输车辆通行顺畅，确保棉花工作正常有序开展。做好棉花收购资金供应工作，加大信贷投放力度，确保棉花收购资金供应不断档，做到"有钱收棉"。抓好棉花安全生产，加强涉棉企业的日常消防安全管理，合理疏导棉农有序交售棉花。

关于停止2022年度第一批中央储备棉轮入的公告

2022年11月9日，中国储备棉管理有限公司发布公告，根据国家有关部门通知，2022年度第一批中央储备棉轮入于2022年11月11日截止；后续将根据棉花市场调控需要和新棉收购形势等，择机启动第二批中央储备棉轮入。

兵团办公厅关于进一步完善兵团棉花及纺织服装产业政策措施的通知

2022年12月17日，为进一步促进兵团棉花及纺织服装产业持续健康发展，经兵团同意，现将兵团棉花出疆运费补贴和纺织服装等政策措施调整通知如下：调整出疆棉运费补贴标准，实施新的纺织服装产品出疆运费补贴政策，调整一次性新增就业补贴政策，提高社会保险费用补贴比例，调整新增就业岗前培训补贴，优化纺织印染补贴政策，给予新增流动资金贷款贴息政策，兵团纺织服装产业专项资金实行预拨清算制，加强资金拨付管理，取消对 2018 年以后新增纺织产能销售运费补贴政策的限制。

《中共中央国务院关于做好 2023 年全面推进乡村振兴重点工作的意见》

2023 年 2 月 13 日，《中共中央国务院关于做好 2023 年全面推进乡村振兴重点工作的意见》发布，这是新世纪以来指导"三农"工作的第 20 个中央一号文件，指出明确抓好粮食和重要农产品稳产保供为头等大事等重要内容，其中直接涉及棉花的内容是完善棉花目标价格政策。

农业农村部首次发布《国家农作物优良品种推广目录》

2023 年 3 月 1 日，近日，农业农村部发布《国家农作物优良品种推广目录（2023 年）》，重点推介 10 种农作物、241 个优良品种，旨在加快推广应用步伐，促进大面积生产单产水平提升。其中棉花品种 13 个。

国家发展改革委财政部关于完善棉花目标价格政策实施措施的通知（发改价格〔2023〕369 号）

2023 年 4 月 14 日，棉花目标价格政策自 2014 年在新疆实施以来，对保障棉农收益、稳定棉花生产、提升棉花质量、促进产业链协调发展、保持经济社会平稳运行发挥了重要作用。经国务院同意，在新疆继续实施棉花目标价格政策并完善实施措施。2023—2025 年，新疆棉花目标价格水平为每吨 18 600 元，对新疆棉花以固定产量 510 万吨进行补贴。

关于印发《新疆生产建设兵团 2023—2025 年棉花目标价格政策实施方案》的通知

2023 年 7 月 5 日，为全面贯彻落实新一轮棉花目标价格政策，根据《国家发展改革委、财政部关于完善棉花目标价格政策实施措施的通知》（发改价格〔2023〕369 号）精神，结合兵团实际，制定本实施方案。方案中提到，稳定现行棉花目标价格政策框架，巩固新疆棉花产业优势，将全疆棉花产量保持在 510 万吨左右。到 2025 年底，全疆高品质棉花比重达到 35%。推动兵地棉花市场融合，2025 年实现全疆统一棉花市场。

关于 2023 年中央储备棉销售的公告

2023 年 7 月 18 日，根据国家相关部门要求，为更好满足棉纺企业用棉需求，近期中国储备棉管理有限公司组织销售部分中央储备棉。

《2023 年度兵团棉花质量追溯实施方案》正式发布

2023 年 8 月 18 日，按照《新疆生产建设兵团 2023—2025 年棉花目标价格政策实施方案》（新兵发〔2023〕17 号）和《2023 年度兵团棉花目标价格政策工作要点》（新兵办发电〔2023〕6 号）部署安排，结合兵团实际，兵团市场监管局、发展改革委、财政局、农业农村局共同制定此实施方案。

国　际　市　场

天气因素给部分国家的棉花生产带来明显影响

2022/2023 年度，厄尔尼诺现象给全球棉花生产带来显著影响。在中国、印度、巴西等国大幅增产的同时，美国产棉区遭遇了长时间的极度干旱和多场飓风带来的强降雨和洪水，棉花弃收率大幅上升，产量明显下降。巴基斯坦遭遇超级大洪水，棉花产量下降35%。

美联储持续大幅加息导致全球棉花消费明显下降

2022/2023年度，美联储为对抗通胀进行了连续大幅加息，其结果是全球经济下滑和消费意愿低迷，消费者对棉花相关产品的消费支出减少，全球纺织业遭遇巨大挑战，订单不足，生产亏损，开机率下降等成为各国的普遍现象，全球棉花消费同比明显减少。

国际棉价急速坠落后长时间盘整

2022/2023年度，美联储加息给棉花消费预期带来负面影响，国际棉价由高点急速坠落，之后在80美分附近开启了长时间的低位盘整。整个年度，棉花价格上有阻力下有支撑，波动区间非常狭窄，整体走势非常平稳，和之前年度的大幅波动形成了鲜明的对比。

全球棉花供大于需期末库存增加

尽管2022/2023年度美国和巴基斯坦棉花大幅减产，但中国、印度、巴西、土耳其等国产量显著增加，全球棉花总产量同比增加，而棉花消费同比明显下降，全球棉花由上年度的产不足需转变为产量大于消费，因此期末库存同比上升。

纺 织 市 场

《关于进一步完善自治区棉花及纺织服装产业政策措施的通知》

为进一步促进兵团棉花及纺织服装产业持续健康发展，新疆维吾尔自治区人民政府办公厅印发《关于进一步完善自治区棉花及纺织服装产业政策措施的通知》，该项政策主要分为三部分，第一部分为调整出疆棉运费补贴标准。自2022年9月1日起，将棉花出疆运费补贴标准从现行的500元/吨下调为300元/吨。第二部分为纺织服装产品出疆运费补贴、南疆四地州以外区域的纺织服装补贴政策（如岗前培训补贴、社保补贴、就业补贴），取消对2018年以后新增纺织产能销售运费补贴政策的限制。第三部分为加大对印染产业的规范和扶持力度（符合国家和自治区相关排放要求的企业给予一次性2 000万元的投资补贴）。

欧盟委员会提议对所有"强迫劳动"产品实施禁令

2022年9月14日，欧盟委员会提议禁止在欧盟市场上使用强迫劳动制造的产品。该提案涵盖所有产品，即在欧盟制造的用于国内消费和出口商品，以及进口商品，但不针对特定公司或行业。

美国宣布对81项中国商品继续免予加征关税

2022年11月23日，美国贸易代表办公室宣布，因应对新冠疫情的需要，决定对81项中国输美医疗防护产品的加征关税豁免有效期再次延长3个月，至2023年2月28日。其原定于2022年11月30日到期。这81项医疗防护产品包括：一次性手套、人造纤维无纺布、洗手液泵瓶、消毒湿巾的塑料容器、复式双目光学显微镜、复合光学显微镜、透明塑料面罩、一次性塑料无菌窗帘和罩子、一次性鞋套和靴套、棉质腹腔手术海绵、一次性医用口罩、防护用品等。

新疆开通喀什到佛山首趟棉纱专列

2023年2月，喀什、图木舒克市在内的新疆南部各地是我国重要的棉花和棉纱产区，而广东佛山是全国重要的棉花深加工生产基地。这列棉纱专列的开行，使新疆喀什至广东佛山的棉纱运输时间由原来的12天时间缩短到8天，将进一步加快新疆棉花产业高质量发展，为推进乡村振兴、助力丝绸之路经济带核心区建设注入新动力。

广东汕头国际纺织城开工建设计划总投资305亿元

2023年7月，汕头国际纺织城开工仪式在广东汕头举行，项目计划总投资305亿元。此次开工建设的汕头国际纺织城总规划用地面积5 000亩，包括全球纺织品采购中心和纺织产业园区；首期动工建设2 000亩。其中全球纺织品采购中心和纺织产业园区的建设，将有效解决产销无法贯通、产业未能集聚集约发展的瓶颈问题，打造集生产制造、产业服务、采购交易、智慧物流为一体的新型产业载体和完善产业链条。

粤疆两地正式签署"构建棉纺织产业全面合作伙伴关系"合作协议

2023年8月17日，在中国纺织工业联合会和新疆维吾尔自治区工业和信息化厅共同主办"2023新疆纺织服装产业高质量发展大会"上，广清纺织服装产业有序转移园管委会主任林科聪作为广东清远的签约代表，与新疆维吾尔自治区发改委、工信厅、商务厅、供销社4部门签订"构建棉纺织产业全面合作伙伴关系"合作协议，双方将通过纺织服装产业集群建设、数字化赋能、强化宣传引导等措施，进一步强化棉纺织服装产业链和供应链建设，优化棉纺织服装产业结构、提升产业层次，实现双方相关产业发展共赢。

《建设纺织现代化产业体系行动纲要（2022—2035年）》全文发布

为推动中国纺织行业实现高端化、智能化、绿色化、融合化发展，全面建成具有完整性、先进性、安全性的纺织现代化产业体系，中国纺织工业联合会自2022年11月启动《建设纺织现代化产业体系行动纲要（2022—2035年）》研究和编制工作，并于2023年8月27日中国纺联五届二次理事会暨五届三次常务理事会议期间发布。

宏 观 经 济

美联储宣布加息75个基点

当地时间2022年9月21日，美联储宣布加息75个基点，将联邦基金利率目标区间上调到3.00%至3.25%之间，符合市场预期。这是美联储今年以来第五次加息，也是连续第三次加息75个基点，创自1981年以来的最大密集加息幅度。

本月13日公布的美国8月份消费者价格指数（CPI）显示，美国通胀形势仍未好转。市场预期，美国通胀水平短期不会显著下降，而美联储将保持激进加息路径遏制通胀。市场预计，9月加息75个基点后，美联储本轮加息周期将在明年4月达到顶峰，届时联邦基金利率或将升至4.5%的水平，高于美国8月份消费者价格指数报告发布前所预测的4%。

今年3月以来，为应对油价、食品价格和其他生活成本的全面飙升，美联储已五次加息，加息幅度累计达300个基点，但美国通胀水平仍未出现明显下降。

中国人民银行决定于2022年12月5日下调金融机构存款准备金率

为保持流动性合理充裕，促进综合融资成本稳中有降，落实稳经济一揽子政策措施，巩固经济回稳向上基础，中国人民银行决定于2022年12月5日降低金融机构存款准备金率0.25个百分点（不含已执行5%存款准备金率的金融机构）。本次下调后，金融机构加权平均存款准备金率约为7.8%。

中共中央政治局召开会议，分析研究2023年经济工作

中共中央政治局2022年12月6日召开会议，分析研究2023年经济工作。会议指出，2023年要坚持稳字当头、稳中求进，继续实施积极的财政政策和稳健的货币政策，加强各类政策协调配合，优化疫情防控措施，形成共促高质量发展的合力。积极的财政政策要加力提效，稳健的货币政策要精准有力，产业政策要发展和安全并举，科技政策要聚焦自立自强，社会政策要兜牢民生底线。要着力扩大国内需求，充分发挥消费的基础作用和投资的关键作用。要加快建设现代化产业体系，提升产业链、供应链韧性和安全水平。要切实落实"两个毫不动摇"，增强我国社会主义现代化建设动力和活力。要推进高水平对外开放，更大力度吸引和利用外资。要有效防范化解重大经济金融风险，守住不发生系统性风险的底线。

美联储加息50个基点，将联邦基金利率的目标区间提升至4.25%—4.50%

2022年12月14日，美联储加息50个基点，将联邦基金利率的目标区间提升至4.25%—4.50%，符合预期。

美联储宣布加息25个基点，自2022年3月以来连续第八次加息

当地时间2023年2月1日，美国联邦储备委员会结束为期两天的货币政策会议，宣布上调联邦基金利率目标区间25个基点到4.50%至4.75%之间，加息幅度符合市场预期。这是美联储自去年3月开启本轮加息周期以来连续第八次加息，累计加息幅度为450个基点。本次加息后，美国基准利率水平再次刷新2008年金融危机以来的峰值。

此外，美国多项经济指标放缓引发市场对衰退风险给予更多关注。本月公布的数据显示，去年12月美国广义货币供应量（M2）出现历史上首度负增长的情况，为–1.3%，是自美联储1959年开始跟踪该指标以来的最低水平。分析指出，美国M2增速下行反映了经济持续降温的现实，货币供给减少将意味着企业和居民融资成本提高，以及社会总需求增长放缓。对于美国经济前景，有经济学家指出，美国经济的衰退风险将在今年下半年集中显现。

《求是》杂志发表习近平总书记重要文章《当前经济工作的几个重大问题》[①]

2023年2月16日出版的第4期《求是》杂志将发表中共中央总书记、国家主席、中央军委主席习近平2022年12月15日在中央经济工作会议上重要讲话的一部分《当前经济工作的几个重大问题》。

文章强调，2023年经济工作千头万绪，需要从战略全局出发，抓主要矛盾，从改善社会心理预期、提振发展信心入手，抓住重大关键环节，纲举目张做好工作。

文章指出，要着力扩大国内需求。一是把恢复和扩大消费摆在优先位置。二是通过政府投资和政策激励有效带动全社会投资。要继续发挥出口对经济的支撑作用，加快建设贸易强国。

文章指出，要加快建设现代化产业体系。

文章指出，要切实落实"两个毫不动摇"。我们必须亮明态度、决不含糊，始终坚持社会主义市场经济改革方向，坚持"两个毫不动摇"。

文章指出，要更大力度吸引和利用外资。纵观全球，发达国家和新兴经济体都把吸引和利用外资作为重大国策，招商引资国际竞争更加激烈。

[①] 习近平. 当前经济工作的几个重大问题[J]. 求是，2023，(4).

文章指出，要有效防范化解重大经济金融风险。必须坚持标本兼治、远近结合，牢牢守住不发生系统性风险底线。一是防范房地产业引发系统性风险。二是防范化解金融风险。三是防范化解地方政府债务风险。

中国人民银行决定于2023年3月27日降低金融机构存款准备金0.25个百分点

2023年3月17日，中国人民银行决定于3月27日降低金融机构存款准备金率0.25个百分点（不含已执行5%存款准备金率的金融机构）。本次下调后，金融机构加权平均存款准备金率约为7.6%。

巴西与中国不再使用美元作为中间货币

2023年3月29日，巴西政府表示，巴西已与中国达成协议，不再使用美元作为中间货币，而是以本币进行贸易。报道称，这项协议让作为美国经济霸权顶级对手的中国和作为拉丁美洲最大经济体的巴西可以直接进行大规模贸易和金融交易，用人民币兑换雷亚尔，反之亦然。巴西贸易和投资促进局在一份声明中表示："预计这将降低成本，同时促进更大的双边贸易，并为投资提供便利。"

最新数据显示，中国是巴西最大的贸易伙伴，占巴西进口总额的20%以上，其次是美国。中国也是巴西最大的出口市场，占巴西全部出口的30%以上。

中国外交部发言人毛宁30日在例行记者会上表示，中国和巴西今年初签署了在巴西建立人民币清算安排的合作备忘录，巴西人民币清算安排的建立有利于中国与巴西两国企业和金融机构使用人民币进行跨境交易，促进双边的贸易投资便利化。

美联储加息25个基点，暗示将暂停加息

5月4日，美联储公布5月利率决议，美联储主席鲍威尔按惯例在2点半召开新闻发布会。议息会议前期，市场人士预计，美联储加息25个基点概率极大。美联储于当地时间5月2日上午开始了为期两天的议息会议。北京时间5月4日凌晨2点，美联储公布5月利率决议，此次加息25个基点，为自去年3月以来第十次加息，基准利率区间升至5%—5.25%，创2007年8月来最高。声明删除关于"适宜进一步加息"的措辞，暗示将暂停加息。声明多次重申，将把本轮加息周期以来数次紧缩以及传导机制的滞后性纳入考量，以确定"未来额外的政策紧缩程度"。

美联储主席鲍威尔在记者会坦言讨论过暂停加息的可能性，正在不断接近暂停加息的节点，可能会暂停一段时间，原则上无需加息至太高的水平。但他也强调在压低通胀方面还有漫长的路要走，偏高的通胀前景不支持降息。

伊朗成为上合组织新成员，上合组织正式成员国增至9个

2023年7月4日下午，上合组织秘书处在北京举行伊朗国旗升旗仪式，欢迎新成员加入。上合组织正式成员国增至9个。2022年9月，上合组织撒马尔罕峰会签署了关于伊朗加入上合组织义务的备忘录。如今，伊朗正式完成各项程序，成为上合组织正式成员国。

上海合作组织于2001年建立。2017年，上合组织完成首次扩员，印度、巴基斯坦成为正式成员国。越来越多国家申请加入"上合大家庭"，充分彰显上合组织的吸引力和影响力。

财政部部长刘昆会见美国财政部部长耶伦

2023年7月8日晚，财政部部长刘昆与美国财政部部长耶伦在钓鱼台国宾馆举行会谈，就中美两国及全球宏观经济形势、两国财政政策、应对全球性挑战等议题进行了交流。中央财办副主任、财政部副部长廖岷陪同参加。

惠誉下调美国信用评级

当地时间2023年8月1日，国际三大评级机构之一的惠誉宣布将美国的信用评级从"AAA"下调至"AA+"。惠誉指出，降级的原因在于美国预计在未来三年内财政状况将持续恶化，政府债务负担高且

不断增长；并且在过去二十年中，美国的治理能力有所削弱，这在反复出现的债务上限党争对峙和每每拖到最后一刻才出现的解决方案中得以体现。

央行：根据经济金融形势和宏观调控需要适时适度做好逆周期调节

2023年8月14日，人民银行货币政策司司长邹澜在新闻发布会上表示，对于降准、降息问题。一方面，降准、公开市场操作、中期借贷便利，以及各类结构性货币政策工具都具有投放流动性的总量效应，需要统筹搭配、灵活运用，共同保持银行体系流动性合理充裕，综合评估存款准备金率政策，目标是保持银行体系流动性的合理充裕。另一方面，要科学合理把握利率水平。既根据经济金融形势和宏观调控需要，适时适度做好逆周期调节，又要兼顾把握好增长与风险、内部与外部的平衡，防止资金套利和空转，提升政策效率，增强银行经营稳健性。近年来企业贷款利率下降成效明显，未来还将继续发挥好贷款市场报价利率改革效能和指导作用，指导银行依法有序调整存量个人住房贷款利率。同时，要持续发挥存款利率市场化调整机制的重要作用，维护市场竞争秩序，支持银行合理管控负债成本，增强金融持续支持实体经济的能力。

两部门：对经国务院批准对外开放的货物期货品种保税交割业务，暂免征收增值税

2023年8月22日，财政部、税务总局发布关于支持货物期货市场对外开放有关增值税政策的公告。对经国务院批准对外开放的货物期货品种保税交割业务，暂免征收增值税。

上述期货交易中实际交割的货物，如果发生进口或者出口的，统一按照现行货物进出口税收政策执行。非保税货物发生的期货实物交割仍按《国家税务总局关于下发〈货物期货征收增值税具体办法〉的通知》（国税发〔1994〕244号）的规定执行。本公告执行至2027年12月31日。

政策文件

第七部分

2023年粮棉进口关税配额申请和分配细则的公告

中华人民共和国国家发展和改革委员会公告

2022年第8号

根据《农产品进口关税配额管理暂行办法》，国家发展改革委制定了2023年粮食、棉花进口关税配额申请和分配细则，现予以公告。

附件：1.《2023年粮食进口关税配额申请和分配细则》
     2.《2023年棉花进口关税配额申请和分配细则》

国家发展改革委
2022年9月30日

附件1

2023年粮食进口关税配额申请和分配细则

根据《农产品进口关税配额管理暂行办法》（商务部、国家发展和改革委员会令2003年第4号），国家发展改革委制定了2023年粮食进口关税配额申请和分配细则。

一、配额数量和种类

2023年粮食进口关税配额总量为：小麦（包括其粉、粒，以下简称小麦）963.6万吨，其中90%为国营贸易配额；玉米（包括其粉、粒，以下简称玉米）720万吨，其中60%为国营贸易配额；大米（包括其粉、粒，以下简称大米）532万吨，其中长粒米266万吨、中短粒米266万吨，50%为国营贸易配额。

企业可自主选择申请：（1）国营贸易配额；（2）非国营贸易配额；（3）国营贸易配额和非国营贸易配额。其中，分配给企业的国营贸易配额，须通过国营贸易企业代理进口，在当年8月15日前未签订进口合同的，企业可以委托有贸易权的任何企业进口，有贸易权的企业可以自行进口。

二、申请条件

有资格获得2023年小麦、玉米、大米进口关税配额的企业须首先符合以下条件：2022年10月1日前在市场监督管理部门登记注册；没有违反《农产品进口关税配额管理暂行办法》的行为。

有资格获得2023年小麦、玉米、大米进口关税配额的企业，还必须符合相应品种以下所列条件之一。

（一）小麦

1. 获得 2022 年小麦进口关税配额且有进口实绩（接受进口关税配额企业委托的代理进口不计入受委托企业的进口实绩，下同）的企业；

2. 2021 年小麦年加工能力 20 万吨以上的面粉和食品生产企业。

（二）玉米

1. 获得 2022 年玉米进口关税配额且有进口实绩的企业；

2. 2021 年玉米年加工能力 20 万吨以上的饲料生产企业；

3. 2021 年玉米年加工能力 45 万吨以上的其他生产企业。

（三）大米（长粒米和中短粒米需分别申请）

1. 获得 2022 年大米进口关税配额且有进口实绩的企业；

2. 2021 年大米年加工能力 10 万吨以上的食品生产企业。

三、分配原则

分配原则的总体目标是使得国营贸易配额和非国营贸易配额根据市场条件得到充分使用。

（一）如本细则所公布的进口关税配额总量能够满足符合条件企业的申请总量，按企业申请数量分配。

（二）如本细则所公布的进口关税配额总量不能满足符合条件企业的申请总量，则有进口实绩的企业分得的配额量不少于其上一年配额内的进口量。如有剩余配额，在考虑生产加工能力的基础上，分配给上一年无进口实绩的企业。

（三）如获得进口关税配额的企业未能完成配额内的全部进口量，则按《农产品进口关税配额管理暂行办法》相关罚则规定处理。

四、申请时限

（一）申请企业于 2022 年 10 月 15 日—10 月 30 日通过国际贸易"单一窗口"粮食进口关税配额管理系统（中国国际贸易单一窗口网站—全部应用—标准版应用—进口配额—粮食进口关税配额）线上填写并提交申请材料。逾期不再接收。

（二）国家发展改革委委托机构（各省、自治区、直辖市及计划单列市、新疆生产建议兵团发展改革委，以下简称委托机构）于 2022 年 11 月 15 日前将企业申请材料转报国家发展改革委，并抄报商务部。

五、公示阶段

（一）为方便公众协助国家发展改革委对申请企业所提交信息的真实性进行核实，国家发展改革委将在官方网站上对申请企业信息进行公示（公示期和举报意见提交方式将在公示时一并规定）。

（二）公示期内，任何主体均可就所公示信息的真实性进行举报。公众提交举报意见的期限届满后，国家发展改革委将委托被举报申请企业登记注册所在地的委托机构进行核查。

（三）核查期间，被举报申请企业有权通过书面等方式，就所举报的相关问题向委托机构提出异议。委托机构审阅被举报申请企业提出的异议并完成调查核实后，向国家发展改革委就举报意见的真实性反馈核查情况。

六、其他规则

（一）企业对其申请表中所填内容的真实性负责，对虚假申报或拒不履行其在申请表中所作承诺的企业，有关部门将按照国家有关规定采取相应惩戒措施。对伪造有关资料骗取《农产品进口关税配额证》的企业，除依法收缴其配额证，两年内不再受理其粮食进口关税配额的申请。

（二）对伪造、变造或者买卖《农产品进口关税配额证》的企业，依照有关法律规定追究其刑事责任，且两年内不再受理其粮食进口关税配额的申请。

附件 2

2023 年棉花进口关税配额申请和分配细则

根据《农产品进口关税配额管理暂行办法》(商务部、国家发展和改革委员会令 2003 年第 4 号),国家发展改革委制定了 2023 年棉花进口关税配额申请和分配细则。

一、配额数量

2023 年棉花进口关税配额总量为 89.4 万吨,其中 33% 为国营贸易配额。

二、申请条件

2023 年棉花进口关税配额申请企业基本条件为:2022 年 10 月 1 日前在市场监督管理部门登记注册;具有良好的财务状况、纳税记录和诚信情况;没有违反《农产品进口关税配额管理暂行办法》的行为。

在具备上述条件的前提下,申请企业还必须符合以下所列条件之一:

(一)棉花进口国营贸易企业;

(二)纺纱设备(自有)5 万锭及以上的棉纺企业;

(三)全棉水刺非织造布年产能(自有)8 000 吨及以上的企业(水刺机设备幅宽小于或等于 3 米的生产线产能认定为 2 000 吨,幅宽大于 3 米的生产线产能认定为 4 000 吨)。

三、申请材料

(一)2023 年棉花进口关税配额申请表。

(二)企业法人营业执照(副本)。

(三)2022 年棉纱、棉布等棉制品的销售增值税专用发票一张。

四、分配原则

(一)根据申请企业的实际生产经营能力(包括历史进口实绩、生产能力、经营情况等)和其他相关商业标准进行分配。

(二)本次配额申请、分配不区分一般贸易和加工贸易,由企业自行选择确定贸易方式。

五、申请时限

(一)申请企业于 2022 年 10 月 15 日—10 月 30 日通过国际贸易"单一窗口"棉花进口配额管理系统(中国国际贸易单一窗口网站—全部应用—标准版应用—进口配额—棉花进口配额)线上填写并提交申请材料。逾期不再接收。

(二)国家发展改革委委托机构(各省、自治区、直辖市及计划单列市、新疆生产建设兵团发展改革委,以下简称委托机构)于 2022 年 11 月 15 日前将企业申请材料转报国家发展改革委,并抄报商务部。

六、公示阶段

(一)为方便公众协助国家发展改革委对申请企业所提交信息的真实性进行核实,国家发展改革委将在官方网站上对申请企业信息进行公示(公示期和举报意见提交方式将在公示时一并规定)。

(二)公示期内,任何主体均可就所公示信息的真实性进行举报。公众提交举报意见的期限届满后,国家发展改革委将委托被举报申请企业登记注册所在地的委托机构进行核查。

(三)核查期间,被举报申请企业有权通过书面等方式,就所举报的相关问题向委托机构提出异议。委托机构审阅被举报申请企业提出的异议并完成调查核实后,向国家发展改革委就举报意见的真实性反馈核查情况。

七、其他规则

（一）企业对其提交申请材料和信息的真实性负责，对虚假申报或拒不履行其在申请表中所作承诺的企业，有关部门将按照国家有关规定采取相应惩戒措施。

（二）企业通过使用获得的棉花进口关税配额进口的棉花由本企业加工经营，不得转卖。

（三）获得棉花进口关税配额的企业要积极配合国家发展改革委及其委托机构组织开展棉花进口关税配额申请、使用情况监督检查，及时如实提供检查所需资料数据。

（四）对虚假填报申请表、伪造有关资料骗取棉花进口关税配额、未按有关规定和国家发展改革委及其委托机构相关要求开展棉花进口业务的，将收缴其配额证，并限制其今后申请棉花进口关税配额和滑准税配额。

（五）对伪造、变造或者买卖《农产品进口关税配额证》的企业，依照有关法律规定追究其刑事责任。

商务部海关总署关于公布《进口许可证管理货物目录（2023年）》的公告

【发布单位】外贸司
【发布文号】商务部公告2022年第41号
【发文日期】2022年12月30日

依据《中华人民共和国对外贸易法》《中华人民共和国货物进出口管理条例》《消耗臭氧层物质管理条例》《货物进口许可证管理办法》《机电产品进口管理办法》《重点旧机电产品进口管理办法》等法律、行政法规和规章，现公布《进口许可证管理货物目录（2023年）》，自2023年1月1日起执行。商务部、海关总署公告2021年第49号同时废止。

商务部　海关总署
2022年12月30日

进口许可证管理货物目录（2023年）

序号	货物种类	海关商品编号	货物名称	单位
1	消耗臭氧层物质	2903771000	三氯氟甲烷	千克
		2903772011	二氯二氟甲烷	千克
		2903772016	一氯三氟甲烷	千克
		2903772012	三氯三氟乙烷（用于受控用途除外）	千克
		2903772014	二氯四氟乙烷	千克
		2903772015	一氯五氟乙烷	千克
		2903772017	五氯一氟乙烷 四氯二氟乙烷	千克
		2903772018	七氯一氟丙烷 六氯二氟丙烷 五氯三氟丙烷 四氯四氟丙烷 三氯五氟丙烷 二氯六氟丙烷 一氯七氟丙烷	千克

序号	货物种类	海关商品编号	货物名称	单位
		3827110010	二氯二氟甲烷与二氟乙烷的混合物 一氯二氟甲烷与一氯五氟乙烷的混合物 三氟甲烷与一氯三氟甲烷的混合物	千克
		3827110020	一氯二氟甲烷与二氯二氟甲烷的混合物 二氟甲烷与一氯五氟乙烷的混合物 二氯二氟甲烷与一氯一氟甲烷的混合物 一氯一氟甲烷与二氯四氟乙烷的混合物 二氯二氟甲烷与二氯四氟乙烷的混合物	千克
		3827110090	其他含全氯氟烃（CFCs）的混合物，不论是否含氢氯氟烃（HCFCs）、全氟烃（PFCs）或氢氟烃（HFCs）	千克
		2903191010	1,1,1-三氯乙烷/甲基氯仿（受控用途）	千克
		2903191090	1,1,1-三氯乙烷/甲基氯仿（用于受控用途除外）	千克
		3827140000	含1,1,1-三氯乙烷（甲基氯仿）的混合物	千克
		2903760010	溴氯二氟甲烷	千克
		2903760020	溴三氟甲烷	千克
		2903760030	二溴四氟乙烷	千克
		3827200000	含溴氯二氟甲烷（Halon-1211）、溴三氟甲烷（Halon-1301）或二溴四氟乙烷（Halon-2402）的混合物	千克
		2903791011	二氯一氟甲烷	千克

序号	货物种类	海关商品编号	货物名称	单位
		2903710000	一氯二氟甲烷	千克
		2903720000	二氯三氟乙烷	千克
		2903791012	一氯四氟乙烷	千克
		2903791013	一氯三氟乙烷	千克
		2903730010	1,1-二氯-1-氟乙烷	千克
		2903730090	二氯一氟乙烷（1,1-二氯-1-氟乙烷除外）	千克
		2903740010	1-氯-1,1-二氟乙烷	千克
		2903740090	一氯二氟乙烷（1-氯-1,1-二氟乙烷除外）	千克
		2903750000	二氯五氟丙烷	千克
		2903791090	其他含氢氯氟烃类物质（这里的烃是指甲烷、乙烷及丙烷）	千克
		3827310011	一氯二氟甲烷、二氟乙烷和一氯四氟乙烷的混合物	千克
		3827310012	五氟乙烷、丙烷和一氯二氟甲烷的混合物	千克
		3827310013	一氯二氟甲烷、二氟乙烷、一氯二氟乙烷和八氟环丁烷的混合物	千克
		3827310014	五氟乙烷、三氟乙烷和一氯二氟甲烷的混合物	千克
		3827310015	丙烯、一氯二氟甲烷和二氟乙烷的混合物	千克
		3827310016	一氯二氟甲烷和二氟乙烷的混合物	千克
		3827310017	四氟乙烷、一氯四氟乙烷和丁烷的混合物	千克
		3827310018	丙烷、一氯二氟甲烷和二氟乙烷的混合物	千克
		3827320011	丙烷、一氯二氟甲烷和八氟丙烷的混合物	千克

序号	货物种类	海关商品编号	货物名称	单位
		3827320012	一氯二氟甲烷、2-甲基丙烷和一氯二氟乙烷的混合物	千克
		3827320013	一氯二氟甲烷、一氯四氟乙烷和一氯二氟乙烷的混合物	千克
		3827320014	一氯二氟甲烷、八氟丙烷和一氯二氟乙烷的混合物	千克
		3827320015	一氯二氟甲烷、一氯四氟乙烷、一氯二氟乙烷和2-甲基丙烷的混合物	千克
		3827320016	一氯二氟甲烷和八氟丙烷的混合物	千克
		3827320017	一氯二氟甲烷和一氯二氟乙烷的混合物	千克
		3827320090	其他含 2903710000、2903720000、2903730010、2903730090、2903740010、2903740090、2903750000 对应物质的含氢氯氟烃（这里的烃是指甲烷、乙烷及丙烷）混合物，但不含全氯氟烃（CFCs）	千克
		3827310090	其他含 2903430010、2903430020、2903420000、2903410000、2903440010、2903440020、2903450000、2903470000、2903480000、2903460010、2903460020、2903460030、2903460040 对应物质的含氢氯氟烃（这里的烃是指甲烷、乙烷及丙烷）混合物，但不含 CFCs	千克
		3827390000	除上述含氢氯氟烃物质外，其它含氢氯氟烃（这里的烃是指甲烷、乙烷及丙烷）混合物，但不含 CFCs	千克
		2903799021	其他溴氟代甲烷、乙烷和丙烷	千克
		3827120000	含氢溴氟烃（HBFCs）的混合物	千克
		2903799022	溴氯甲烷	千克
		2903610000	溴甲烷/甲基溴	千克

序号	货物种类	海关商品编号	货物名称	单位
		3827400000	含溴化甲烷（甲基溴）或溴氯甲烷的混合物	千克
		2903430010	一氟甲烷（甲基氟）	千克
		2903430020	1,1-二氟乙烷 1,2-二氟乙烷	千克
		2903420000	二氟甲烷	千克
		2903410000	三氟甲烷	千克
		2903440010	1,1,1-三氟乙烷 1,1,2-三氟乙烷	
		2903440020	五氟乙烷	千克
		2903450000	1,1,1,2-四氟乙烷 1,1,2,2-四氟乙烷	千克
		2903470000	1,1,1,3,3-五氟丙烷 1,1,2,2,3-五氟丙烷	千克
		2903480000	1,1,1,3,3-五氟丁烷 1,1,1,2,2,3,4,5,5,5-十氟戊烷	
		2903460010	1,1,1,2,3,3-六氟丙烷	
		2903460020	1,1,1,3,3,3-六氟丙烷	千克
		2903460030	1,1,1,2,3,3,3-七氟丙烷	

序号	货物种类	海关商品编号	货物名称	单位
		2903460040	1,1,1,2,2,3-六氟丙烷	千克
		3827510000	含 HFC-23 的混合物，但不含含氢氯氟烃（HCFCs）或 CFCs	千克
		3827610011	HFC-125，HFC-143a 和 HFC-134a 的混合物，混合比例（质量比）为 44:52:4	千克
		3827610012	HFC-125 和 HFC-143a 的混合物，混合比例（质量比）为 50:50	千克
		3827610090	其他按重量计含 15% 及以上 HFC-143a 的混合物，但不含 CFCs 或 HCFCs	千克
		3827620000	其他，不归入上述子目，按重量计含 55% 及以上 HFC-125 但不含无环烃的不饱和氟化衍生物（HFOs）、CFCs 或 HCFCs 的混合物	千克
		3827630010	HFC-125 和 HFC-32 的混合物，混合比例（质量比）为 50:50	千克
		3827630090	其他，不归入上述子目，按重量计 40% 及以上 HFC-125 的混合物，但不含 CFCs 或 HCFCs	千克
		3827640010	HFC-32，HFC-125 和 HFC-134a 的混合物，混合比例（质量比）为 23:25:52	千克
		3827640090	其他，不归入上述子目，按重量计含 30% 及以上 HFC-134a，但不含 HFOs、CFCs 或 HCFCs 的混合物	千克
		3827650000	其他，不归入上述子目，按重量计含 20% 及以上 HFC-32 和 20% 及以上 HFC-125 的混合物，但不含 CFCs 或 HCFCs	千克
		3827680000	其他，不归入上述子目，含 2903430010、2903430020、2903420000、2903410000、2903440010、2903440020、2903450000、2903470000、2903480000、2903460010、2903460020、2903460030、2903460040 对应物质的混合物，但不含 CFCs 或 HCFCs	千克

序号	货物种类	海关商品编号	货物名称	单位
2	化工设备	8419409090	其他蒸馏或精馏设备	台/千克
		8419609010	液化器（将来自级联的UF6气体压缩并冷凝成液态UF6）	台/千克
3	金属冶炼设备	8454309000	其他金属冶炼及铸造用铸造机	台
4	工程机械	8426200000	塔式起重机	台/千克
		8426411000	轮胎式起重机	台/千克
		8426419000	其他带胶轮的自推进起重机械	台/千克
		8426491000	履带式自推进起重机械	台/千克
		8426499000	其他不带胶轮的自推进起重机械	台/千克
		8426990000	其他起重机械	台/千克
		8427209000	其他机动叉车及有升降装置工作车（包括装有搬运装置的机动工作车）	台/千克
		8427900000	其他叉车及可升降的工作车（工作车指装有升降或搬运装置）	台/千克
		8428109000	其他升降机及倒卸式起重机	台/千克
5	起重运输设备	8426193000	龙门式起重机	台/千克
		8426194100	门式装卸桥	台/千克
		8426194200	集装箱装卸桥	台/千克
		8427101000	有轨巷道堆垛机	台/千克
		8427102000	无轨巷道堆垛机	台/千克
		8428602100	单线循环式客运架空索道	台/千克

序号	货物种类	海关商品编号	货物名称	单位
6	造纸设备	8439100000	制造纤维素纸浆的机器	台/千克
		8439200000	纸或纸板的抄造机器	台/千克
		8439300000	纸或纸板的整理机器	台/千克
7	电力电气设备	8501641090	其他输出功率超过750千伏安但不超过350兆伏安的交流发电机	台/千瓦
		8501642010	由使用可再生燃料锅炉和涡轮机组驱动的交流发电机（输出功率超过350兆伏安但不超过665兆伏安）	台/千瓦
		8501642090	其他输出功率超过350兆伏安但不超过665兆伏安的交流发电机	台/千瓦
		8501643010	由使用可再生燃料锅炉和涡轮机组驱动的交流发电机（输出功率超过665兆伏安）	台/千瓦
		8501643090	其他输出功率超过665兆伏安的交流发电机	台/千瓦
		8502120000	输出功率超过75千伏安但不超过375千伏安的柴油发电机组（包括半柴油发电机组）	台/千瓦
		8502131000	输出功率超过375千伏安但不超过2兆伏安的柴油发电机组（包括半柴油发电机组）	台/千瓦
		8502132000	输出功率超过2兆伏安的柴油发电机组（包括半柴油发电机组）	台/千瓦
		8502200000	装有点燃式活塞内燃发动机的发电机组（内燃的）	台/千瓦
		8502390010	依靠可再生能源（太阳能、小水电、潮汐、沼气、地热能、生物质/余热驱动的汽轮机）生产电力的发电机组	台/千瓦
		8515319100	螺旋焊管机（电弧（包括等离子弧）焊接）	台
		8515319900	其他电弧（包括等离子弧）焊接机及装置（全自动或半自动的）	台
		8515390000	其他电弧（等离子弧）焊接机器及装置（非全自动或半自动的）	台
		8515809010	电子束、激光自动焊接机（将端塞焊接于燃料细棒（或棒）的自动焊接机）	台
		8515809090	其他焊接机器及装置	台

序号	货物种类	海关商品编号	货物名称	单位
8	食品加工及包装设备	8419810000	加工热饮料或烹调、加热食品的机器	台/千克
		8421220000	过滤或净化饮料的机器及装置（过滤或净化水的装置除外）	台/千克
		8422301010	乳品加工用自动化灌装设备	台/千克
		8422301090	其他饮料及液体食品灌装设备	台/千克
		8434200000	乳品加工机器	台/千克
		8438100010	糕点生产线	台/千克
9	农业机械	8432313100	免耕直接水稻插秧机	台/千克
		8432393100	非免耕直接水稻插秧机	台/千克
		8433510001	功率在200马力及以上的联合收割机	台/千克
		8433510090	功率在200马力以下的联合收割机	台/千克
		8433530001	功率在160马力及以上的土豆、甜菜收割机	台/千克
		8433591001	功率在160马力及以上的甘蔗收割机	台/千克
		8433592000	棉花采摘机	台/千克
		8433599001	自走式青储饲料收割机	台/千克
		8433599090	其他收割机及脱粒机	台/千克
10	印刷机械	8440102000	胶订机	台/千克
		8443120000	办公室用片取进料式胶印机（展开片尺寸不超过22厘米×36厘米，用税目84.42项下商品进行印刷的机器）	台/千克
		8443140000	卷取进料式凸版印刷机（用税目84.42项下商品进行印刷的机器，但不包括苯胺印刷机）	台/千克

序号	货物种类	海关商品编号	货物名称	单位
		8443150000	除卷取进料式以外的凸版印刷机（用税目84.42项下商品进行印刷的机器，但不包括苯胺印刷机）	台/千克
		8443160001	线速度在350米/分钟及以上、幅宽在800毫米及以上的苯胺印刷机（柔性版印刷机，用税目84.42项下商品进行印刷的机器）	台/千克
		8443160002	线速度在160米/分钟及以上、幅宽在250毫米及以上但少于800毫米的机组式柔性版印刷机（具有烫印或全息或丝网印刷功能单元）	台/千克
		8443160090	其他苯胺印刷机（柔性版印刷机，用税目84.42项下商品进行印刷的机器）	台/千克
		8443198000	未列名印刷机（网式印刷机除外，用税目84.42项下商品进行印刷的机器）	台/千克
11	纺织机械	8453100000	生皮、皮革的处理或加工机器（包括鞣制机）	台
12	船舶	8901101010	高速客船（包括主要用于客运的类似船舶）	艘
		8901101090	其他机动巡航船、游览船及各式渡船（包括主要用于客运的类似船舶）	艘
		8903320010 8903330010	长度超过8米但在90米以下的汽艇（装有舷外发动机的除外）	艘
		8903310000 8903320090 8903330090	其他汽艇（装有舷外发动机的除外）	艘
		8903990010	长度超过8米但在90米以下的娱乐或运动用其他机动船舶或快艇	艘
		8901109000	非机动巡航船、游览船及各式渡船（以及主要用于客运的类似船舶）	艘
		8901909000	非机动货运船舶及客货兼运船舶	艘
13	硒鼓	8443999010	其他印刷（打印）机、复印机及传真机的感光鼓和含感光鼓的碳粉盒	千克
14	X射线管	9022300000	X射线管	个

说明：
1. 目录内第1项所列受控物质包括单独存在的或存在于混合物之内的物质，但不包括气溶胶、制冷空调/热泵设备、聚氨酯预聚体、泡沫制品、组合聚醚、灭火器、除尘产品、发胶产品等制成品所含的受控物质或混合物。
2. 第2至第14项所列货物为旧机电产品。
3. 进口许可证管理的商品范围以商品名称描述为准，商品编号供通关申报参考。

商务部海关总署关于公布《出口许可证管理货物目录（2023年）》的公告

【发布单位】外贸司
【发布文号】商务部公告2022年第40号
【发文日期】2022年12月30日

依据《中华人民共和国对外贸易法》《中华人民共和国货物进出口管理条例》《消耗臭氧层物质管理条例》《货物出口许可证管理办法》等法律、行政法规和规章，现公布《出口许可证管理货物目录（2023年）》（以下简称为目录）和有关事项。

一、许可证的申领

（一）2023年实行许可证管理的出口货物为43种，详见目录。对外贸易经营者出口目录内所列货物的，应向商务部或者商务部委托的地方商务主管部门申请取得《中华人民共和国出口许可证》（以下简称出口许可证），凭出口许可证向海关办理通关验放手续。

（二）出口活牛（对港澳）、活猪（对港澳）、活鸡（对香港）、小麦、玉米、大米、小麦粉、玉米粉、大米粉、药料用人工种植麻黄草、煤炭、原油、成品油（不含润滑油、润滑脂、润滑油基础油）、锯材、棉花的，凭配额证明文件申领出口许可证；出口甘草及甘草制品、蔺草及蔺草制品的，凭配额招标中标证明文件申领出口许可证。

（三）以加工贸易方式出口第二款所列货物的，凭配额证明文件、货物出口合同申领出口许可证。其中，出口甘草及甘草制品、蔺草及蔺草制品的，凭配额招标中标证明文件、海关加工贸易进口报关单申领出口许可证。

（四）以边境小额贸易方式出口第二款所列货物的，由省级地方商务主管部门根据商务部下达的边境小额贸易配额和要求签发出口许可证。以边境小额贸易方式出口甘草及甘草制品、蔺草及蔺草制品、消耗臭氧层物质、摩托车（含全地形车）及其发动机和车架、汽车（包括成套散件）及其底盘等货物的，需按规定申领出口许可证。以边境小额贸易方式出口本款上述情形以外的货物的，免于申领出口许可证。

（五）出口活牛（对港澳以外市场）、活猪（对港澳以外市场）、活鸡（对香港以外市场）、牛肉、猪肉、鸡肉、天然砂（含标准砂）、矾土、磷矿石、镁砂、滑石块（粉）、萤石（氟石）、稀土、锡及锡制品、钨及钨制品、钼及钼制品、锑及锑制品、焦炭、成品油（润滑油、润滑脂、润滑油基础油）、石蜡、部分金属及制品、硫酸二钠、碳化硅、消耗臭氧层物质、柠檬酸、白银、铂金（以加工贸易方式出口）、铟及铟制品、摩托车（含全地形车）及其发动机和车架、汽车（包括成套散件）及其底盘的，需按规定申领出口许可证。其中，消耗臭氧层物质货样广告品需凭出口许可证出口；以一般贸易、加工贸易、边境贸易和捐赠贸易方式出口汽车、摩托车产品的，需按规定的条件申领出口许可证；以工程承包方式出口汽车、摩托车产品的，凭对外承包工程项目备案回执或特定项目立项函、中标文件等材料申领出口许可证；以上述贸易方式出口非原产于中国的汽车、摩托车产品的，凭进口海关单据和货物出口合同申领出口许可证。

（六）以加工贸易方式出口第五款所列货物的，除另有规定以外，凭有关批准文件、海关加工贸易进口报关单和货物出口合同申领出口许可证。

（七）出口铈及铈合金（颗粒＜500微米）、钨及钨合金（颗粒＜500微米）、锆、铍的可免于申领出口许可证，但需按规定申领《中华人民共和国两用物项和技术出口许可证》。

（八）我国政府对外援助项下提供的货物免于申领出口许可证。

（九）继续暂停对一般贸易项下润滑油（海关商品编号27101991）、润滑脂（海关商品编号27101992）、润滑油基础油（海关商品编号27101993）出口的国营贸易管理。以一般贸易方式出口上述货物的，凭有效的货物出口合同申领出口许可证。以其他贸易方式出口上述货物的，按照商务部、发展改革委、海关总署公告2008年第30号的规定执行。

二、"非一批一证"制和"一批一证"制

（一）对下列货物实行"非一批一证"制管理：即小麦、玉米、大米、小麦粉、玉米粉、大米粉、活牛、活猪、活鸡、牛肉、猪肉、鸡肉、原油、成品油、煤炭、摩托车（含全地形车）及其发动机和车架、汽车（包括成套散件）及其底盘（限新车）、加工贸易项下出口货物、补偿贸易项下出口货物等。出口上述货物的，可在出口许可证有效期内多次通关使用出口许可证，但通关使用次数不得超过12次。

（二）对消耗臭氧层物质、汽车（旧）出口实行"一批一证"制管理，出口许可证在有效期内一次报关使用。

三、货物通关口岸

继续暂停对镁砂、稀土、锑及锑制品等出口货物的指定口岸管理。

四、出口许可机构

商务部和受商务部委托的省级地方商务主管部门及沈阳市、长春市、哈尔滨市、南京市、武汉市、广州市、成都市、西安市商务主管部门按照分工受理申请人的申请并实施出口许可，向符合条件的申请人签发出口许可证。

本公告所称省级地方商务主管部门，是指各省、自治区、直辖市及计划单列市、新疆生产建设兵团商务主管部门。

五、实施时间

本公告自2023年1月1日起执行。商务部、海关总署公告2021年第50号同时废止。

商务部　海关总署
2022年12月30日

出口许可证管理货物目录（2023 年）

序号	货物种类		海关商品编号	货物名称	单位
1	活牛		0102290000	非改良种用家牛	千克/头
			0102390010	非改良种用濒危水牛	千克/头
			0102390090	非改良种用其他水牛	千克/头
			0102909010	非改良种用濒危野牛	千克/头
			0102909090	非改良种用其他牛	千克/头
2	活猪	活大猪	0103920010	重量在 50 千克及以上的非改良种用濒危猪	千克/头
			0103920090	重量在 50 千克及以上的其他非改良种用猪	千克/头
		活中猪	0103912010	重量在 10 千克及以上但在 50 千克以下的非改良种用濒危猪	千克/头
			0103912090	重量在 10 千克及以上但在 50 千克以下的其他非改良种用猪	千克/头
		活乳猪	0103911010	重量在 10 千克以下的非改良种用濒危猪	千克/头
			0103911090	重量在 10 千克以下的其他非改良种用猪	千克/头
3	活鸡		0105941000	重量超过 185 克的改良种用鸡	千克/只
			0105949000	重量超过 185 克的其他鸡（改良种用的除外）	千克/只
			0105999300	重量超过 185 克的非改良种用珍珠鸡	千克/只
4	牛肉	冰鲜牛肉	0201100010	整头及半头鲜或冷藏的濒危野牛肉	千克
			0201100090	其他整头及半头鲜或冷藏的牛肉	千克
			0201200010	鲜或冷藏的带骨濒危野牛肉	千克

序号	货物种类		海关商品编号	货物名称	单位
			0201200090	其他鲜或冷藏的带骨牛肉	千克
			0201300010	鲜或冷藏的去骨濒危野牛肉	千克
			0201300090	其他鲜或冷藏的去骨牛肉	千克
			0206100000	鲜或冷藏的牛杂碎	千克
		冻牛肉	0202100010	冻藏的整头及半头濒危野牛肉	千克
			0202100090	其他冻藏的整头及半头牛肉	千克
			0202200010	冻藏的带骨濒危野牛肉	千克
			0202200090	其他冻藏的带骨牛肉	千克
			0202300010	冻藏的去骨濒危野牛肉	千克
			0202300090	其他冻藏的去骨牛肉	千克
			0206210000	冻牛舌	千克
			0206220000	冻牛肝	千克
			0206290000	其他冻牛杂碎	千克
5	猪肉	冰鲜猪肉	0203111010	鲜或冷藏整头及半头濒危乳猪肉	千克
			0203111090	鲜或冷藏整头及半头其他乳猪肉	千克
			0203119010	鲜或冷藏整头及半头濒危其他猪肉	千克
			0203119090	鲜或冷藏整头及半头其他猪肉	千克
			0203120010	鲜或冷藏带骨濒危猪前腿、后腿及肉块	千克
			0203120090	鲜或冷藏带骨其他猪前腿、后腿及肉块	千克

序号	货物种类	海关商品编号	货物名称	单位
		0203190010	其他鲜或冷藏濒危猪肉	千克
		0203190090	其他鲜或冷藏的猪肉	千克
		0206300000	鲜或冷藏的猪杂碎	千克
	冻猪肉	0203219010	冻藏整头及半头濒危其他猪肉	千克
		0203219090	冻藏整头及半头其他猪肉	千克
		0203220010	冻藏带骨濒危猪前腿、后腿及肉块	千克
		0203220090	冻藏带骨其他猪前腿、后腿及肉块	千克
		0203290010	其他冻藏濒危猪肉	千克
		0203290090	其他冻藏猪肉	千克
		0206410000	冻猪肝	千克
		0206490000	其他冻猪杂碎	千克
		0203211010	冻藏整头及半头濒危乳猪肉	千克
		0203211090	冻藏整头及半头其他乳猪肉	千克
6	鸡肉	0207110000	鲜或冷的整只鸡	千克
	冰鲜鸡肉	0207131100	鲜或冷的带骨鸡块	千克
		0207131900	其他鲜或冷的鸡块	千克
		0207132101	鲜或冷的鸡整翅（沿肩关节将鸡翅从整鸡上分割下来的部位）	千克
		0207132102	鲜或冷的鸡翅根（将整翅从肘关节处切开，靠近根部的部分）	千克
		0207132103	鲜或冷的鸡翅中（将整翅从肘关节和腕关节处切开，中间的部分）	千克

序号	货物种类	海关商品编号	货物名称	单位
		0207132104	鲜或冷的鸡两节翅（翅中和翅尖相连的部分，或翅根和翅中相连的部分）	千克
		0207132901	鲜或冷的鸡翅尖	千克
		0207132902	鲜或冷的鸡膝软骨（鸡膝部连接小腿和大腿的软骨）	千克
		0207132990	其他鲜或冷的鸡杂碎	千克
	冻鸡肉	0207120000	冻的整只鸡	千克
		0207141100	冻的带骨鸡块（包括鸡胸脯、鸡大腿等）	千克
		0207141900	冻的不带骨鸡块（包括鸡胸脯、鸡大腿等）	千克
		0207142101	冻的鸡整翅（沿肩关节将鸡翅从整鸡上分割下来的部位）	千克
		0207142102	冻的鸡翅根（将整翅从肘关节处切开，靠近根部的部分）	千克
		0207142103	冻的鸡翅中（将整翅从肘关节和腕关节处切开，中间的部分）	千克
		0207142104	冻的鸡两节翅（翅中和翅尖相连的部分，或翅根和翅中相连的部分）	千克
		0207142200	冻的鸡爪	千克
		0207142901	冻的鸡翅尖	千克
		0207142902	冻的鸡膝软骨（鸡膝部连接小腿和大腿的软骨）	千克
		0207142990	其他冻的食用鸡杂碎	千克
7	小麦	1001110001	种用硬粒小麦	千克
		1001110090	种用硬粒小麦	千克
		1001190001	其他硬粒小麦	千克
		1001190090	其他硬粒小麦	千克

序号	货物种类	海关商品编号	货物名称	单位
		1001910001	其他种用小麦及混合麦	千克
		1001910090	其他种用小麦及混合麦	千克
		1001990001	其他小麦及混合麦	千克
		1001990090	其他小麦及混合麦	千克
8	玉米	1005100001	种用玉米	千克
		1005100090	种用玉米	千克
		1005900001	其他玉米	千克
		1005900090	其他玉米	千克
9	大米	1006102101	种用长粒米稻谷	千克
		1006102190	种用长粒米稻谷	千克
		1006102901	其他种用稻谷	千克
		1006102990	其他种用稻谷	千克
		1006108101	其他长粒米稻谷	千克
		1006108190	其他长粒米稻谷	千克
		1006108901	其他稻谷	千克
		1006108990	其他稻谷	千克
		1006202001	长粒米糙米	千克
		1006202090	长粒米糙米	千克
		1006208001	其他糙米	千克

序号	货物种类	海关商品编号	货物名称	单位
		1006208090	其他糙米	千克
		1006302001	长粒米精米（不论是否磨光或上光）	千克
		1006302090	长粒米精米（不论是否磨光或上光）	千克
		1006308001	其他精米（不论是否磨光或上光）	千克
		1006308090	其他精米（不论是否磨光或上光）	千克
		1006402001	长粒米碎米	千克
		1006402090	长粒米碎米	千克
		1006408001	其他碎米	千克
		1006408090	其他碎米	千克
10	小麦粉	1101000001	小麦或混合麦的细粉	千克
		1101000090	小麦或混合麦的细粉	千克
		1103110001	小麦粗粒及粗粉	千克
		1103110090	小麦粗粒及粗粉	千克
		1103201001	小麦团粒	千克
		1103201090	小麦团粒	千克
11	玉米粉	1102200001	玉米细粉	千克
		1102200090	玉米细粉	千克
		1103130001	玉米粗粒及粗粉	千克
		1103130090	玉米粗粒及粗粉	千克

序号	货物种类	海关商品编号	货物名称	单位
		1104199010	滚压或制片的玉米	千克
		1104230001	经其他加工的玉米	千克
		1104230090	经其他加工的玉米	千克
12	大米粉	1102902101	长粒米大米细粉	千克
		1102902190	长粒米大米细粉	千克
		1102902901	其他大米细粉	千克
		1102902990	其他大米细粉	千克
		1103193101	长粒米大米粗粒及粗粉	千克
		1103193190	长粒米大米粗粒及粗粉	千克
		1103193901	其他大米粗粒及粗粉	千克
		1103193990	其他大米粗粒及粗粉	千克
13	药料用人工种植麻黄草	1211500012	药料用人工种植麻黄草	千克
14	甘草及甘草制品	1211903600	鲜、冷、冻或干的甘草（不论是否切割、压碎或研磨成粉）	千克
		1302120000	甘草液汁及浸膏	千克
		2938909010	甘草酸粉	千克
		2938909020	甘草酸盐类	千克
		2938909030	甘草次酸及其衍生物	千克
		2938909040	其他甘草酸	千克
15	蔺草及蔺草制品	1401903100	蔺草（已净、漂白或染色的）	千克
		4601291111	蔺草制的提花席、双首席、垫子（单位面积超过1平方米，不论是否包边）	千克/张

序号	货物种类	海关商品编号	货物名称	单位
		4601291112	蔺草制的其他席子（单位面积超过1平方米，不论是否包边）	千克/张
		9404210010	蔺草包面的垫子（单件面积超过1平方米，无论是否包边）	千克/个
16	天然砂	2505100000	硅砂及石英砂（不论是否着色）	千克
		2505900010	标准砂（不论是否着色，第26章的金属矿砂除外）	千克
		2505900090	其他天然砂（不论是否着色，第26章的金属矿砂除外）	千克
17	矾土	2508300000	耐火粘土（不论是否煅烧，包括矾土、焦宝石及其他耐火粘土）	千克
		2606000000	铝矿砂及其精矿	千克
18	磷矿石	2510101000	未碾磨磷灰石	千克
		2510109000	其他未碾磨天然磷酸钙、天然磷酸铝钙及磷酸盐白垩（磷灰石除外）	千克
		2510201000	已碾磨磷灰石	千克
		2510209000	其他已碾磨天然磷酸钙、天然磷酸铝钙及磷酸盐白垩（磷灰石除外）	千克
19	镁砂	2519100000	天然碳酸镁（菱镁矿）	千克
		2519901000	熔凝镁氧矿（电熔镁，包括喷补料）	千克
		2519902000	烧结镁氧矿（重烧镁，包括喷补料）	千克
		2519903000	碱烧镁（轻烧镁）	千克
		2519909910	其他氧化镁含量在70%以上的矿产品	千克
		2530909910	废镁砖	千克
		2530909930	未煅烧的水镁石	千克
		3824999200	按重量计含氧化镁70%以上的混合物	千克

序号	货物种类	海关商品编号	货物名称	单位
20	滑石块（粉）	2526102000	未破碎及未研粉的滑石（不论是否粗加修整或仅用锯或其他方法切割成矩形板块）	千克
		2526202001	滑石粉（体积百分比在90%及以上、产品颗粒度不超过18微米的）	千克
		2526202090	已破碎或已研粉的其他天然滑石	千克
		3824999100	按重量计含滑石50%以上的混合物	千克
21	萤石（氟石）	2529210000	按重量计氟化钙含量在97%及以下的萤石	千克
		2529220000	按重量计氟化钙含量在97%以上的萤石	千克
22	稀土	2530902000	其他稀土金属矿	千克
		2612200000	钍矿砂及其精矿	千克
		2805301100	钕（未相互混合或相互熔合）	千克
		2805301200	镝（未相互混合或相互熔合）	千克
		2805301300	铽（未相互混合或相互熔合）	千克
		2805301400	镧（未相互混合或相互熔合）	千克
		2805301510*	颗粒在500微米以下的铈及其合金（含量在97%及以上，不论球形、椭球体、雾化、片状、研碎金属燃料；未相互混合或相互熔合）	千克
		2805301590	其他金属铈（未相互混合或相互熔合）	千克
		2805301600	金属镨（未相互混合或相互熔合）	千克
		2805301700	金属钇（未相互混合或相互熔合）	千克
		2805301800	金属钪（未相互混合或相互熔合）	千克
		2805301900	其他稀土金属	千克
		2805302100	其他电池级的稀土金属、钪及钇	千克

序号	货物种类	海关商品编号	货物名称	单位
		2805302900	其他稀土金属、钪及钇	千克
		2846101000	氧化铈	千克
		2846102000	氢氧化铈	千克
		2846103000	碳酸铈	千克
		2846109010	氰化铈	千克
		2846109090	铈的其他化合物	千克
		2846901100	氧化钇	千克
		2846901200	氧化镧	千克
		2846901300	氧化钕	千克
		2846901400	氧化铕	千克
		2846901500	氧化镝	千克
		2846901600	氧化铽	千克
		2846901700	氧化镨	千克
		2846901800	氧化镥	千克
		2846901920	氧化铒	千克
		2846901930	氧化钆	千克
		2846901940	氧化钐	千克
		2846901970	氧化镱	千克
		2846901980	氧化钪	千克

序号	货物种类	海关商品编号	货物名称	单位
		2846901991	灯用红粉	千克
		2846901992	按重量计中重稀土总含量在30%及以上的其他氧化稀土（灯用红粉、氧化铈除外）	千克
		2846901999	其他氧化稀土（灯用红粉、氧化铈除外）	千克
		2846902100	氯化铽	千克
		2846902200	氯化镝	千克
		2846902300	氯化镧	千克
		2846902400	氯化钕	千克
		2846902500	氯化镨	千克
		2846902600	氯化钇	千克
		2846902800	混合氯化稀土	千克
		2846902900	其他未混合氯化稀土	千克
		2846903100	氟化铽	千克
		2846903200	氟化镝	千克
		2846903300	氟化镧	千克
		2846903400	氟化钕	千克
		2846903500	氟化镨	千克
		2846903600	氟化钇	千克
		2846903900	其他氟化稀土	千克
		2846904100	碳酸镧	千克

序号	货物种类	海关商品编号	货物名称	单位
		2846904200	碳酸铽	千克
		2846904300	碳酸镝	千克
		2846904400	碳酸钕	千克
		2846904500	碳酸镨	千克
		2846904600	碳酸钇	千克
		2846904810	按重量计中重稀土总含量在30%及以上的混合碳酸稀土	千克
		2846904890	其他混合碳酸稀土	千克
		2846904900	其他未混合碳酸稀土	千克
		2846909100	镧的其他化合物	千克
		2846909200	钕的其他化合物	千克
		2846909300	铽的其他化合物	千克
		2846909400	镝的其他化合物	千克
		2846909500	镨的其他化合物	千克
		2846909690	钇的其他化合物（LED用荧光粉除外）	千克
		2846909910	按重量计中重稀土总含量在30%及以上的稀土金属、钪的其他化合物（LED用荧光粉、铈的化合物除外）	千克
		2846909990	其他稀土金属、钪的其他化合物（LED用荧光粉、铈的化合物除外）	千克
23	锡及锡制品	锡矿砂	2609000000	锡矿砂及其精矿	千克
		锡及锡基合金	2825903100	二氧化锡	千克
			2825903900	其他锡的氧化物及氢氧化物	千克

序号	货物种类	海关商品编号	货物名称	单位
24		8001100000	未锻轧非合金锡	千克
		8001201000	锡基巴毕脱合金	千克
		8001202100	按重量计含铅量在0.1%以下的焊锡	千克
		8001202900	其他焊锡	千克
		8001209000	其他锡合金	千克
		8002000000	锡废碎料	千克
		8003000000	锡及锡合金条、杆、型材、丝	千克
		8007002000	厚度超过0.2毫米的锡板、片及带	千克
		8007004000	锡管及管子附件（例如：接头、肘管、管套）	千克
24	钨及钨制品	钨砂	2611000000	钨矿砂及其精矿	千克
			2620991000	其他主要含钨的矿渣、矿灰及残渣	千克
		仲、偏钨酸铵	2841801000	仲钨酸铵	千克
			2841804000	偏钨酸铵	千克
		三氧化钨及蓝色氧化钨	2825901200	三氧化钨	千克
			2825901910	蓝色氧化钨	千克
		钨酸及其盐类	2825901100	钨酸	千克
			2841802000	钨酸钠	千克
			2841803000	钨酸钙	千克

序号	货物种类	海关商品编号	货物名称	单位
		2849902000	碳化钨	千克
	钨粉及其制品	8101100010*	其他颗粒在500微米以下的钨及其合金（含量在97%及以上，不论球形、椭球体、雾化、片状、研碎金属燃料）	千克
		8101100090	其他钨粉末	千克
		8101940000	未锻轧钨（包括简单烧结的条、杆）	千克
		8101970000	钨废碎料	千克
25	钼及钼制品	2613100000	已焙烧的钼矿砂及其精矿	千克
		2613900000	其他钼矿砂及其精矿	千克
		2825700000	钼的氧化物及氢氧化物	千克
		2841701000	钼酸铵	千克
		2841709000	其他钼酸盐	千克
		8102100000	钼粉	千克
		8102940000	未锻轧钼（包括简单烧结的条、杆）	千克
		8102970000	钼废碎料	千克
		8102990000	钼制品	千克
26	锑及锑制品	锑砂	2617101000	生锑（锑精矿，选矿产品）	千克
			2617109001	其他锑矿砂及其精矿（黄金价值部分）	千克
			2617109090	其他锑矿砂及其精矿（非黄金价值部分）	千克
		氧化锑	2825800000	锑的氧化物	千克

序号	货物种类		海关商品编号	货物名称	单位
		钨粉及其制品	2849902000	碳化钨	千克
			8101100010*	其他颗粒在500微米以下的钨及其合金（含量在97%及以上，不论球形、椭球体、雾化、片状、研碎金属燃料）	千克
			8101100090	其他钨粉末	千克
			8101940000	未锻轧钨（包括简单烧结的条、杆）	千克
			8101970000	钨废碎料	千克
25	钼及钼制品		2613100000	已焙烧的钼矿砂及其精矿	千克
			2613900000	其他钼矿砂及其精矿	千克
			2825700000	钼的氧化物及氢氧化物	千克
			2841701000	钼酸铵	千克
			2841709000	其他钼酸盐	千克
			8102100000	钼粉	千克
			8102940000	未锻轧钼（包括简单烧结的条、杆）	千克
			8102970000	钼废碎料	千克
			8102990000	钼制品	千克
26	锑及锑制品	锑砂	2617101000	生锑（锑精矿，选矿产品）	千克
			2617109001	其他锑矿砂及其精矿（黄金价值部分）	千克
			2617109090	其他锑矿砂及其精矿（非黄金价值部分）	千克
		氧化锑	2825800000	锑的氧化物	千克

序号	货物种类		海关商品编号	货物名称	单位
			2710191100	航空煤油（不含生物柴油）	千克/升
			2710191200	灯用煤油（不含生物柴油）	千克/升
			2710191910	正构烷烃（C9-C13，不含生物柴油）	千克/升
			2710191920	异构烷烃溶剂（不含生物柴油）	千克/升
			2710191990	其他煤油馏分的油及制品（不含生物柴油）	千克/升
			2710192210	低硫的5-7号燃料油（硫含量不高于0.5%m/m）	千克/升
			2710192300	柴油	千克/升
			2710199100	润滑油（不含生物柴油）	千克/升
			2710199200	润滑脂（不含生物柴油）	千克/升
			2710199310	润滑油基础油（不含生物柴油，产品粘度在100℃为37-47，粘度指数为80及以上，颜色实测为2.0左右，倾点实测为-8℃左右）	千克/升
			2710199390	其他润滑油基础油（不含生物柴油）	千克/升
			2710200000	石油及从沥青矿物提取的油类（但原油除外）以及以上述油为基本成分（按重量计在70%及以上）的其他税目未列名制品（含生物柴油成分在30%以下，废油除外）	千克/升
			2711110000	液化天然气	千克
31	石蜡		2712200000	石蜡（按重量计含油量在0.75%以下，不论是否着色）	千克
			2712901010	食品级微晶石蜡	千克
			2712901090	其他微晶石蜡	千克
32	部分金属及制品	铋	2825902100	三氧化二铋	千克
			2825902900	其他铋的氧化物及氢氧化物	千克
			8106101091	其他未锻轧铋	千克

序号	货物种类	海关商品编号	货物名称	单位
		8106901019		
		8106101092 8106901029	其他未锻轧铋废碎料	千克
		8106101099 8106901099	其他未锻轧铋粉末	千克
		8106109090 8106909090	其他铋及铋制品	千克
	钛	3206111000	钛白粉	千克
		8108202100	未锻轧海绵钛	千克
		8108202990	其他未锻轧钛	千克
		8108203000	钛的粉末	千克
		8108300000	钛废碎料	千克
	钨	3824300010	混合的未烧结金属碳化钨（包括自身混合或与金属粘合剂混合的）	千克
	铂	7110199000	其他半制成铂	克
		7112921000	铂及包铂的废碎料（但含有其他贵金属除外）	克
		7112922001	铂含量在3%以上的其他含有铂及铂化合物的废碎料（但含有其他贵金属除外，主要用于回收铂）	克
		7112922090	其他含有铂及铂化合物的废碎料（但含有其他贵金属除外，主要用于回收铂）	克
		7111000000	以贱金属、银或金为底的包铂材料	克
		7115100000	金属丝布或格栅形状的铂催化剂	克
		2843900020	氯化铂	克
		2843900031	奥沙利铂、卡铂、奈达铂、顺铂及其他含铂的抗癌药品制剂及原材料	克

序号	货物种类	海关商品编号	货物名称	单位
		2843900039	其他铂化合物	克
		2843900091	贵金属汞齐	克
		2843900099	其他贵金属化合物（不论是否已有化学定义）	克
	钯	7110210000	未锻造或粉末状钯	克
		7110291000	板、片状钯	克
		7110299000	其他半制成钯	克
	铑	7110310000	未锻造或粉末状铑	克
		7110391000	板、片状铑	克
		7110399000	其他半制成铑	克
	钌铱锇	2843900040	燃料电池用氧化铱（铱含量75%及以上，粒径40-100纳米，金属杂质总量小于500ppm）	克
		7110410000	未锻造或粉末状铱、锇、钌	克
		7110491000	板、片状铱、锇、钌	克
		7110499000	其他半制成铱、锇、钌	克
	铁合金	7202110000	按重量计含碳量在2%以上的锰铁	千克
		7202190000	按重量计含碳量不超过2%的锰铁	千克
		7202210010	按重量计含硅量超过55%但在90%以下的硅铁	千克
		7202210090	按重量计含硅量超过90%的硅铁	千克
		7202290010	按重量计含硅量在30%及以上但不超过55%的硅铁	千克
		7202290090	按重量计含硅量在30%以下的硅铁	千克
		7202300000	硅锰铁	千克

序号	货物种类	海关商品编号	货物名称	单位
		7202410000	按重量计含碳量在 4%以上的铬铁	千克
		7202490000	按重量计含碳量不超过 4%的铬铁	千克
		7202500000	硅铬铁	千克
		7202600000	镍铁	千克
		7202700000	钼铁	千克
		7202801000	钨铁	千克
		7202802000	硅钨铁	千克
		7202910000	钛铁及硅钛铁	千克
		7202921000	按重量计含钒量在 75%及以上的钒铁	千克
		7202929000	其他钒铁	千克
		7202930010	钽含量在 10%以下的铁钽铌合金	千克
		7202930090	其他铌铁	千克
		7202991100	钕铁硼合金速凝永磁片	千克
		7202991200	钕铁硼合金磁粉	千克
		7202991900	其他钕铁硼合金	千克
		7202999110	按重量计中重稀土元素总含量在 30%及以上的铁合金（按重量计稀土元素总含量在 10%以上）	千克
		7202999191	按重量计稀土元素总含量在 10%以上的稀土硅铁合金	千克
		7202999199	其他按重量计稀土元素总含量在 10%以上的铁合金	千克
		7202999900	其他铁合金	千克

序号	货物种类	海关商品编号	货物名称	单位
		7501100000	镍锍	千克
		7501201000	镍湿法冶炼中间品	千克
	镍	7501209000	其他氧化镍烧结物、镍的其他中间产品	千克
		7502101000	未锻轧非合金镍（按重量计镍、钴总量在 99.99%及以上，但钴含量不超过 0.005%）	千克
		7502109000	其他未锻轧非合金镍	千克
		7502200000	未锻轧镍合金	千克
		7503000000	镍废碎料	千克
		8103201100	松装密度小于 2.2 克/立方厘米的钽粉	千克
		8103201900	其他钽粉	千克
		8103209000	其他未锻轧钽，包括简单烧结而成的条、杆	千克
	钽	8103300000	钽废碎料	千克
		8103999000	其他锻轧钽及其制品	千克
		8103991100	直径小于 0.5 毫米的钽丝	千克
		8103991900	其他钽丝	千克
		8105201000	钴湿法冶炼中间品	千克
		8105202000	未锻轧钴	千克
	钴	8105209001	钴锍及其他冶炼钴时所得的中间产品	千克
		8105209090	其他钴锍、粉末	千克
		8105300000	钴废碎料	千克
		8105900020	血管支架用钴铬合金管（钴含量 45%及以上，铬含量 19%-21%，钨含量 14%-16%，镍含量 9%-11%）	千克

序号	货物种类	海关商品编号	货物名称	单位
		8105900010 8105900090	其他钴及制品	千克
		2827393000	氯化钴	千克
		2917112000	草酸钴	千克
		2836993000	碳酸钴	千克
		2822001000	四氧化三钴	千克
		2822009000	其他钴的氧化物及氢氧化物（包括商品氧化钴，但四氧化三钴除外）	千克
		2833299010	硫酸钴	千克
	锆	8109210090* 8109290090*	其他未锻轧锆；粉末	千克
		8109310000* 8109390000*	锆废碎料	千克
		8109910090* 8109990000*	其他锻轧锆及锆制品	千克
		2825600090*	二氧化锆	千克
	锰	8111001010	锰废碎料	千克
		8111001090	未锻轧锰；粉末	千克
		8111009000	其他锰及制品	千克
	铍	8112120000*	未锻轧铍、铍粉末	千克
		8112130000*	铍废碎料	千克
		8112190000*	其他铍及其制品	千克
	铬	8112210000	未锻轧铬；铬粉末	千克

序号	货物种类	海关商品编号	货物名称	单位
		8112220000	铬废碎料	千克
		8112290000	其他铬及其制品	千克
	锗	8112921010	锗废碎料	千克
		8112921090	未锻轧的锗；锗粉末	千克
		8112991000	其他锗及其制品	千克
		2825600001	锗的氧化物	千克
	钒	8112922001	未锻轧、废碎料或粉末状的钒氮合金	千克
		8112992001	其他钒氮合金	千克
		8112922010	钒废碎料	千克
		8112922090	未锻轧的钒；钒粉末	千克
		8112992090	其他钒及其制品	千克
		2825301000	五氧化二钒	千克
		2825309000	其他钒的氧化物及氢氧化物	千克
	镓铼铌	8112924010	铌废碎料	千克
		8112924090	未锻轧的铌；粉末	千克
		8112410010	未锻轧的铼废碎料	千克
		8112929010	未锻轧的镓废碎料	千克
		8112410090	未锻轧的铼；粉末	千克
		8112929090	未锻轧的镓；粉末	千克

序号	货物种类	海关商品编号	货物名称	单位
		8112994000	锻轧的铌及其制品	千克
		8112490000	锻轧的铼及其制品	千克
		8112999000	锻轧的镓及其制品	千克
33	硫酸二钠	2833110000	硫酸二钠	千克
34	碳化硅	2849200000	碳化硅	千克
		3824999910	粗制碳化硅（其中碳化硅含量大于15%，按重量计）	千克
35	消耗臭氧层物质	2903140090	四氯化碳（用于受控用途除外）	千克
		2903771000	三氯氟甲烷	千克
		2903772011	二氯二氟甲烷	千克
		2903772016	一氯三氟甲烷	千克
		2903772012	三氯三氟乙烷（用于受控用途除外）	千克
		2903772014	二氯四氟乙烷	千克
		2903772015	一氯五氟乙烷	千克
		2903772017	五氯一氟乙烷 四氯二氟乙烷	千克
		2903772018	七氯一氟丙烷 六氯二氟丙烷 五氯三氟丙烷 四氯四氟丙烷 三氯五氟丙烷 二氯六氟丙烷 一氯七氟丙烷	千克

序号	货物种类	海关商品编号	货物名称	单位
		3827110010	二氯二氟甲烷与二氟乙烷的混合物 一氯二氟甲烷与一氯五氟乙烷的混合物 三氟甲烷与一氯三氟甲烷的混合物	千克
		3827110020	一氯二氟甲烷与二氯二氟甲烷的混合物 二氯甲烷与一氯五氟乙烷的混合物 二氯二氟甲烷与一氯一氟甲烷的混合物 二氯一氟甲烷与二氯四氟乙烷的混合物 二氯二氟甲烷与二氯四氟乙烷的混合物	千克
		3827110090	其他含全氯氟烃（CFCs）的混合物，不论是否含含氢氯氟烃（HCFCs）、全氟烃（PFCs）或氢氟烃（HFCs）	千克
		2903191090	1,1,1-三氯乙烷/甲基氯仿（用于受控用途除外）	千克
		2903760010	溴氯二氟甲烷	千克
		2903760020	溴三氟甲烷	千克
		2903760030	二溴四氟乙烷	千克
		3827200000	含溴氯二氟甲烷（Halon-1211）、溴三氟甲烷（Halon-1301）或二溴四氟乙烷（Halon-2402）的混合物	千克
		2903791011	二氯一氟甲烷	千克
		2903710000	一氯二氟甲烷	千克
		2903720000	二氯三氟乙烷	千克
		2903791012	一氯四氟乙烷	千克
		2903791013	一氯三氟乙烷	千克
		2903730010	1,1-二氯-1-氟乙烷	千克
		2903730090	二氯一氟乙烷（1,1-二氯-1-氟乙烷除外）	千克

序号	货物种类	海关商品编号	货物名称	单位
		2903740010	1-氯-1,1-二氟乙烷	千克
		2903740090	一氯二氟乙烷（1-氯-1,1-二氟乙烷除外）	千克
		2903750000	二氯五氟丙烷	千克
		2903791090	其他含氢氯氟烃类物质（这里的烃是指甲烷、乙烷及丙烷）	千克
		3827310011	一氯二氟甲烷、二氟乙烷和一氯四氟乙烷的混合物	千克
		3827310012	五氟乙烷、丙烷和一氯二氟甲烷的混合物	千克
		3827310013	一氯二氟甲烷、二氟乙烷、一氯二氟乙烷和八氟环丁烷的混合物	千克
		3827310014	五氟乙烷、三氟乙烷和一氯二氟甲烷的混合物	千克
		3827310015	丙烯、一氯二氟甲烷和二氟乙烷的混合物	千克
		3827310016	一氯二氟甲烷和二氟乙烷的混合物	千克
		3827310017	四氟乙烷、一氯四氟乙烷和丁烷的混合物	千克
		3827310018	丙烷、一氯二氟甲烷和二氟乙烷的混合物	千克
		3827320011	丙烷、一氯二氟甲烷和八氟丙烷的混合物	千克
		3827320012	一氯二氟甲烷、2-甲基丙烷和一氯二氟乙烷的混合物	千克
		3827320013	一氯二氟甲烷、一氯四氟乙烷和一氯二氟乙烷的混合物	千克
		3827320014	一氯二氟甲烷、八氟丙烷和一氯二氟乙烷的混合物	千克
		3827320015	一氯二氟甲烷、一氯四氟乙烷、一氯二氟乙烷和2-甲基丙烷的混合物	千克
		3827320016	一氯二氟甲烷和八氟丙烷的混合物	千克
		3827320017	一氯二氟甲烷和一氯二氟乙烷的混合物	千克

序号	货物种类	海关商品编号	货物名称	单位
		3827320090	其他含 2903710000、2903720000、2903730010、2903730090、2903740010、2903740090、2903750000 对应物质的含氢氯氟烃（这里的烃是指甲烷、乙烷及丙烷）混合物，但不含全氯氟烃（CFCs）	千克
		3827310090	其他含 2903430010、2903430020、2903420000、2903410000、2903440010、2903440020、2903450000、2903470000、2903480000、2903460010、2903460020、2903460030、2903460040 对应物质的含氢氯氟烃（这里的烃是指甲烷、乙烷及丙烷）混合物，但不含 CFCs	千克
		3827390000	除上述含氢氯氟烃物质外，其它含氢氯氟烃（这里的烃是指甲烷、乙烷及丙烷）混合物，但不含 CFCs	千克
		2903799021	其他溴氟代甲烷、乙烷和丙烷	千克
		3827120000	含氢溴氟烃（HBFCs）的混合物	千克
		2903799022	溴氯甲烷	千克
		2903610000	溴甲烷/甲基溴	千克
		3827400000	含溴化甲烷（甲基溴）或溴氯甲烷的混合物	千克
		2903430010	一氟甲烷（甲基氟）	千克
		2903430020	1,1-二氟乙烷 1,2-二氟乙烷	千克
		2903420000	二氟甲烷	千克
		2903410000	三氟甲烷	千克
		2903440010	1,1,1-三氟乙烷 1,1,2-三氟乙烷	千克
		2903440020	五氟乙烷	千克
		2903450000	1,1,1,2-四氟乙烷 1,1,2,2-四氟乙烷	千克

序号	货物种类	海关商品编号	货物名称	单位
		2903470000	1,1,1,3,3-五氟丙烷 1,1,2,2,3-五氟丙烷	千克
		2903480000	1,1,1,3,3-五氟丁烷 1,1,1,2,2,3,4,5,5,5-十氟戊烷	千克
		2903460010	1,1,1,2,3,3-六氟丙烷	千克
		2903460020	1,1,1,3,3,3-六氟丙烷	千克
		2903460030	1,1,1,2,3,3,3-七氟丙烷	千克
		2903460040	1,1,1,2,2,3-六氟丙烷	千克
		3827510000	含HFC-23的混合物，但不含含氢氯氟烃（HCFCs）或CFCs	千克
		3827610011	HFC-125、HFC-143a和HFC-134a的混合物，混合比例（质量比）为44:52:4	千克
		3827610012	HFC-125和HFC-143a的混合物，混合比例（质量比）为50:50	千克
		3827610090	其他按重量计含15%及以上HFC-143a的混合物，但不含CFCs或HCFCs	千克
		3827620000	其他，不归入上述子目，按重量计含55%及以上HFC-125但不含无环烃的不饱和氟化衍生物（HFOs）、CFCs或HCFCs的混合物	千克
		3827630010	HFC-125和HFC-32的混合物，混合比例（质量比）为50:50	千克
		3827630090	其他，不归入上述子目，按重量计含40%及以上HFC-125的混合物，但不含CFCs或HCFCs	千克
		3827640010	HFC-32、HFC-125和HFC-134a的混合物，混合比例（质量比）为23:25:52	千克
		3827640090	其他，不归入上述子目，按重量计含30%及以上HFC-134a，但不含HFOs、CFCs或HCFCs的混合物	千克
		3827650000	其他，不归入上述子目，按重量计含20%及以上HFC-32和20%及以上HFC-125的混合物，但不含CFCs或HCFCs	千克
		3827680000	其他，不归入上述子目，含2903430010、2903430020、2903420000、2903410000、2903440010、2903440020、2903450000、2903470000、2903480000、2903460010、2903460020、2903460030、2903460040对应物质的混合物，但不含CFCs或HCFCs	千克

序号	货物种类	海关商品编号	货物名称	单位
36	柠檬酸	2918140000	柠檬酸	千克
		2918150000	柠檬酸盐及柠檬酸酯	千克
37	锯材	4406110000	未浸渍的铁道及电车道针叶木枕木	千克/立方米
		4406120000	未浸渍的铁道及电车道非针叶木枕木	千克/立方米
		4407111091	经纵锯、纵切、刨切或旋切的非端部接合的红松厚板材（厚度超过6毫米）	千克/立方米
		4407111099	经纵锯、纵切、刨切或旋切的非端部接合的樟子松厚板材（厚度超过6毫米）	千克/立方米
		4407120091	经纵锯、纵切、刨切或旋切的非端部接合的濒危云杉及冷杉厚板材（厚度超过6毫米）	千克/立方米
		4407120099	经纵锯、纵切、刨切或旋切的非端部接合的其他云杉及冷杉厚板材（厚度超过6毫米）	千克/立方米
		4407112090	经纵锯、纵切、刨切或旋切的非端部接合的辐射松厚板材（厚度超过6毫米）	千克/立方米
		4407191090	经纵锯、纵切、刨切或旋切的非端部接合的花旗松厚板材（厚度超过6毫米）	千克/立方米
		4407119091	经纵锯、纵切、刨切或旋切的非端部接合的其他濒危松木厚板材（厚度超过6毫米）	千克/立方米
		4407119099	经纵锯、纵切、刨切或旋切的非端部接合的其他松木厚板材（厚度超过6毫米）	千克/立方米
		4407199091	经纵锯、纵切、刨切或旋切的非端部接合的其他濒危针叶木厚板材（厚度超过6毫米）	千克/立方米
		4407199099	经纵锯、纵切、刨切或旋切的非端部接合的其他针叶木厚板材（厚度超过6毫米）	千克/立方米
		4407210091	经纵锯、纵切、刨切或旋切的非端部接合的濒危桃花心木（厚度超过6毫米）	千克/立方米
		4407210099	经纵锯、纵切、刨切或旋切的非端部接合的其他桃花心木（厚度超过6毫米）	千克/立方米
		4407220090	经纵锯、纵切、刨切或旋切的非端部接合的苏里南肉豆蔻木、细孔绿心木及美洲轻木（厚度超过6毫米）	千克/立方米

序号	货物种类	海关商品编号	货物名称	单位
		4407250090	经纵锯、纵切、刨切或旋切的非端部接合的红柳桉木板材（指深红色、浅红色及巴栲红柳桉木，厚度超过6毫米）	千克/立方米
		4407260090	经纵锯、纵切、刨切或旋切的非端部接合的白柳桉、其他柳桉木和阿兰木板材（厚度超过6毫米）	千克/立方米
		4407270090	经纵锯、纵切、刨切或旋切的非端部接合的沙比利木板材（厚度超过6毫米）	千克/立方米
		4407280090	经纵锯、纵切、刨切或旋切的非端部接合的伊罗科木板材（厚度超过6毫米）	千克/立方米
		4407230090	经纵锯、纵切、刨切或旋切的非端部接合的柚木板材（厚度超过6毫米）	千克/立方米
		4407294091	经纵锯、纵切、刨切或旋切的非端部接合的濒危热带红木厚板材（厚度超过6毫米）	千克/立方米
		4407294099	经纵锯、纵切、刨切或旋切的非端部接合的其他热带红木厚板材（厚度超过6毫米）	千克/立方米
		4407299091	经纵锯、纵切、刨切或旋切的非端部接合的南美蒴藜木（玉檀木）厚板材（厚度超过6毫米）	千克/立方米
		4407299092	经纵锯、纵切、刨切或旋切的非端部接合的其他未列名濒危热带木板材（厚度超过6毫米）	千克/立方米
		4407299099	经纵锯、纵切、刨切或旋切的非端部接合的其他未列名热带木板材（厚度超过6毫米）	千克/立方米
		4407910091	经纵锯、纵切、刨切或旋切的非端部接合的蒙古栎厚板材	千克/立方米
		4407910092	经纵锯、纵切、刨切或旋切的非端部接合的濒危野生栎木（橡木）厚板材（厚度超过6毫米，不包括人工培植的）	千克/立方米
		4407910099	经纵锯、纵切、刨切或旋切的非端部接合的其他栎木（橡木）厚板材	千克/立方米
		4407920091	经纵锯、纵切、刨切或旋切的非端部接合的濒危野生水青冈木（山毛榉木）厚板材（厚度超过6毫米，不包括人工培植的）	千克/立方米
		4407920099	经纵锯、纵切、刨切或旋切的非端部接合的其他水青冈木（山毛榉木）厚板材（厚度超过6毫米）	千克/立方米
		4407930091	经纵锯、纵切、刨切或旋切的非端部接合的濒危野生槭木（枫木）厚板材（厚度超过6毫米，不包括人工培植的）	千克/立方米
		4407930099	经纵锯、纵切、刨切或旋切的非端部接合的其他槭木（枫木）厚板材（厚度超过6毫米）	千克/立方米
		4407940090	经纵锯、纵切、刨切或旋切的非端部接合的樱桃木厚板材（厚度超过6毫米）	千克/立方米

序号	货物种类	海关商品编号	货物名称	单位
		4407950091	经纵锯、纵切、刨切或旋切的非端部接合的水曲柳厚板材	千克/立方米
		4407950099	经纵锯、纵切、刨切或旋切的非端部接合的其他白蜡木厚板材	千克/立方米
		4407960090	经纵锯、纵切、刨切或旋切的非端部接合的桦木厚板材（厚度超过6毫米）	千克/立方米
		4407970090	经纵锯、纵切、刨切或旋切的非端部接合的杨木厚板材（厚度超过6毫米）	千克/立方米
		4407991091	经纵锯、纵切、刨切或旋切的非端部接合的濒危红木厚板材（厚度超过6毫米，税号4407.2940所列热带红木除外）	千克/立方米
		4407991099	经纵锯、纵切、刨切或旋切的非端部接合的其他红木厚板材（厚度超过6毫米，税号4407.2940所列热带红木除外）	千克/立方米
		4407998091	经纵锯、纵切、刨切或旋切的非端部接合的其他未列名的温带濒危非针叶厚板材（厚度超过6毫米）	千克/立方米
		4407998099	经纵锯、纵切、刨切或旋切的非端部接合的其他未列名的温带非针叶厚板材（厚度超过6毫米）	千克/立方米
		4407999092	经纵锯、纵切、刨切或旋切的非端部接合的沉香木及拟沉香木厚板材（厚度超过6毫米）	千克/立方米
		4407999095	经纵锯、纵切、刨切或旋切的非端部接合的其他濒危木厚板材（厚度超过6毫米）	千克/立方米
		4407999099	经纵锯、纵切、刨切或旋切的非端部接合的其他木厚板材（厚度超过6毫米）	千克/立方米
38	棉花	5201000001	未梳的棉花（包括脱脂棉花）	千克
		5201000080	未梳的棉花（包括脱脂棉花）	千克
		5201000090	未梳的棉花（包括脱脂棉花）	千克
		5203000001	已梳的棉花	千克
		5203000090	已梳的棉花	千克
39	白银	7106101100	平均粒径在3微米以下的非片状银粉	克
		7106101900	平均粒径在3微米及以上的非片状银粉	克

序号	货物种类	海关商品编号	货物名称	单位
		7106102100	平均粒径在10微米以下的片状银粉	克
		7106102900	平均粒径在10微米及以上的片状银粉	克
		7106911000	纯度在99.99%及以上的未锻造银（包括镀金、镀铂的银）	克
		7106919000	其他未锻造银（包括镀金、镀铂的银）	克
		7106921000	纯度在99.99%及以上的半制成银（包括镀金、镀铂的银）	克
		7106929000	其他半制成银（包括镀金、镀铂的银）	克
40	铂金（铂或白金）	7110110000	未锻造或粉末状铂（加工贸易方式）	克
		7110191000	板、片状铂（加工贸易方式）	克
41	铟及铟制品	8112923010	未锻轧的铟、铟粉末	千克
		8112923090	未锻轧的铟废碎料	千克
		8112993000	锻轧的铟及其制品	千克
42	摩托车（含全地形车）及其发动机、车架	8407310000	气缸容量不超过50毫升的往复式活塞内燃发动机（用于第87章所列车辆）	台/千克
		8407320000	气缸容量超过50毫升但不超过250毫升的往复式活塞内燃发动机（用于第87章所列车辆）	台/千克
		8703101100	全地形车	辆/千克
		8711100010	微马力摩托车及脚踏两用车（装有气缸容量为50毫升的活塞内燃发动机）	辆/千克
		8711201000	小马力摩托车及脚踏两用车（装有气缸容量超过50毫升但不超过100毫升的活塞内燃发动机）	辆/千克
		8711202000	小马力摩托车及脚踏两用车（装有气缸容量超过100毫升但不超过125毫升的活塞内燃发动机）	辆/千克
		8711203000	小马力摩托车及脚踏两用车（装有气缸容量超过125毫升但不超过150毫升的活塞内燃发动机）	辆/千克
		8711204000	小马力摩托车及脚踏两用车（装有气缸容量超过150毫升但不超过200毫升的活塞内燃发动机）	辆/千克

序号	货物种类	海关商品编号	货物名称	单位
		8711205010	小马力摩托车及脚踏两用车（装有气缸容量超过200毫升但在250毫升以下的活塞内燃发动机）	辆/千克
		8711205090	小马力摩托车及脚踏两用车（装有气缸容量为250毫升的活塞内燃发动机）	辆/千克
		8711301000	小马力摩托车及脚踏两用车（装有气缸容量超过250毫升但不超过400毫升的活塞内燃发动机）	辆/千克
		8711302000	小马力摩托车及脚踏两用车（装有气缸容量超过400毫升但不超过500毫升的活塞内燃发动机）	辆/千克
		8711400000	摩托车及脚踏两用车（装有气缸容量超过500毫升但不超过800毫升的活塞内燃发动机）	辆/千克
		8711500000	摩托车及脚踏两用车（装有气缸容量超过800毫升的活塞内燃发动机）	辆/千克
		8714100010	摩托车架	千克
43	汽车（包括成套散件）及其底盘	8701210000 8701220000 8701230000 8701240000 8701290000	半挂车用的公路牵引车	辆/千克
		8702109100	30座及以上的仅装有压燃式活塞内燃发动机（柴油或半柴油发动机）的大型客车	辆/千克
		8702109210	20座及以上但不超过23座的仅装有压燃式活塞内燃发动机（柴油或半柴油发动机）的客车	辆/千克
		8702109290	24座及以上但不超过29座的仅装有压燃式活塞内燃发动机（柴油或半柴油发动机）的客车	辆/千克
		8702109300	10座及以上但不超过19座的仅装有压燃式活塞内燃发动机（柴油或半柴油发动机）的客车	辆/千克
		8702209100	30座及以上的同时装有压燃式活塞内燃发动机（柴油或半柴油发动机）及驱动电动机的大型客车（指装有柴油或半柴油发动机的30座及以上的客运车）	辆/千克
		8702209210	20座及以上但不超过23座的同时装有压燃式活塞内燃发动机（柴油或半柴油发动机）及驱动电动机的客车	辆/千克

序号	货物种类	海关商品编号	货物名称	单位
		8702209290	24座及以上但不超过29座的同时装有压燃式活塞内燃发动机（柴油或半柴油发动机）及驱动电动机的客车	辆/千克
		8702209300	10座及以上但不超过19座的同时装有压燃式活塞内燃发动机（柴油或半柴油发动机）及驱动电动机的客车	辆/千克
		8702301000	30座及以上的同时装有点燃式活塞内燃发动机及驱动电动机的大型客车	辆/千克
		8702302010	20座及以上但不超过23座的同时装有点燃式活塞内燃发动机及驱动电动机的客车	辆/千克
		8702302090	24座及以上但不超过29座的同时装有点燃式活塞内燃发动机及驱动电动机的客车	辆/千克
		8702303000	10座及以上但不超过19座的同时装有点燃式活塞内燃发动机及驱动电动机的客车	辆/千克
		8702401090	其他30座及以上的仅装有驱动电动机的大型客车	辆/千克
		8702402010	20座及以上但不超过23座的仅装有驱动电动机的客车	辆/千克
		8702402090	24座及以上但不超过29座的仅装有驱动电动机的客车	辆/千克
		8702403000	10座及以上但不超过19座的仅装有驱动电动机的客车	辆/千克
		8702901000	30座及以上的大型客车（指装有其他发动机的30座及以上的客运车）	辆/千克
		8702902001	20座及以上但不超过23座的装有非压燃式活塞内燃发动机的客车	辆/千克
		8702902090	24座及以上但不超过29座的装有非压燃式活塞内燃发动机的客车	辆/千克
		8702903000	10座及以上但不超过19座的装有非压燃式活塞内燃发动机的客车	辆/千克
		8703213010	仅装有气缸容量不超过1升的点燃式活塞内燃发动机的小轿车	辆/千克
		8703213090	仅装有气缸容量不超过1升的点燃式活塞内燃发动机小轿车的成套散件	辆/千克
		8703214010	仅装有气缸容量不超过1升的点燃式活塞内燃发动机的越野车（4轮驱动）	辆/千克
		8703214090	仅装有气缸容量不超过1升的点燃式活塞内燃发动机的越野车（4轮驱动）的成套散件	辆/千克

序号	货物种类	海关商品编号	货物名称	单位
		8703215010	仅装有气缸容量不超过1升的点燃式活塞内燃发动机的小客车（9座及以下）	辆/千克
		8703215090	仅装有气缸容量不超过1升的点燃式活塞内燃发动机的小客车的成套散件（9座及以下）	辆/千克
		8703219010	仅装有气缸容量不超过1升的点燃式活塞内燃发动机的其他载人车辆	辆/千克
		8703219090	仅装有气缸容量不超过1升的点燃式活塞内燃发动机的其他载人车辆的成套散件	辆/千克
		8703223010	仅装有气缸容量超过1升但不超过1.5升的点燃式活塞内燃发动机小轿车	辆/千克
		8703223090	仅装有气缸容量超过1升但不超过1.5升的点燃式活塞内燃发动机小轿车的成套散件	辆/千克
		8703224010	仅装有气缸容量超过1升但不超过1.5升的点燃活塞内燃发动机四轮驱动越野车	辆/千克
		8703224090	仅装有气缸容量超过1升但不超过1.5升的点燃活塞内燃发动机四轮驱动越野车的成套散件	辆/千克
		8703225010	仅装有气缸容量超过1升但不超过1.5升的点燃式活塞内燃发动机小客车（9座及以下）	辆/千克
		8703225090	仅装有气缸容量超过1升但不超过1.5升的点燃式活塞内燃发动机小客车的成套散件（9座及以下）	辆/千克
		8703229010	仅装有气缸容量超过1升但不超过1.5升的点燃式活塞内燃发动机其他载人车辆	辆/千克
		8703229090	仅装有气缸容量超过1升但不超过1.5升的点燃式活塞内燃发动机其他载人车的成套散件	辆/千克
		8703234110	仅装有气缸容量超过1.5升但不超过2升的点燃式活塞内燃发动机小轿车	辆/千克
		8703234190	仅装有气缸容量超过1.5升但不超过2升的点燃式活塞内燃发动机小轿车的成套散件	辆/千克
		8703234210	仅装有气缸容量超过1.5升但不超过2升的点燃式活塞内燃发动机越野车（4轮驱动）	辆/千克
		8703234290	仅装有气缸容量超过1.5升但不超过2升的点燃式活塞内燃发动机越野车的成套散件(4轮驱动)	辆/千克
		8703234310	仅装有气缸容量超过1.5升但不超过2升的点燃式活塞内燃发动机小客车（9座及以下）	辆/千克
		8703234390	仅装有气缸容量1.5升但不超过2升的点燃式活塞内燃发动机小客车的成套散件（9座及以下）	辆/千克

序号	货物种类	海关商品编号	货物名称	单位
		8703234910	仅装有气缸容量超过1.5升但不超过2升的点燃式活塞内燃发动机的其他载人车辆	辆/千克
		8703234990	仅装有气缸容量超过1.5升但不超过2升的点燃式活塞内燃发动机的其他载人车辆的成套散件	辆/千克
		8703235110	仅装有气缸容量超过2升但不超过2.5升的点燃式活塞内燃发动机小轿车	辆/千克
		8703235190	仅装有气缸容量超过2升但不超过2.5升的点燃式活塞内燃发动机小轿车的成套散件	辆/千克
		8703235210	仅装有气缸容量超过2升但不超过2.5升的点燃式活塞内燃发动机越野车（4轮驱动）	辆/千克
		8703235290	仅装有气缸容量超过2升但不超过2.5升的点燃式活塞内燃发动机越野车的成套散件（4轮驱动）	辆/千克
		8703235310	仅装有气缸容量超过2升但不超过2.5升的点燃式活塞内燃发动机小客车（9座及以下）	辆/千克
		8703235390	仅装有气缸容量超过2升但不超过2.5升的点燃式活塞内燃发动机的小客车的成套散件（9座及以下）	辆/千克
		8703235910	仅装有气缸容量超过2升但不超过2.5升的点燃式活塞内燃发动机的其他载人车辆	辆/千克
		8703235990	仅装有气缸容量超过2升但不超过2.5升的点燃式活塞内燃发动机的其他载人车辆的成套散件	辆/千克
		8703236110	仅装有气缸容量超过2.5升但不超过3升的点燃式活塞内燃发动机小轿车	辆/千克
		8703236190	仅装有气缸容量超过2.5升但不超过3升的点燃式活塞内燃发动机小轿车的成套散件	辆/千克
		8703236210	仅装有气缸容量超过2.5升但不超过3升的点燃式活塞内燃发动机越野车（4轮驱动）	辆/千克
		8703236290	仅装有气缸容量超过2.5升但不超过3升的点燃式活塞内燃发动机越野车的成套散件（4轮驱动）	辆/千克
		8703236310	仅装有气缸容量超过2.5升但不超过3升的点燃式活塞内燃发动机小客车（9座及以下）	辆/千克
		8703236390	仅装有气缸容量超过2.5升但不超过3升的点燃式活塞内燃发动机小客车的成套散件（9座及以下）	辆/千克
		8703236910	仅装有气缸容量超过2.5升但不超过3升的点燃式活塞内燃发动机的其他载人车辆	辆/千克

序号	货物种类	海关商品编号	货物名称	单位
		8703236990	仅装有气缸容量超过2.5升但不超过3升的点燃式活塞内燃发动机的其他载人车辆的成套散件	辆/千克
		8703241110	仅装有气缸容量超过3升但不超过4升的点燃式活塞内燃发动机小轿车	辆/千克
		8703241190	仅装有气缸容量超过3升但不超过4升的点燃式活塞内燃发动机小轿车的成套散件	辆/千克
		8703241210	仅装有气缸容量超过3升但不超过4升的点燃式活塞内燃发动机越野车（4轮驱动）	辆/千克
		8703241290	仅装有气缸容量超过3升但不超过4升的点燃式活塞内燃发动机越野车的成套散件（4轮驱动）	辆/千克
		8703241310	仅装有气缸容量超过3升但不超过4升的点燃式活塞内燃发动机的小客车（9座及以下）	辆/千克
		8703241390	仅装有气缸容量超过3升但不超过4升的点燃式活塞内燃发动机的小客车的成套散件（9座及以下）	辆/千克
		8703241910	仅装有气缸容量超过3升但不超过4升的点燃式活塞内燃发动机的其他载人车辆	辆/千克
		8703241990	仅装有气缸容量超过3升但不超过4升的点燃式活塞内燃发动机的其他载人车辆的成套散件	辆/千克
		8703242110	仅装有气缸容量超过4升的点燃式活塞内燃发动机小轿车	辆/千克
		8703242190	仅装有气缸容量超过4升的点燃式活塞内燃发动机小轿车的成套散件	辆/千克
		8703242210	仅装有气缸容量超过4升的点燃式活塞内燃发动机越野车（4轮驱动）	辆/千克
		8703242290	仅装有气缸容量超过4升的点燃式活塞内燃发动机越野车的成套散件（4轮驱动）	辆/千克
		8703242310	仅装有气缸容量超过4升的点燃式活塞内燃发动机的小客车（9座及以下）	辆/千克
		8703242390	仅装有气缸容量超过4升的点燃式活塞内燃发动机的小客车的成套散件（9座及以下）	辆/千克
		8703242910	仅装有气缸容量超过4升的点燃式活塞内燃发动机的其他载人车辆	辆/千克
		8703242990	仅装有气缸容量超过4升的点燃式活塞内燃发动机的其他载人车辆的成套散件	辆/千克
		8703311110	仅装有气缸容量不超过1升的压燃式活塞内燃发动机小轿车	辆/千克

序号	货物种类	海关商品编号	货物名称	单位
		8703311190	仅装有气缸容量不超过1升的压燃式活塞内燃发动机小轿车的成套散件	辆/千克
		8703311910	仅装有气缸容量不超过1升的压燃式活塞内燃发动机的其他载人车辆	辆/千克
		8703311990	仅装有气缸容量不超过1升的压燃式活塞内燃发动机的其他载人车辆的成套散件	辆/千克
		8703312110	仅装有气缸容量超过1升但不超过1.5升的压燃式活塞内燃发动机小轿车	辆/千克
		8703312190	仅装有气缸容量超过1升但不超过1.5升的压燃式活塞内燃发动机小轿车的成套散件	辆/千克
		8703312210	仅装有气缸容量超过1升但不超过1.5升的压燃式活塞内燃发动机越野车（4轮驱动）	辆/千克
		8703312290	仅装有气缸容量超过1升但不超过1.5升的压燃式活塞内燃发动机越野车的成套散件（4轮驱动）	辆/千克
		8703312310	仅装有气缸容量超过1升但不超过1.5升的压燃式活塞内燃发动机小客车（9座以下）	辆/千克
		8703312390	仅装有气缸容量超过1升但不超过1.5升的压燃式活塞内燃发动机小客车的成套散件（9座及以下）	辆/千克
		8703312910	仅装有气缸容量超过1升但不超过1.5升的压燃式活塞内燃发动机的其他载人车辆	辆/千克
		8703312990	仅装有气缸容量超过1升但不超过1.5升的装压燃式活塞内燃发动机的其他载人车辆的成套散件	辆/千克
		8703321110	仅装有气缸容量超过1.5升但不超过2升的压燃式活塞内燃发动机小轿车	辆/千克
		8703321190	仅装有气缸容量超过1.5升但不超过2升的压燃式活塞内燃发动机小轿车的成套散件	辆/千克
		8703321210	仅装有气缸容量超过1.5升但不超过2升的压燃式活塞内燃发动机越野车（4轮驱动）	辆/千克
		8703321290	仅装有气缸容量1.5升但不超过2升的压燃式活塞内燃发动机越野车的成套散件（4轮驱动）	辆/千克
		8703321310	仅装有气缸容量超过1.5升但不超过2升的装压燃式活塞内燃发动机小客车（9座及以下）	辆/千克
		8703321390	仅装有气缸容量超过1.5升但不超过2升的压燃式活塞内燃发动机小客车的成套散件（9座及以下）	辆/千克
		8703321910	仅装有气缸容量超过1.5升但不超过2升的压燃式活塞内燃发动机的其他载人车辆	辆/千克

序号	货物种类	海关商品编号	货物名称	单位
		8703321990	仅装有气缸容量超过1.5升但不超过2升的压燃式活塞内燃发动机的其他载人车辆的成套散件	辆/千克
		8703322110	仅装有气缸容量超过2升但不超过2.5升的压燃式活塞内燃发动机小轿车	辆/千克
		8703322190	仅装有气缸容量超过2升但不超过2.5升的燃式活塞内燃发动机小轿车的成套散件	辆/千克
		8703322210	仅装有气缸容量超过2升但不超过2.5升的燃式活塞内燃发动机越野车（4轮驱动）	辆/千克
		8703322290	仅装有气缸容量超过2升但不超过2.5升的燃式活塞内燃发动机越野车的成套散件（4轮驱动）	辆/千克
		8703322310	仅装有气缸容量超过2升但不超过2.5升的燃式活塞内燃发动机小客车（9座及以下）	辆/千克
		8703322390	仅装有气缸容量超过2升但不超过2.5升的压燃式活塞内燃发动机小客车的成套散件（9座及以下）	辆/千克
		8703322910	仅装有气缸容量超过2升但不超过2.5升的压燃式活塞内燃发动机的其他载人车辆	辆/千克
		8703322990	仅装有气缸容量超过2升但不超过2.5升的压燃式活塞内燃发动机的其他载人车辆的成套散件	辆/千克
		8703331110	仅装有气缸容量超过2.5升但不超过3升的压燃式活塞内燃发动机小轿车	辆/千克
		8703331190	仅装有气缸容量超过2.5升但不超过3升的压燃式活塞内燃发动机小轿车的成套散件	辆/千克
		8703331210	仅装有气缸容量超过2.5升但不超过3升的压燃式活塞内燃发动机越野车（4轮驱动）	辆/千克
		8703331290	仅装有气缸容量超过2.5升但不超过3升的压燃式活塞内燃发动机越野车的成套散件（4轮驱动）	辆/千克
		8703331310	仅装有气缸容量超过2.5升但不超过3升的压燃式活塞内燃发动机小客车（9座及以下）	辆/千克
		8703331390	仅装有气缸容量超过2.5升但不超过3升的压燃式活塞内燃发动机小客车的成套散件（9座及以下）	辆/千克
		8703331910	仅装有气缸容量超过2.5升但不超过3升的压燃式活塞内燃发动机的其他载人车辆	辆/千克
		8703331990	仅装有气缸容量超过2.5升但不超过3升的压燃式活塞内燃发动机的其他载人车辆的成套散件	辆/千克
		8703332110	仅装有气缸容量超过3升但不超过4升的压燃式活塞内燃发动机小轿车	辆/千克

序号	货物种类	海关商品编号	货物名称	单位
		8703332190	仅装有气缸容量超过3升但不超过4升的压燃式活塞内燃发动机小轿车的成套散件	辆/千克
		8703332210	仅装有气缸容量超过3升但不超过4升的压燃式活塞内燃发动机越野车（4轮驱动）	辆/千克
		8703332290	仅装有气缸容量超过3升但不超过4升的压燃式活塞内燃发动机越野车的成套散件（4轮驱动）	辆/千克
		8703332310	仅装有气缸容量超过3升但不超过4升的压燃式活塞内燃发动机小客车（9座及以下）	辆/千克
		8703332390	仅装有气缸容量超过3升但不超过4升的压燃式活塞内燃发动机小客车的成套散件（9座及以下）	辆/千克
		8703332910	仅装有气缸容量超过3升但不超过4升的压燃式活塞内燃发动机的其他载人车辆	辆/千克
		8703332990	仅装有气缸容量超过3升但不超过4升的压燃式活塞内燃发动机的其他载人车辆的成套散件	辆/千克
		8703336110	仅装有气缸容量超过4升的压燃式活塞内燃发动机小轿车	辆/千克
		8703336190	仅装有气缸容量超过4升的压燃式活塞内燃发动机小轿车的成套散件	辆/千克
		8703336210	仅装有气缸容量超过4升的压燃式活塞内燃发动机越野车（4轮驱动）	辆/千克
		8703336290	仅装有气缸容量超过4升的压燃式活塞内燃发动机越野车的成套散件（4轮驱动）	辆/千克
		8703336310	仅装有气缸容量超过4升的压燃式活塞内燃发动机小客车（9座及以下）	辆/千克
		8703336390	仅装有气缸容量超过4升的压燃式活塞内燃发动机小客车的成套散件（9座及以下）	辆/千克
		8703336910	仅装有气缸容量超过4升的压燃式活塞内燃发动机其他载人车辆	辆/千克
		8703336990	仅装有气缸容量超过4升的压燃式活塞内燃发动机其他载人车辆的成套散件	辆/千克
		8703401110	同时装有点燃式活塞内燃发动机（气缸容量不超过1升）及驱动电动机的小轿车（可通过接插外部电源进行充电的除外）	辆/千克
		8703401190	同时装有点燃式活塞内燃发动机（气缸容量不超过1升）及驱动电动机的小轿车的成套散件（可通过接插外部电源进行充电的除外）	辆/千克
		8703401210	同时装有点燃式活塞内燃发动机（气缸容量不超过1升）及驱动电动机的越野车（4轮驱动）（可通过接插外部电源进行充电的除外）	辆/千克

序号	货物种类	海关商品编号	货物名称	单位
		8703401290	同时装有点燃式活塞内燃发动机（气缸容量不超过1升）及驱动电动机的越野车（4轮驱动）的成套散件（可通过接插外部电源进行充电的除外）	辆/千克
		8703401310	同时装有点燃式活塞内燃发动机（气缸容量不超过1升）及驱动电动机的小客车（9座及以下，可通过接插外部电源进行充电的除外）	辆/千克
		8703401390	同时装有点燃式活塞内燃发动机（气缸容量不超过1升）及驱动电动机的小客车的成套散件（9座及以下，可通过接插外部电源进行充电的除外）	辆/千克
		8703401910	同时装有点燃式活塞内燃发动机（气缸容量不超过1升）及驱动电动机的其他载人车辆（可通过接插外部电源进行充电的除外）	辆/千克
		8703401990	同时装有点燃式活塞内燃发动机（气缸容量不超过1升）及驱动电动机的其他载人车辆的成套散件（可通过接插外部电源进行充电的除外）	辆/千克
		8703402110	同时装有点燃式活塞内燃发动机（气缸容量超过1升但不超过1.5升）及驱动电动机的小轿车（可通过接插外部电源进行充电的除外）	辆/千克
		8703402190	同时装有点燃式活塞内燃发动机（气缸容量超过1升但不超过1.5升）及驱动电动机的小轿车的成套散件（可通过接插外部电源进行充电的除外）	辆/千克
		8703402210	同时装有点燃式活塞内燃发动机（气缸容量超过1升但不超过1.5升）及驱动电动机的四轮驱动越野车（可通过接插外部电源进行充电的除外）	辆/千克
		8703402290	同时装有点燃式活塞内燃发动机（气缸容量超过1升但不超过1.5升）及驱动电动机的四轮驱动越野车的成套散件（可通过接插外部电源进行充电的除外）	辆/千克
		8703402310	同时装有点燃式活塞内燃发动机（气缸容量超过1升但不超过1.5升）及驱动电动机的小客车（9座及以下，可通过接插外部电源进行充电的除外）	辆/千克
		8703402390	同时装有点燃式活塞内燃发动机（气缸容量超过1升但不超过1.5升）及驱动电动机的小客车的成套散件（9座及以下，可通过接插外部电源进行充电的除外）	辆/千克
		8703402910	同时装有点燃式活塞内燃发动机（气缸容量超过1升但不超过1.5升）及驱动电动机的其他载人车辆（可通过接插外部电源进行充电的除外）	辆/千克
		8703402990	同时装有点燃式活塞内燃发动机（气缸容量超过1升但不超过1.5升）及驱动电动机的其他载人车辆的成套散件（可通过接插外部电源进行充电的除外）	辆/千克

序号	货物种类	海关商品编号	货物名称	单位
		8703403110	同时装有点燃式活塞内燃发动机（气缸容量超过1.5升但不超过2升）及驱动电动机的小轿车（可通过接插外部电源进行充电的除外）	辆/千克
		8703403190	同时装有点燃式活塞内燃发动机（气缸容量超过1.5升但不超过2升）及驱动电动机的小轿车的成套散件（可通过接插外部电源进行充电的除外）	辆/千克
		8703403210	同时装有点燃式活塞内燃发动机（气缸容量超过1.5升但不超过2升）及驱动电动机的四轮驱动越野车（可通过接插外部电源进行充电的除外）	辆/千克
		8703403290	同时装有点燃式活塞内燃发动机（气缸容量超过1.5升但不超过2升）及驱动电动机的四轮驱动越野车的成套散件（可通过接插外部电源进行充电的除外）	辆/千克
		8703403310	同时装有点燃式活塞内燃发动机（气缸容量超过1.5升但不超过2升）及驱动电动机的小客车（9座及以下，可通过接插外部电源进行充电的除外）	辆/千克
		8703403390	同时装有点燃式活塞内燃发动机（气缸容量超过1.5升但不超过2升）及驱动电动机的小客车的成套散件（9座及以下，可通过接插外部电源进行充电的除外）	辆/千克
		8703403910	同时装有点燃式活塞内燃发动机（气缸容量超过1.5升但不超过2升）及驱动电动机的其他载人车辆（可通过接插外部电源进行充电的除外）	辆/千克
		8703403990	同时装有点燃式活塞内燃发动机（气缸容量超过1.5升但不超过2升）及驱动电动机的其他载人车辆的成套散件（可通过接插外部电源进行充电的除外）	辆/千克
		8703404110	同时装有点燃式活塞内燃发动机（气缸容量超过2升但不超过2.5升）及驱动电动机的小轿车（可通过接插外部电源进行充电的除外）	辆/千克
		8703404190	同时装有点燃式活塞内燃发动机（气缸容量超过2升但不超过2.5升）及驱动电动机的小轿车的成套散件（可通过接插外部电源进行充电的除外）	辆/千克
		8703404210	同时装有点燃式活塞内燃发动机（气缸容量超过2升但不超过2.5升）及驱动电动机的四轮驱动越野车（可通过接插外部电源进行充电的除外）	辆/千克
		8703404290	同时装有点燃式活塞内燃发动机（气缸容量超过2升但不超过2.5升）及驱动电动机的四轮驱动越野车的成套散件（可通过接插外部电源进行充电的除外）	辆/千克
		8703404310	同时装有点燃式活塞内燃发动机（气缸容量超过2升但不超过2.5升）及驱动电动机的小客车（9座及以下，可通过接插外部电源进行充电的除外）	辆/千克

序号	货物种类	海关商品编号	货物名称	单位
		8703404390	同时装有点燃式活塞内燃发动机（气缸容量超过2升但不超过2.5升）及驱动电动机的小客车的成套散件（9座及以下，可通过接插外部电源进行充电的除外）	辆/千克
		8703404910	同时装有点燃式活塞内燃发动机（气缸容量超过2升但不超过2.5升）及驱动电动机的其他载人车辆（可通过接插外部电源进行充电的除外）	辆/千克
		8703404990	同时装有点燃式活塞内燃发动机（气缸容量超过2升但不超过2.5升）及驱动电动机的其他载人车辆的成套散件（可通过接插外部电源进行充电的除外）	辆/千克
		8703405110	同时装有点燃式活塞内燃发动机（气缸容量超过2.5升但不超过3升）及驱动电动机的小轿车（可通过接插外部电源进行充电的除外）	辆/千克
		8703405190	同时装有点燃式活塞内燃发动机（气缸容量超过2.5升但不超过3升）及驱动电动机的小轿车的成套散件（可通过接插外部电源进行充电的除外）	辆/千克
		8703405210	同时装有点燃式活塞内燃发动机（气缸容量超过2.5升但不超过3升）及驱动电动机的四轮驱动越野车（可通过接插外部电源进行充电的除外）	辆/千克
		8703405290	同时装有点燃式活塞内燃发动机（气缸容量超过2.5升但不超过3升）及驱动电动机的四轮驱动越野车的成套散件（可通过接插外部电源进行充电的除外）	辆/千克
		8703405310	同时装有点燃式活塞内燃发动机（气缸容量超过2.5升但不超过3升）及驱动电动机的小客车（9座及以下，可通过接插外部电源进行充电的除外）	辆/千克
		8703405390	同时装有点燃式活塞内燃发动机（气缸容量超过2.5升但不超过3升）及驱动电动机的小客车的成套散件（9座及以下，可通过接插外部电源进行充电的除外）	辆/千克
		8703405910	同时装有点燃式活塞内燃发动机（气缸容量超过2.5升但不超过3升）及驱动电动机的其他载人车辆（可通过接插外部电源进行充电的除外）	辆/千克
		8703405990	同时装有点燃式活塞内燃发动机（气缸容量超过2.5升但不超过3升）及驱动电动机的其他载人车辆的成套散件（可通过接插外部电源进行充电的除外）	辆/千克
		8703406110	同时装有点燃式活塞内燃发动机（气缸容量超过3升但不超过4升）及驱动电动机的小轿车（可通过接插外部电源进行充电的除外）	辆/千克
		8703406190	同时装有点燃式活塞内燃发动机（气缸容量超过3升但不超过4升）及驱动电动机的小轿车的成套散件（可通过接插外部电源进行充电的除外）	辆/千克

序号	货物种类	海关商品编号	货物名称	单位
		8703406210	同时装有点燃式活塞内燃发动机（气缸容量超过3升但不超过4升）及驱动电动机的四轮驱动越野车（可通过接插外部电源进行充电的除外）	辆/千克
		8703406290	同时装有点燃式活塞内燃发动机（气缸容量超过3升但不超过4升）及驱动电动机的四轮驱动越野车的成套散件（可通过接插外部电源进行充电的除外）	辆/千克
		8703406310	同时装有点燃式活塞内燃发动机（气缸容量超过3升但不超过4升）及驱动电动机的小客车（9座及以下，可通过接插外部电源进行充电的除外）	辆/千克
		8703406390	同时装有点燃式活塞内燃发动机（气缸容量超过3升但不超过4升）及驱动电动机的小客车的成套散件（9座及以下，可通过接插外部电源进行充电的除外）	辆/千克
		8703406910	同时装有点燃式活塞内燃发动机（气缸容量超过3升但不超过4升）及驱动电动机的其他载人车辆（可通过接插外部电源进行充电的除外）	辆/千克
		8703406990	同时装有点燃式活塞内燃发动机（气缸容量超过3升但不超过4升）及驱动电动机的其他载人车辆的成套散件（可通过接插外部电源进行充电的除外）	辆/千克
		8703407110	同时装有点燃式活塞内燃发动机（气缸容量超过4升）及驱动电动机的小轿车（可通过接插外部电源进行充电的除外）	辆/千克
		8703407190	同时装有点燃式活塞内燃发动机（气缸容量超过4升）及驱动电动机的小轿车的成套散件（可通过接插外部电源进行充电的除外）	辆/千克
		8703407210	同时装有点燃式活塞内燃发动机（气缸容量超过4升）及驱动电动机的四轮驱动越野车（可通过接插外部电源进行充电的除外）	辆/千克
		8703407290	同时装有点燃式活塞内燃发动机（气缸容量超过4升）及驱动电动机的四轮驱动越野车的成套散件（可通过接插外部电源进行充电的除外）	辆/千克
		8703407310	同时装有点燃式活塞内燃发动机（气缸容量超过4升）及驱动电动机的小客车（9座及以下，可通过接插外部电源进行充电的除外）	辆/千克
		8703407390	同时装有点燃式活塞内燃发动机（气缸容量超过4升）及驱动电动机的小客车的成套散件（9座及以下，可通过接插外部电源进行充电的除外）	辆/千克
		8703407910	同时装有点燃式活塞内燃发动机（气缸容量超过4升）及驱动电动机的其他载人车辆（可通过接插外部电源进行充电的除外）	辆/千克

序号	货物种类	海关商品编号	货物名称	单位
		8703407990	同时装有点燃式活塞内燃发动机（气缸容量超过4升）及驱动电动机的其他载人车辆的成套散件（可通过接插外部电源进行充电的除外）	辆/千克
		8703501110	同时装有压燃式活塞内燃发动机（柴油或半柴油发动机，气缸容量不超过1升）及驱动电动机的小轿车（可通过接插外部电源进行充电的除外）	辆/千克
		8703501190	同时装有压燃式活塞内燃发动机（柴油或半柴油发动机，气缸容量不超过1升）及驱动电动机的小轿车的成套散件（可通过接插外部电源进行充电的除外）	辆/千克
		8703501910	同时装有压燃式活塞内燃发动机（柴油或半柴油发动机，气缸容量不超过1升）及驱动电动机的其他载人车辆（可通过接插外部电源进行充电的除外）	辆/千克
		8703501990	同时装有压燃式活塞内燃发动机（柴油或半柴油发动机，气缸容量不超过1升）及驱动电动机的其他载人车辆的成套散件（可通过接插外部电源进行充电的除外）	辆/千克
		8703502110	同时装有压燃式活塞内燃发动机（柴油或半柴油发动机，气缸容量超过1升但不超过1.5升）及驱动电动机的小轿车（可通过接插外部电源进行充电的除外）	辆/千克
		8703502190	同时装有压燃式活塞内燃发动机（柴油或半柴油发动机，气缸容量超过1升但不超过1.5升）及驱动电动机的小轿车的成套散件（可通过接插外部电源进行充电的除外）	辆/千克
		8703502210	同时装有压燃式活塞内燃发动机（柴油或半柴油发动机，气缸容量超过1升但不超过1.5升）及驱动电动机的四轮驱动越野车（可通过接插外部电源进行充电的除外）	辆/千克
		8703502290	同时装有压燃式活塞内燃发动机（柴油或半柴油发动机，气缸容量超过1升但不超过1.5升）及驱动电动机的四轮驱动越野车的成套散件（可通过接插外部电源进行充电的除外）	辆/千克
		8703502310	同时装有压燃式活塞内燃发动机（柴油或半柴油发动机，气缸容量超过1升但不超过1.5升）及驱动电动机的小客车（9座及以下，可通过接插外部电源进行充电的除外）	辆/千克
		8703502390	同时装有压燃式活塞内燃发动机（柴油或半柴油发动机，气缸容量超过1升但不超过1.5升）及驱动电动机的小客车的成套散件（9座及以下，可通过接插外部电源进行充电的除外）	辆/千克
		8703502910	同时装有压燃式活塞内燃发动机（柴油或半柴油发动机，气缸容量超过1升但不超过1.5升）及驱动电动机的其他载人车辆（可通过接插外部电源进行充电的除外）	辆/千克
		8703502990	同时装有压燃式活塞内燃发动机（柴油或半柴油发动机，气缸容量超过1升但不超过1.5升）及驱动电动机的其他载人车辆的成套散件（可通过接插外部电源进行充电的除外）	辆/千克

序号	货物种类	海关商品编号	货物名称	单位
		8703503110	同时装有压燃式活塞内燃发动机（柴油或半柴油发动机，气缸容量超过1.5升但不超过2升）及驱动电动机的小轿车（可通过接插外部电源进行充电的除外）	辆/千克
		8703503190	同时装有压燃式活塞内燃发动机（柴油或半柴油发动机，气缸容量超过1.5升但不超过2升）及驱动电动机的小轿车的成套散件（可通过接插外部电源进行充电的除外）	辆/千克
		8703503210	同时装有压燃式活塞内燃发动机（柴油或半柴油发动机，气缸容量超过1.5升但不超过2升）及驱动电动机的四轮驱动越野车（可通过接插外部电源进行充电的除外）	辆/千克
		8703503290	同时装有压燃式活塞内燃发动机（柴油或半柴油发动机，气缸容量超过1.5升但不超过2升）及驱动电动机的四轮驱动越野车的成套散件（可通过接插外部电源进行充电的除外）	辆/千克
		8703503310	同时装有压燃式活塞内燃发动机（柴油或半柴油发动机，气缸容量超过1.5升但不超过2升）及驱动电动机的小客车（9座及以下，可通过接插外部电源进行充电的除外）	辆/千克
		8703503390	同时装有压燃式活塞内燃发动机（柴油或半柴油发动机，气缸容量超过1.5升但不超过2升）及驱动电动机的小客车的成套散件（9座及以下，可通过接插外部电源进行充电的除外）	辆/千克
		8703503910	同时装有压燃式活塞内燃发动机（柴油或半柴油发动机，气缸容量超过1.5升但不超过2升）及驱动电动机的其他载人车辆（可通过接插外部电源进行充电的除外）	辆/千克
		8703503990	同时装有压燃式活塞内燃发动机（柴油或半柴油发动机，气缸容量超过1.5升但不超过2升）及驱动电动机的其他载人车辆的成套散件（可通过接插外部电源进行充电的除外）	辆/千克
		8703504110	同时装有压燃式活塞内燃发动机（柴油或半柴油发动机，气缸容量超过2升但不超过2.5升）及驱动电动机的小轿车（可通过接插外部电源进行充电的除外）	辆/千克
		8703504190	同时装有压燃式活塞内燃发动机（柴油或半柴油发动机，气缸容量超过2升但不超过2.5升）及驱动电动机的小轿车的成套散件（可通过接插外部电源进行充电的除外）	辆/千克
		8703504210	同时装有压燃式活塞内燃发动机（柴油或半柴油发动机，气缸容量超过2升但不超过2.5升）及驱动电动机的四轮驱动越野车（可通过接插外部电源进行充电的除外）	辆/千克
		8703504290	同时装有压燃式活塞内燃发动机（柴油或半柴油发动机，气缸容量超过2升但不超过2.5升）及驱动电动机的四轮驱动越野车的成套散件（可通过接插外部电源进行充电的除外）	辆/千克
		8703504310	同时装有压燃式活塞内燃发动机（柴油或半柴油发动机，气缸容量超过2升但不超过2.5升）及驱动电动机的小客车（9座及以下，可通过接插外部电源进行充电的除外）	辆/千克

序号	货物种类	海关商品编号	货物名称	单位
		8703504390	同时装有压燃式活塞内燃发动机（柴油或半柴油发动机，气缸容量超过2升但不超过2.5升）及驱动电动机的小客车的成套散件（9座及以下，可通过接插外部电源进行充电的除外）	辆/千克
		8703504910	同时装有压燃式活塞内燃发动机（柴油或半柴油发动机，气缸容量超过2升但不超过2.5升）及驱动电动机的其他载人车辆（可通过接插外部电源进行充电的除外）	辆/千克
		8703504990	同时装有压燃式活塞内燃发动机（柴油或半柴油发动机，气缸容量超过2升但不超过2.5升）及驱动电动机的其他载人车辆的成套散件（可通过接插外部电源进行充电的除外）	辆/千克
		8703505110	同时装有压燃式活塞内燃发动机（柴油或半柴油发动机，气缸容量超过2.5升但不超过3升）及驱动电动机的小轿车（可通过接插外部电源进行充电的除外）	辆/千克
		8703505190	同时装有压燃式活塞内燃发动机（柴油或半柴油发动机，气缸容量超过2.5升但不超过3升）及驱动电动机的小轿车的成套散件（可通过接插外部电源进行充电的除外）	辆/千克
		8703505210	同时装有压燃式活塞内燃发动机（柴油或半柴油发动机，气缸容量超过2.5升但不超过3升）及驱动电动机的四轮驱动越野车（可通过接插外部电源进行充电的除外）	辆/千克
		8703505290	同时装有压燃式活塞内燃发动机（柴油或半柴油发动机，气缸容量超过2.5升但不超过3升）及驱动电动机的四轮驱动越野车的成套散件（可通过接插外部电源进行充电的除外）	辆/千克
		8703505310	同时装有压燃式活塞内燃发动机（柴油或半柴油发动机，气缸容量超过2.5升但不超过3升）及驱动电动机的小客车（9座及以下，可通过接插外部电源进行充电的除外）	辆/千克
		8703505390	同时装有压燃式活塞内燃发动机（柴油或半柴油发动机，气缸容量超过2.5升但不超过3升）及驱动电动机的小客车的成套散件（9座及以下，可通过接插外部电源进行充电的除外）	辆/千克
		8703505910	同时装有压燃式活塞内燃发动机（柴油或半柴油发动机，气缸容量超过2.5升但不超过3升）及驱动电动机的其他载人车辆（可通过接插外部电源进行充电的除外）	辆/千克
		8703505990	同时装有压燃式活塞内燃发动机（柴油或半柴油发动机，气缸容量超过2.5升但不超过3升）及驱动电动机的其他载人车辆的成套散件（可通过接插外部电源进行充电的除外）	辆/千克
		8703506110	同时装有压燃式活塞内燃发动机（柴油或半柴油发动机，气缸容量超过3升但不超过4升）及驱动电动机的小轿车（可通过接插外部电源进行充电的除外）	辆/千克
		8703506190	同时装有压燃式活塞内燃发动机（柴油或半柴油发动机，气缸容量超过3升但不超过4升）及驱动电动机的小轿车的成套散件（可通过接插外部电源进行充电的除外）	辆/千克

序号	货物种类	海关商品编号	货物名称	单位
		8703506210	同时装有压燃式活塞内燃发动机（柴油或半柴油发动机，气缸容量超过3升但不超过4升）及驱动电动机的四轮驱动越野车（可通过接插外部电源进行充电的除外）	辆/千克
		8703506290	同时装有压燃式活塞内燃发动机（柴油或半柴油发动机，气缸容量超过3升但不超过4升）及驱动电动机的四轮驱动越野车的成套散件（可通过接插外部电源进行充电的除外）	辆/千克
		8703506310	同时装有压燃式活塞内燃发动机（柴油或半柴油发动机，气缸容量超过3升但不超过4升）及驱动电动机的小客车（9座及以下，可通过接插外部电源进行充电的除外）	辆/千克
		8703506390	同时装有压燃式活塞内燃发动机（柴油或半柴油发动机，气缸容量超过3升但不超过4升）及驱动电动机的小客车的成套散件（9座及以下，可通过接插外部电源进行充电的除外）	辆/千克
		8703506910	同时装有压燃式活塞内燃发动机（柴油或半柴油发动机，气缸容量超过3升但不超过4升）及驱动电动机的其他载人车辆（可通过接插外部电源进行充电的除外）	辆/千克
		8703506990	同时装有压燃式活塞内燃发动机（柴油或半柴油发动机，气缸容量超过3升但不超过4升）及驱动电动机的其他载人车辆的成套散件（可通过接插外部电源进行充电的除外）	辆/千克
		8703507110	同时装有压燃式活塞内燃发动机（柴油或半柴油发动机，气缸容量超过4升）及驱动电动机的小轿车（可通过接插外部电源进行充电的除外）	辆/千克
		8703507190	同时装有压燃式活塞内燃发动机（柴油或半柴油发动机，气缸容量超过4升）及驱动电动机的小轿车的成套散件（可通过接插外部电源进行充电的除外）	辆/千克
		8703507210	同时装有压燃式活塞内燃发动机（柴油或半柴油发动机，气缸容量超过4升）及驱动电动机的四轮驱动越野车（可通过接插外部电源进行充电的除外）	辆/千克
		8703507290	同时装有压燃式活塞内燃发动机（柴油或半柴油发动机，气缸容量超过4升）及驱动电动机的四轮驱动越野车的成套散件（可通过接插外部电源进行充电的除外）	辆/千克
		8703507310	同时装有压燃式活塞内燃发动机（柴油或半柴油发动机，气缸容量超过4升）及驱动电动机的的小客车（9座及以下，可通过接插外部电源进行充电的除外）	辆/千克
		8703507390	同时装有压燃式活塞内燃发动机（柴油或半柴油发动机，气缸容量超过4升）及驱动电动机的小客车的成套散件（9座及以下，可通过接插外部电源进行充电的除外）	辆/千克
		8703507910	同时装有压燃式活塞内燃发动机（柴油或半柴油发动机，气缸容量超过4升）及驱动电动机的的其他载人车辆（可通过接插外部电源进行充电的除外）	辆/千克

序号	货物种类	海关商品编号	货物名称	单位
		8703507990	同时装有压燃式活塞内燃发动机（柴油或半柴油发动机，气缸容量超过4升）及驱动电动机的的其他载人车辆的成套散件（可通过接插外部电源进行充电的除外）	辆/千克
		8703601100 8703601200 8703601300 8703601900	同时装有点燃式活塞内燃发动机及驱动电动机、可通过接插外部电源进行充电的其他载人车辆，气缸容量（排气量）不超过1000毫升	辆/千克
		8703602100 8703602200 8703602300 8703602900	同时装有点燃式活塞内燃发动机及驱动电动机、可通过接插外部电源进行充电的其他载人车辆，气缸容量（排气量）超过1000毫升，但不超过1500毫升	辆/千克
		8703603100 8703603200 8703603300 8703603900	同时装有点燃式活塞内燃发动机及驱动电动机、可通过接插外部电源进行充电的其他载人车辆，气缸容量（排气量）超过1500毫升，但不超过2000毫升	辆/千克
		8703604100 8703604200 8703604300 8703604900	同时装有点燃式活塞内燃发动机及驱动电动机、可通过接插外部电源进行充电的其他载人车辆，气缸容量（排气量）超过2000毫升，但不超过2500毫升	辆/千克
		8703605100 8703605200 8703605300 8703605900	同时装有点燃式活塞内燃发动机及驱动电动机、可通过接插外部电源进行充电的其他载人车辆，气缸容量（排气量）超过2500毫升，但不超过3000毫升	辆/千克
		8703606100 8703606200 8703606300 8703606900	同时装有点燃式活塞内燃发动机及驱动电动机、可通过接插外部电源进行充电的其他载人车辆，气缸容量（排气量）超过3000毫升，但不超过4000毫升	辆/千克

序号	货物种类	海关商品编号	货物名称	单位
		8703607100 8703607200 8703607300 8703607900	同时装有点燃式活塞内燃发动机及驱动电动机、可通过接插外部电源进行充电的其他载人车辆,气缸容量（排气量）超过4000毫升	辆/千克
		8703701100 8703701200 8703701300 8703701900	同时装有压燃活塞内燃发动机（柴油或半柴油发动机）及驱动电动机、可通过接插外部电源进行充电的其他载人车辆,气缸容量（排气量）不超过1000毫升	辆/千克
		8703702100 8703702200 8703702300 8703702900	同时装有压燃活塞内燃发动机（柴油或半柴油发动机）及驱动电动机、可通过接插外部电源进行充电的其他载人车辆,气缸容量（排气量）超过1000毫升,但不超过1500毫升	辆/千克
		8703703100 8703703200 8703703300 8703703900	同时装有压燃活塞内燃发动机（柴油或半柴油发动机）及驱动电动机、可通过接插外部电源进行充电的其他载人车辆,气缸容量（排气量）超过1500毫升,但不超过2000毫升	辆/千克
		8703704100 8703704200 8703704300 8703704900	同时装有压燃活塞内燃发动机（柴油或半柴油发动机）及驱动电动机、可通过接插外部电源进行充电的其他载人车辆,气缸容量（排气量）超过2000毫升,但不超过2500毫升	辆/千克
		8703705100 8703705200 8703705300 8703705900	同时装有压燃活塞内燃发动机（柴油或半柴油发动机）及驱动电动机、可通过接插外部电源进行充电的其他载人车辆,气缸容量（排气量）超过2500毫升,但不超过3000毫升	辆/千克
		8703706100 8703706200 8703706300 8703706900	同时装有压燃活塞内燃发动机（柴油或半柴油发动机）及驱动电动机、可通过接插外部电源进行充电的其他载人车辆,气缸容量（排气量）超过3000毫升,但不超过4000毫升	辆/千克

序号	货物种类	海关商品编号	货物名称	单位
		8703707100 8703707200 8703707300 8703707900	同时装有压燃活塞内燃发动机（柴油或半柴油发动机）及驱动电动机、可通过接插外部电源进行充电的其他载人车辆,气缸容量（排气量）超过4000毫升	辆/千克
		8703800010	旧的仅装有驱动电动机的其他载人车辆	辆/千克
		8703900021	其他型气缸容量不超过1升的其他载人车辆	辆/千克
		8703900022	其他型气缸容量超过1升但不超过1.5升的其他载人车辆	辆/千克
		8703900023	其他型气缸容量超过1.5升但不超过2升的其他载人车辆	辆/千克
		8703900024	其他型气缸容量超过2升但不超过2.5升的其他载人车辆	辆/千克
		8703900025	其他型气缸容量超过2.5升但不超过3升的其他载人车辆	辆/千克
		8703900026	其他型气缸容量超过3升但不超过4升的其他载人车辆	辆/千克
		8703900027	其他型气缸容量超过4升的其他载人车辆	辆/千克
		8704210000	柴油型其他小型货车,仅装有压燃式活塞内燃发动机,车辆总重量不超过5吨	辆/千克
		8704223000	柴油型其他中型货车,仅装有压燃式活塞内燃发动机,车辆总重量超过5吨但在14吨以下	辆/千克
		8704224000	柴油型其他重型货车,仅装有压燃式活塞内燃发动机,车辆总重量在14吨及以上但不超过20吨	辆/千克
		8704230010	固井水泥车、压裂车、混砂车、连续油管车、液氮泵车用底盘,动力装置仅装有压燃式活塞内燃发动机（柴油或半柴油发动机）,车辆总重量>35吨装驾驶室	辆/千克
		8704230020	起重55吨及以上的汽车起重机用底盘,动力装置仅装有压燃式活塞内燃发动机（柴油或半柴油发动机）	辆/千克
		8704230030	车辆总重量在31吨及以上的清障车专用底盘,动力装置仅装有压燃式活塞内燃发动机（柴油或半柴油发动机）	辆/千克
		8704230090	柴油型的其他超重型货车,仅装有压燃式活塞内燃发动机,车辆总重量超过20吨	辆/千克

序号	货物种类	海关商品编号	货物名称	单位
		8704310000	车辆总重量不超过5吨的其他货车，汽油型，仅装有点燃式活塞内燃发动机	辆/千克
		8704323000	车辆总重量超过5吨但不超过8吨的其他货车，汽油型，仅装有点燃式活塞内燃发动机	辆/千克
		8704324000	车辆总重量超过8吨的其他货车，汽油型，仅装有点燃式活塞内燃发动机	辆/千克
		8704410000	同时装有压燃式活塞内燃发动机（柴油或半柴油发动机）及驱动电动机的其他货车,车辆总重量不超过5吨	辆/千克
		8704421000	同时装有压燃式活塞内燃发动机（柴油或半柴油发动机）及驱动电动机的其他货车,车辆总重量超过5吨，但小于14吨	辆/千克
		8704422000	同时装有压燃式活塞内燃发动机（柴油或半柴油发动机）及驱动电动机的其他货车,车辆总重量在14吨及以上，但不超过20吨	辆/千克
		8704430010	固井水泥车、压裂车、混砂车、连续油管车、液氮泵车用底盘，动力装置为同时装有压燃式活塞内燃发动机（柴油或半柴油发动机）及驱动电动机，车辆总重量>35吨,装驾驶室	辆/千克
		8704430020	起重55吨及以上的汽车起重机用底盘，动力装置为同时装有压燃式活塞内燃发动机（柴油或半柴油发动机）及驱动电动机	辆/千克
		8704430030	车辆总重量在31吨及以上的清障车专用底盘，动力装置为同时装有压燃式活塞内燃发动机（柴油或半柴油发动机）及驱动电动机	辆/千克
		8704430090	同时装有压燃式活塞内燃发动机（柴油或半柴油发动机）及驱动电动机的其他货车,车辆总重量超过20吨	辆/千克
		8704510000	车辆总重量不超过5吨的其他货车，汽油型，同时装有点燃式活塞内燃发动机及驱动电动机	辆/千克
		8704521000	车辆总重量超过5吨但不超过8吨的其他货车，汽油型，同时装有点燃式活塞内燃发动机及驱动电动机	辆/千克
		8704522000	车辆总重量超过8吨的其他货车，汽油型，同时装有点燃式活塞内燃发动机及驱动电动机	辆/千克
		8704600000	仅装有驱动电动机的其他货车	辆/千克
		8704900000	其他货运机动车辆	辆/千克

序号	货物种类	海关商品编号	货物名称	单位
		8706002100	车辆总重量在14吨及以上的货车底盘（装有发动机）	台/千克
		8706002200	车辆总重量在14吨以下的货车底盘（装有发动机）	台/千克
		8706003000	大型客车底盘（装有发动机）	台/千克
		8706009000	其他机动车辆底盘（装有发动机，用于税目87.01、87.03和87.05所列车辆）	台/千克

说明：
1、对外贸易经营者出口标有"*"的货物可免于申领《中华人民共和国出口许可证》，但需按规定申领《中华人民共和国两用物项和技术出口许可证》。
2、所列消耗臭氧层物质包括单独存在的或存在于混合物之内的物质，但不包括气溶胶、制冷空调/热泵设备、聚氨酯预聚体、泡沫制品、组合聚醚、灭火器、除尘产品、发胶产品等制成品内所含的受控物质或混合物。
3、出口许可证管理范围以货物种类及货物名称为准，海关商品编号供通关申报参考。

《2023年农产品进口关税配额再分配公告》

中华人民共和国国家发展和改革委员会
中华人民共和国商务部
公 告

2023年第5号

根据《农产品进口关税配额管理暂行办法》（商务部、国家发展改革委令2003年第4号商务部令2019年第1号、2021年第2号修改）和《2023年粮食进口关税配额申请和分配细则》《2023年棉花进口关税配额申请和分配细则》（国家发展改革委公告2022年第8号）、《2023年食糖进口关税配额申请和分配细则》（商务部公告2022年第25号）有关规定，现将2023年农产品进口关税配额再分配有关事项公告如下。

一、持有2023年小麦、玉米、大米、棉花、食糖进口关税配额的最终用户，当年未就全部配额数量签订进口合同，或已签订进口合同但预计年底前无法从始发港出运的，均应将其持有的关税配额量中未完成或不能完成的部分于9月15日前交还所在地（省、自治区、直辖市、计划单列市、新疆生产建设兵团）发展改革委、商务主管部门。小麦、玉米、大米通过国际贸易"单一窗口"粮食进口关税配额管理系统交还，棉花通过国际贸易"单一窗口"棉花进口配额管理系统交还，食糖通过农产品进口关税配额管理系统交还。国家发展改革委、商务部将对交还的配额进行再分配。对9月15日前没有交还且年底前未充分使用配额的最终用户，国家发展改革委、商务部在分配下一年农产品进口关税配额时对相应品种按比例扣减。

二、获得本公告第一条所列商品2023年进口关税配额并在8月底前已全部使用完毕的最终用户，以及符合相关分配细则所列申请条件但在年初分配时未获得2023年进口关税配额的新用户，可以提出农产品进口关税配额再分配申请。

三、申请企业需在9月1日—15日向所在地（省、自治区、直辖市、计划单列市、新疆生产建设兵团）发展改革委、商务主管部门提交再分配申请材料。相关商品申请表见附件1、2、3。

四、粮食、棉花进口关税配额再分配由申请企业于9月1日—15日通过国际贸易"单一窗口"粮食、棉花进口配额管理系统线上填写并提交申请材料，各省、自治区、直辖市、计划单列市、新疆生产建设兵团发展改革委于9月18日前转报国家发展改革委并抄报商务部。食糖进口关税配额再分配由各省、自治区、直辖市、计划单列市、新疆生产建设兵团商务主管部门于9月1日—15日接收企业申请材料，并将再分配申请表中所包含的信息上传至农产品进口关税配额管理系统进行网上申报，9月18日前将汇总后的再分配申请材料以书面形式转报商务部。

五、国家发展改革委、商务部对用户交还的配额按照先来先领方式进行再分配，9月30日前将关税配额再分配量分配到最终用户。

六、再分配关税配额的有效期等其他事项按照《农产品进口关税配额管理暂行办法》及相关分配细则执行。

七、小麦、玉米、大米、棉花进口关税配额的再分配，由国家发展改革委会同商务部以及各省、自治区、直辖市、计划单列市、新疆生产建设兵团发展改革委组织实施；食糖进口关税配额再分配，由商务部以及各省、自治区、直辖市、计划单列市、新疆生产建设兵团商务主管部门组织实施。

附件：

1.《2023年粮食进口关税配额再分配申请表》
2.《2023年棉花进口关税配额再分配申请表》
3.《2023年食糖进口关税配额再分配申请表》

国家发展改革委

商　务　部

2023年8月10日

附件1

2023年粮食进口关税配额再分配申请表

单位：吨

企业名称:			
企业注册地址:			
企业性质:	□国有　□股份制　□民营　□外商投资		
统一社会信用代码:			
联系方式:			
申请配额品种名称:（　）	□2023年获得该品种年度配额者		□2023年未获得该品种年度配额者
申请配额种类、数量及贸易方式	□非国营贸易配额，其中		□国营贸易配额，其中
	（1）一般贸易：		（1）一般贸易：
	（2）加工贸易：		（2）加工贸易：
2022年企业生产加工能力	加工原料名称：		产品名称：
	该原料年加工能力：		该产品年生产能力：
	该原料年实际用量：		该产品年实际产量：

以下由获得年度配额的企业填写（代理企业不得将代理其他企业完成的进口量计入本企业进口实绩）

	2022年		2023年	
	非国营贸易配额	国营贸易配额	非国营贸易配额	国营贸易配额
分配到的配额量	一般贸易： 加工贸易：	一般贸易： 加工贸易：	一般贸易： 加工贸易：	一般贸易： 加工贸易：
实际进口量（核销量）	一般贸易： 加工贸易：	一般贸易： 加工贸易：	一般贸易： 加工贸易：	一般贸易： 加工贸易：
中期调整退回量	一般贸易： 加工贸易：	一般贸易： 加工贸易：	一般贸易： 加工贸易：	一般贸易： 加工贸易：

本企业已阅知《2023年农产品进口关税配额再分配公告》相关内容，并郑重承诺本企业符合粮食进口关税配额申请条件，提交的粮食进口关税配额各项申报材料真实、准确、有效；获得粮食进口关税配额后，保证按照国家有关法律、法规、规章开展进口业务。如违反本承诺，愿意承担相应法律责任和后果，并接受相关惩戒。

申请企业（盖章）　　　　　企业法定代表人（签字）：

填表说明：
1.企业名称与统一社会信用代码必须一一对应，一码一申请。
2.在"申请配额种类"中，企业可勾选非国营贸易配额，或者国营贸易配额，或者两者皆勾选。
3.企业根据申请的粮食配额品种，填写对应的"企业生产加工能力"，包括：（1）对作为加工原料的粮食的年加工能力和实际用量。（2）对以粮食为主要原料生产出的产品的年生产能力和实际产量。

附件 2

2023 年棉花进口关税配额再分配申请表

申请企业名称：		统一社会信用代码：	
企业注册地址：			
企业性质：□国有 □股份制 □民营 □外商投资		联系电话：	
注册资本（万元）：	2022年纳税额（万元）：		2022年资产负债率：
配额申请数量（吨，不区分贸易方式）：			
企业生产经营情况	纺纱能力：锭	2022年棉花用量：吨	
	其中，环锭纺：锭	其中，进口棉用量：吨	
	转杯纺：头	2022年纱线产量：吨	
	喷气涡流纺：头	其中，棉纱产量：吨	
	全棉水刺非织造布产能：吨	#纯棉纱产量：吨	
	2022年棉制品出口金额：万美元	2022年全棉水刺非织造布产量：吨	
	其中，自营出口金额：万美元		

备注：

　　本企业已阅知《2023年农产品进口关税配额再分配公告》相关内容，郑重承诺：保证本企业符合国家规定的棉花进口关税配额申请条件，保证本申请表所填写的内容真实有效、有据可查，没有任何隐瞒或虚假信息。获得棉花进口关税配额后，保证按照国家有关法律、法规、规章和相关规定开展进口业务。如违反本承诺，本企业愿意承担相关责任和后果，并接受有关部门相应惩戒。

　　　　　　　　　　　　申请企业（盖章）　　　　企业法定代表人（签字）：

填表说明：

　　1. 企业名称与统一社会信用代码必须一一对应，一码一申请。

　　2. "纺纱能力"指折环锭纺产能，须填报本企业自有设备且2023年7月31日已投产使用的实际纺纱能力。转杯纺和喷气涡流纺分别按每头10锭和20锭折算为环锭纺纱锭数，全棉水刺非织造布产能按每吨6.25锭折算为环锭纺纱锭数。

　　3. 本表棉纱指以棉花为原料之一加工的纱线，纯棉纱指含棉量为100%的棉纱线。

　　4. 填报数据精确到个位。企业须保存与上述填报数据相一致的采购、销售发票和出入库凭证等证明材料备查。检查时，如无法完整提供，将视为虚假填报。

　　5. 2023年7月31日纺纱能力较最近一次国家发展改革委及其委托机构组织的产能现场核查及抽查有变化的，请保留相关凭据备查，并在"备注"栏说明。

附件 3

2023 年食糖进口关税配额再分配申请表

数量单位：吨

企业名称：				
企业注册地址：				
企业性质：□国有　□股份制　□民营　□外商投资				
统一社会信用代码：				
联系方式：				
申请配额名称：		□2023 年获得食糖关税配额者		□2023 年未获得食糖关税配额者
申请关税配额种类、数量及贸易方式		□非国营贸易关税配额，其中		□国营贸易关税配额，其中
		（1）一般贸易：		（1）一般贸易：
		（2）加工贸易：		（2）加工贸易：
2022 年企业产品及生产能力		产品名称：		
		年产量：		年食糖使用量：
		该产品年销售额（万元）：		
以下由获得年度配额的企业填写（不包括代理进口）				
	2022 年		2023 年	
	非国营贸易配额	国营贸易配额	非国营贸易配额	国营贸易配额
分配到配额量	一般贸易：	一般贸易：	一般贸易：	一般贸易：
	加工贸易：	加工贸易：	加工贸易：	加工贸易：
实际进口量（核销量）	一般贸易：	一般贸易：	一般贸易：	一般贸易：
	加工贸易：	加工贸易：	加工贸易：	加工贸易：
中期调整退回量	一般贸易：	一般贸易：	一般贸易：	一般贸易：
	加工贸易：	加工贸易：	加工贸易：	加工贸易：
是否同意对外提供本企业配额申领数量□是□否				

本企业已阅知《2023年农产品进口关税配额再分配公告》相关内容，并郑重承诺本企业符合食糖进口关税配额申请条件，提交的食糖进口关税配额各项申报材料真实、准确、有效；获得食糖进口关税配额后，保证按照国家有关法律、法规、规章开展进口业务。如违反本承诺，愿意承担相应法律责任和后果，并接受相关惩戒。

申请企业（盖章）企业法定代表人（签字）

填表说明：

1. 企业名称与统一社会信用代码必须一一对应，一码一申请。
2. 在"申请关税配额种类"中，企业可勾选非国营贸易配额，或者国营贸易配额，或者两者皆勾选。

关于2023年中央储备棉销售的公告

根据国家相关部门要求，为更好满足棉纺企业用棉需求，近期中国储备棉管理有限公司组织销售部分中央储备棉。现将有关事项公告如下：

一、销售安排

（一）时间。2023年7月下旬开始，每个国家法定工作日挂牌销售。

（二）数量。每日挂牌销售数量根据市场形势等安排。

（三）价格。挂牌销售底价随行就市动态确定，原则上与国内外棉花现货价格挂钩联动，由国内市场棉花现货价格指数和国际市场棉花现货价格指数各按50%的权重计算确定，每周调整一次（具体计算公式见附件）。

（四）方式。通过全国棉花交易市场公开竞价挂牌销售。

（五）公证检验。销售的中央储备棉由中国纤维质量监测中心按10%比例进行质量公证检验。

二、其他事项

（一）中国储备棉管理有限公司、全国棉花交易市场和中国纤维质量监测中心将制定储备棉销售、竞价交易、公证检验等方面的实施细则，并提前通过各自官网和全国棉花交易市场网站对外公布。

（二）本次销售的中央储备棉仅限纺织用棉企业参与竞买。如非纺织用棉企业违规参与竞买，结果无效，并取消其今后参与储备棉交易资格。纺织用棉企业购买的储备棉，仅限于本企业自用（竞买企业与纺织用棉企业的统一社会信用代码或税务登记号必须相同），不得转卖。否则一经发现，将取消其今后参与储备棉交易资格。

（三）根据棉花市场形势和国家宏观调控需要等，将对销售安排作必要调整，届时另行通知。

特此公告。

附件：中央储备棉销售底价计算公式

中国储备棉管理有限公司

2023年7月18日

附件

中央储备棉销售底价计算公式

中央储备棉销售底价每周调整确定一次，具体计算公式如下：

本周储备棉销售底价（折标准级3128B）= 上一周国内市场棉花现货价格指数算术平均值 × 权重50% + 上一周国际市场棉花现货价格指数算术平均值 × 权重50%。其中：

1. 国内市场棉花现货价格指数 =［中国棉花价格指数（3128B品种）+ 国家棉花价格指数（3128B品种）］÷ 2；

2. 国际市场棉花现货价格指数 = 考特鲁克A指数（折美元/吨）× 汇率 ×（1+关税1%）×（1+增值税9%）；

3. 汇率参照海关征税方式，采用上一个月第三个星期三（如逢法定节假日，则顺延采用第四个星期三）中国人民银行公布的外币对人民币的基准汇率。

质量等级差价按照中国棉花协会公布的棉花质量差价表执行。

关于发布《2023年中央储备棉销售竞价交易办法》的公告

（2023年［储备交易］第2号）

各涉棉企业：

根据国家相关部门要求和2023年中央储备棉销售的公告，中央储备棉通过全国棉花交易市场公开竞价销售。为此，全国棉花交易市场制定了《2023年中央储备棉销售竞价交易办法》（见附件），经相关部门和单位同意，现予以公布，请遵照执行。

特此公告。

附件：
《2023年中央储备棉销售竞价交易办法》

全国棉花交易市场
2023年7月27日

附件

2023年中央储备棉销售竞价交易办法

第一章 总则

第一条 为保证中央储备棉（以下简称"储备棉"）销售按照"公开、公正、公平"的原则进行交易，根据《中华人民共和国民法典》及有关规定，制定本办法。

第二条 本办法适用于规范2023年储备棉销售竞价交易行为，全国棉花交易市场（以下简称"交易市场"）、买方、卖方和储备棉承储仓库等相关各方须遵守此办法。

第二章　交易时间

第三条　储备棉销售竞价交易时间自2023年7月31日开始，原则上为每个国家法定工作日，截止时间另行通知。每日具体交易时间为15：00开始交易，15：15开始30秒倒计时，15：30开始15秒倒计时，直至闭市。

第三章　交易资格

第四条　储备棉销售竞价交易的卖方为中国储备棉管理有限公司（以下简称"中储棉公司"）。

参与储备棉销售竞价交易的买方为经国家市场监管部门登记注册的法人企业，资信状况良好，无不良经营记录，无未处理完毕涉及储备棉交易纠纷遗留问题。

参与储备棉销售竞价交易的买方应注册为交易市场交易商，如尚未成为交易市场交易商，须按照交易市场有关规定办理入市手续。

参与储备棉销售竞价交易的买方仅限纺织用棉企业，且只能本企业自用（竞买企业与纺织用棉企业的统一社会信用代码或税务登记号必须一致），不得转卖，一经发现，将取消其今后参与储备棉交易资格。

如非纺织用棉企业违规参与竞买，结果按违约处理，并取消其今后参与储备棉交易资格。

因严重违反本办法和中储棉公司发布的有关储备棉销售的相关规定，交易市场有权取消买方参与本次储备棉销售竞价交易的资格。

第五条　买方通过网络远程参与储备棉销售竞价交易。买方应对其在交易市场的一切交易活动承担经济和法律责任。

第四章　交易方式

第六条　储备棉销售通过竞卖交易方式实施。

竞卖交易是指卖方拟销售的储备棉质量和数量等基础数据通过交易市场预先公布后挂牌报价，由符合资格的买方自主加价，按价格优先、时间优先原则，以最高购买价成交，双方通过交易市场签订购销合同的交易方式。

第七条　竞卖交易实行倒计时制，即所有参与交易的买方对当日所有批次的储备棉在规定时间内不再提出任何新的报价，则全场结束竞价，自动成交。

第八条　标准级（3128B）储备棉的销售底价按《中央储备棉销售底价计算公式》确定，非标准级储备棉的销售底价由交易市场按中国棉花协会公布的2023年7月质量差价表计算确定。每日上市数量和实际批次储备棉的销售底价以届时公布的上市数据为准。

买方在销售底价基础上自主加价，每次最小加价幅度为20元/吨。

第九条　成交后，买方与中储棉公司签订中央储备棉成交合同（见附件），交易市场见证。

第十条　交易的计量单位为"吨"，计价单位为"元/吨"（含增值税）。

第五章　交易信息披露

第十一条　储备棉销售竞价交易资源由国家有关部门委托中储棉公司负责组织，由中国纤维质量监测中心按照《棉花第1部分：锯齿加工细绒棉》国家标准（GB 1103.1—2012）组织公证检验，每批储备棉的公证检验证书作为参与交易和成交结算货款的依据。

第十二条　中储棉公司至迟于上市交易前，按照有关部门规定的格式，向交易市场提供拟上市交易的储备棉生产年度、产地、存放仓库、质量、数量、上市日期等基础资料。

第十三条　交易市场至迟于上市交易前对外公布拟上市交易的储备棉基础资料。

第十四条　每日拟上市交易的储备棉基础资料以交易系统实际数据为准。

第十五条　依据国家有关部门要求，如需暂停交易或恢复交易，中储棉公司会同交易市场分别通过中国棉花网和中国棉花信息网及时对外发布公告。

第十六条　交易市场通过中国棉花信息网

"2023年中央储备棉销售"专栏免费提供交易实时行情服务。

第十七条　交易市场及时将成交情况报送国家有关部门。

第十八条　交易市场和中储棉公司对每日成交企业进行公示，接受公众监督。

第六章　保证金、货款收付和手续费

第十九条　参加储备棉销售竞价交易的买方须于交易前在交易市场指定账户存放不少于30万元的保证金。

交易市场只接受买方本单位的汇款作为保证金。为确保保证金及时入账，请买方在汇款用途里注明"交易商代码和储备棉保证金"字样。

第二十条　交易过程中，买方如保证金不足，将暂停交易，直至补足为止。

第二十一条　成交后，交易市场从买方预存保证金中根据成交数量按1 000元/吨的标准暂扣作为履约保证金。

第二十二条　买方须于成交后次日起3个工作日内签订中央储备棉成交合同，并于成交后次日起5个工作日内将成交货款汇至中储棉公司指定的"储备棉结算专户"，否则视为买方违约，交易市场扣除相应合同违约金。

为简化操作手续、提高业务办理效率，买方通过在交易市场提供的中央储备棉成交合同（电子版）上加盖电子签章的方式完成买方签订销售合同的手续，具体办理手续按交易市场有关规定程序执行。

为加快结算速度，减少资金在途时间，买方应按照合同金额汇款，并在汇款备注栏中标注成交合同号。

第二十三条　交易市场根据中储棉公司的通知释放买方履约保证金，或将有关履约保证金扣为违约金。交易市场定期将违约金划转给中储棉公司，由中储棉公司上交中央财政。

第二十四条　交易市场按10元/吨（含税）向成交的买方收取交易手续费。中储棉公司的交易手续费按有关政策规定执行。

第七章　交货及提货

第二十五条　除不可抗力外，买方应于有关批次《中央储备棉出库单》开具之日起10个工作日（含）内提货完毕，承储仓库应及时办理出库有关手续，不得无故拒绝、拖延、阻扰。

买方逾期未提货的，相应棉花转作商品棉管理，具体由买方与承储仓库协商签订商品棉保管合同，并按双方协议执行。

第二十六条　应买方要求，承储仓库应在代办运输、申报车皮计划、搬倒、装运等方面提供必要协助。

第二十七条　储备棉交货和提货过程中所有票据的合法性和有效性由提供方负责。

第二十八条　储备棉出库相关费用执行有关部门统一规定的标准。除双方事先另有约定外，储备棉承储仓库不得额外收取任何费用，不得强行向买方指定运输单位。

第八章　质量重量保障和交易纠纷处理

第二十九条　买方如对购买的储备棉的质量和重量公证检验结果有异议，可以在《储备棉出库单》出具之日起的15个工作日内向交易市场提交复检或重新公证检验申请，交易市场经初审符合申请条件的，及时转交中国纤维质量监测中心并抄送中储棉公司，中国纤维质量监测中心指定检验机构按申请人申请项目进行复检或重新公证检验；超出15个工作日不再接受复检或重新公证检验。

已有质量和出库重量公证检验结果的储备棉可接受公定重量、颜色级、轧工质量、长度、马克隆值、断裂比强度和长度整齐度指数的复检申请。

对于未进行出库重量公证检验的储备棉，公定重量以入库公证检验公定重量为准。如对入库公定重量有异议，可申请重新进行公证检验。

有关复检或重新公证检验程序和结果反馈按照中国纤维质量监测中心有关规定执行。

交易市场接受复检或重新公证检验申请的联系电话：010-59338692。

第三十条 买方在提交复检或重新公证检验申请的同时，需将有关费用预存在交易市场指定账户，或买方保证在交易市场预存的保证金可动用金额足够支付复检或重新公证检验费用。

复检（重新公证检验）费用标准为：只检验质量的，费用标准为 58 元/吨；只检验重量的，费用标准为 42 元/吨；同时检验质量和重量的，费用标准为 100 元/吨。

第三十一条 储备棉质量复检结果中，颜色级、轧工质量、长度级、马克隆值级、断裂比强度级、长度整齐度指数中任意一项指标与原公证检验结果不一致的，买方可提出退货，如买方选择不退货，仍按原公证检验结果结算货款。

储备棉的重量复检或重新公证检验结果与原公定重量检验结果差异在 1% 及以内的，按原公定重量检验结果结算货款；差异在 1% 以上的，买方可提出退货，如买方选择不退货，仍按原公定重量检验结果结算货款。

仓库配合复检或重新公证检验发生的搬倒费用（40 元/吨）由买方承担。如复检或重新公证检验结果与原公证检验结果一致的，有关复检费用由买方承担，否则，买方不承担复检或重新公证检验费用。

质量复检结果与原公证检验结果是否一致的标准按中国纤维质量监测中心有关规定执行。

第三十二条 除非发生下列情形，已成交储备棉不予退货。

1. 涉嫌掺杂使假的；

2. 经中国纤维质量监测中心复检或重新公证检验认定质量或重量与原检验结果不一致的；

3. 棉包内部有严重污染、霉变现象。

销售的储备棉如存在掺杂使假等严重质量问题，由棉花质量监督机构按照《棉花质量监督管理条例》有关规定处理。

第三十三条 买方购买的储备棉符合退货条件且买方选择退货，中储棉公司按相关规定办理退货手续。买方只能按成交时的整"捆"办理退货。

第三十四条 为规范买方行为，凡参与 2023 年储备棉销售竞价交易的买方发生一次违约（按合同计算次数），在扣除履约保证金的基础上暂停交易一周；第二次发生违约，在扣除履约保证金的基础上暂停交易两周；第三次发生违约，在扣除履约保证金的基础上取消其 2023 年储备棉交易资格。交易市场通过中国棉花信息网"2023 年中央储备棉销售"专栏公布违约情况，接受公众监督。

第三十五条 交易市场鼓励交易双方协商解决纠纷，协商不成的可向交易市场申请调解，协商或调解不成的，交易双方可向合同签订地人民法院提起法律诉讼。

第九章 其他

第三十六条 买方可到中储棉公司自行领取《储备棉出库单》以及增值税专用发票，也可委托指定人员凭委托书到中储棉公司办理有关单据和发票的领取手续。

第三十七条 在交易或提货过程中发现交易资料有误时，属于提供资料错误，由中储棉公司负责；属于交易市场数据处理错误，由交易市场负责。因上述原因造成的退货，不作为买方违约处理。

第三十八条 承储仓库和买方的历史债务纠纷，不得与储备棉提货业务挂钩。

第三十九条 买方对所购买储备棉验收无异议后，向中储棉公司申请开具增值税发票。

第四十条 交易市场于储备棉销售竞价交易结束后及时向买卖双方交付各种费用清单和发票。

第十章 附则

第四十一条 储备棉销售竞价交易期间，交易市场每日对外公布价格行情、成交量、成交单位、成交价格等信息。公布的价格行情主要包括最高价、最低价、加权平均价等。

第四十二条 储备棉销售竞价交易过程通过各种媒体向社会公开，接受公众监督。交易市场咨询、举报电话：010-59338666、59338682。

第四十三条 本办法由交易市场负责制定和解释。

附件：《中央储备棉销售合同》

附件

中央储备棉销售合同

出卖人：　　　　合同编号：　　　　签订地点：北京市西城区

买受人：　　　　见证编号：　　　　签订时间：　　年　月　日

第一条　根据《中华人民共和国民法典》及《关于2023年中央储备棉销售的公告》，经双方协商一致，签订本合同。

第二条　数量、单价、承储仓库。

捆号	数量（吨）	单价（元/吨）	金额（元）	承储仓库	备注
					提货需倒垛或转商品棉后需移出中央储备棉存放区域产生的费用由买方自行承担
人民币金额（大写）					

第三条　质量标准：按《棉花锯齿加工细绒棉国家标准》（GB 1103.1—2012）《2023年中央储备棉出库公证检验实施细则》及有关规定执行。

第四条　验收办法：按相关检验机构出具的公证检验证书及有关公告规定验收。

第五条　提货方式：本合同项下货物所有权自出卖人将《中央储备棉出库单》或电子验证码交付买受人时转移至买受人。买受人自提。出库费由买受人自理。

第六条　运输方式：买受人负责运输，费用及风险自理，出卖人可代办运输。

第七条　货款支付方式、期限及结算：买受人自交易成交后次日起5个工作日内，按合同载明的金额和出卖人账号向出卖人支付货款。出卖人不接受承兑汇票和代付款。出卖人在收到货款后向买受人开具《中央储备棉出库单》或提供电子验证码。买受人对所购买棉花验收无异议，且提货完毕后，提出开票申请，出卖人开具增值税发票。

第八条　履约保证金：经双方认可同意，各自向全国棉花交易市场交纳履约保证金人民币1 000元/吨。如合同执行完毕，双方没有异议，由全国棉花交易市场退还各自的履约保证金。如一方有违约行为，按第九条规定，由全国棉花交易市场负责从违约方的履约保证金中扣除相应的金额给另一方。

第九条　违约责任：

（一）买受人未按合同第七条付款，超过合同规定付款期限之日起，出卖人有权单方解除合同，买受人应按未履行的合同数量按人民币1 000元/吨的标准向出卖人偿付违约金。违约金由出卖人上交国家财政。

（二）买受人已支付货款，出卖人未按合同交货，并未能及时纠正的，买受人有权单方解除合同。合同终止后，出卖人应于10个工作日内退还货款，并按中国人民银行同期存款利率标准，支付已预付货款的利息。

（三）买受人须于出卖人开具《中央储备棉出库单》或生成电子验证码之日起10个工作日（含）内提货完毕。买受人10个工作日（含）内因买方原因未完成提货的，买受人应与承储仓库签订商品棉保管合同，并将棉花移出中央储备棉存储区域，全部仓库费用包括但不限于仓储费等及货物毁损灭失风险由买受人承担。

（四）因不可抗力不能执行本合同或需修改合同时，需经双方协商认可并报全国棉花交易市场备案或见证。

第十条 合同履行中发生争议可由当事人双方协商解决；协商不成，可报请全国棉花交易市场调解；协商或调解不成，当事人双方一致同意向出卖人所在地有管辖权的人民法院提起诉讼。

第十一条 《2023年中央储备棉销售竞价交易办法》《2023年中央储备棉销售实施细则》《2023年中央储备棉出库公证检验实施细则》及中国棉花网（www.cncotton.com）或全国棉花交易市场官网（www.cnce.cn）或中国棉花信息网（www.cottonchina.org.cn）适时发布的相关规定与本合同具有同等法律效力。

第十二条 其他事项：

（一）买受人如对购买的中央储备棉质量和重量检验结果有异议，原则上应在《中央储备棉出库单》出具之日起的15个工作日内向全国棉花交易市场提交复检或重新公证检验申请，全国棉花交易市场经初审符合申请条件的，及时转交中国纤维质量监测中心，中国纤维质量监测中心指定复检或重新公证检验机构按买受人申请项目进行复检或重新公证检验；超出15个工作日的，视为质量和重量符合要求。具体按《2023年中央储备棉出库公证检验实施细则》《2023年中央储备棉销售竞价交易办法》《2023年中央储备棉销售实施细则》和有关规定处理；

（二）出卖人交货是指出卖人在确认收到买受人货款后开具《中央储备棉出库单》或提供电子验证码，同时向承储仓库发出出库通知。承储仓库根据出库量情况及时安排合同项下货物出库；

（三）未尽事宜，双方协商解决。

第十三条 本合同由全国棉花交易市场给出唯一编号，经出卖人和买受人加盖公章以及全国棉花交易市场加盖见证专用章后生效。

第十四条 本合同一式三份，出卖人、买受人各一份，全国棉花交易市场见证一份，具有同等法律效力。

（以下无正文）。

出卖人（章）：	买受人（章）：	
地址：	地址：	
邮编：	邮编：	
法定代表人：	法定代表人：	
委托人：	委托人：	见证（章）：
电话：	电话：	
开户行：	开户行：	
行号：		
账号：	账号：	经办人：
税号：	税号：	

关于发布《2023年中央储备棉销售实施细则》的公告

各纺织企业：

为切实做好2023年中央储备棉销售工作，中国储备棉管理有限公司制定了《2023年中央储备棉销售实施细则》，现予以发布。储备棉销售工作将于2023年7月31日开始。

特此公告。

附件：《2023年中央储备棉销售实施细则》

中国储备棉管理有限公司

2023年7月27日

附件

2023年中央储备棉销售实施细则

根据国家有关部门要求，中国储备棉管理有限公司制订2023年中央储备棉销售实施细则。

一、销售储备棉结构和库点安排

本年度销售储备棉的结构和库点根据出库公证检验情况，同时兼顾储备棉安全管理需要进行安排。

二、储备棉销售和提货流程

（一）销售方式。2023年储备棉销售通过全国棉花交易市场(以下简称"交易市场")公开竞价挂牌销售。

（二）销售价格。销售储备棉的销售底价按《中央储备棉销售底价计算公式》确定，质量等级价差按中国棉花协会公布的2023年7月棉花质量差价表执行。每日上市数量和实际批次储备棉的销售底价届时以公布的上市数据为准。

（三）销售时间。销售时间自2023年7月31日开始，原则上每个国家法定工作日挂牌销售。截止时间根据市场情况确定。每日具体交易时间为15:00开始交易，15:15开始30秒倒计时，15:30开始15秒倒计时，直至闭市。

（四）数据的发布和传递。中央储备棉出库库点和相关检验数据由中储棉公司、中国纤维质量监测中心、交易市场对外发布。交易数据由中储棉公司在交易前向交易市场提供。交易闭市后交易市场将成交结果及时传中储棉公司。

（五）签订合同。竞卖交易成交即《中央储备棉销售合同》（见附件）生效。在成交后次日起3个工作日内，买方应通过电子签章、传真等方式办理盖章签字手续并经交易市场见证以完备合同形式，否则视为买方违约。

（六）货款结算。买方须于成交后次日起5个工作日内将成交货款汇至中储棉公司"储备棉结算专户"，账号为：

收款单位：中国储备棉管理有限公司

开户行：中国农业发展银行总行营业部

行号：203100000027

账号：2039999001010000242801

中储棉公司不接受承兑汇票和代付款。超过5个工作日未收到货款视同买方违约，中储棉公司通知交易市场扣除相应保证金。为加快结算速度，减少资金在途时间，买方要按照合同金额汇款，并在汇款备注栏标注成交合同号。

（七）办理提货单。中储棉公司确认资金到账后的2个工作日内开具《储备棉出库单》，《储备棉出库单》由中储棉公司客服中心统一办理。中储棉公司客服中心地址及联系方式：

地址：北京市石景山区京原路19号中储粮油脂大厦11层

联系电话：010-83020101

18510527781

13810005588

（八）提货要求。买方凭《储备棉出库单》原件或者电子验证码到相应承储单位办理提货手续。承储仓库应及时通知买方办理棉花预约出库提货事宜。买方在棉花提货前须与承储仓库沟通联系，并通过中国棉花网下载储备棉出入库预约APP进行出库预约登记，以便承储仓库提前做好出库安排，以免提货车辆等待时间太长、提货速度受到影响。如买方未按预约期限安排车辆到库提货或未办理预约直接到库导致无法提货，有关责任及费用由买方承担。

买方应于《储备棉出库单》开具之日起10个工作日（含）内提货。如因买方原因超过10个工作日（不含）未提货的，相应棉花转作商品棉保管，并移出储备棉存储区域，保管、保险等相关责任及费用由买方承担。在社会承储单位转为商品棉后，棉花若发生保管及出库等问题与中储棉公司无关。

应买方要求，承储单位应在代办运输、申报车皮计划、搬倒、装运等方面提供必要协助。储备棉出库费执行国家有关部门统一规定。除双方事先另有约定外，储备棉承储单位不得额外收取任何费用，不得强行要求买方使用指定的运输工具。提货批次中存在崩包、炸包情况的，买方与承储单位现场协商解决。储备棉提货过程中所有票据的合法性和有效性由提供方负责。

（九）释放交易保证金。开具《储备棉出库单》或提供电子验证码后，中储棉公司通知交易市场释放买方交易保证金。保证金已释放，如买方出现违约，中储棉公司将从买方货款中扣除违约金。

（十）开具增值税专用发票。买方需提货完成并验收无误后，方可向中储棉公司申请开具增值税专用发票。开票申请须通过储备棉出入库预约APP提交，中储棉公司不接收纸质《开票申请》。

为提高开具发票速度，确保提供开票的相关资料准确无误，买方须通过储备棉出入库预约APP在线填写《储备棉竞买企业基本信息备案表》。

储备棉出入库预约APP扫描下载网址：www.cncotton.com销售专栏。

（十一）交易手续费。中储棉公司根据有关规定，按照最终销售出库的数量支付交易手续费。

三、公证检验和质量纠纷处理

（一）储备棉出库公证检验

本年度出库储备棉质量和重量以相关机构出具的公证检验结果为准。其中，质量按10%进行抽样检验，未及出库重量公证检验的，以入库公证检验重量为准。

出库公证检验由中国纤维质量监测中心组织实施，相关细则按照《2023年中央储备棉出库公证检验实施细则》执行。

（二）质量重量纠纷处理

1. 质量和重量差异在允差范围内的以原公证检验结果为准。

2. 买方如对质量重量有异议，可在《储备棉出库单》出具之日起的15个工作日内向交易市场提出复检或重新公证检验申请，交易市场初审后转中国纤维质量监测中心受理。

买方可在出库时要求承储仓库过磅称重，如对重量有异议需进行复核取证的，仓库应予以配合。

3. 已经销售的储备棉除以下情况外，一律不予退货：

（1）涉嫌掺杂使假的；

（2）经中国纤维质量监测中心组织复检或重新公证检验，质量或重量不相符的；

（3）棉包内部有严重污染、霉变情况的。

鉴于储备棉按捆销售，发生以上情况退货时，仅接受整捆棉花全部退货，买方负责将退货棉花交回指定承储单位，经验收无误后方可退货。

4.在库复检、重新公证检验和退货所发生的配合公检费、入库费按国家核定标准执行。退货棉花需保持包装完好，如需回包整理的，费用由买方承担。

四、信息发布和上报

中储棉公司通过中国棉花网和中国棉花信息网发布每日上市数据和相关公告，每周将出库情况汇总统计，连同存在的问题报有关部门。

五、其他事项

（一）此次出库储备棉按捆销售，每捆棉花具体情况以中国棉花网、交易市场官网、中国棉花信息网公布的上市数据为准。

（二）买方须出具委托书，委托指定经办人员办理《储备棉出库单》以及增值税专用发票领取等手续。

（三）中储棉公司委托中储棉花信息中心有限公司（以下简称信息中心）免费对《储备棉出库单》实行电子认证，买方可凭《储备棉出库单》验证码短信到相关承储库办理提货手续，也可凭中储棉公司出具的纸质《储备棉出库单》原件到相关仓库办理提货手续。使用《储备棉出库单电子认证服务》详见信息中心发布的《关于<储备棉出库单>电子认证服务有关事项的公告》。

（四）储备棉出库费为45元/吨（国家法定节假日出库费为60元/吨）。由于储备棉压批堆码，装车出库时需倒垛，倒垛费为40元/吨。以上费用由买方自行承担，提货前与相关承储单位结清。严禁承储单位超标准收费。

（五）各承储单位要进一步完善出库流程，接到中储棉公司出库指令后，及时联系买方，合理安排出库时间，不得以任何理由延迟出库。如发生买方投诉或提起诉讼，将由故意拖延提货的承储企业承担相应责任。

（六）买方违约后，交易市场定期将违约金划转至中储棉公司账户。本次储备棉竞卖结束后，由中储棉公司统一上缴财政部。

（七）中储棉公司投诉电话：400-660-2856，传真：010-58931123。买方企业也可登录储备棉出入库预约APP进行投诉和在线评价。

附件：《中央储备棉销售合同》

中国储备棉管理有限公司
2023年7月27日

附件

中央储备棉销售合同

出卖人：　　　　合同编号：　　　　签订地点：北京市西城区
买受人：　　　　见证编号：　　　　签订时间：　年　月　日

第一条　根据《中华人民共和国民法典》及《关于2023年中央储备棉销售的公告》，经双方协商一致，签订本合同。

第二条　数量、单价、承储仓库。

捆号	数量（吨）	单价（元/吨）	金额（元）	承储仓库	备注
					提货需倒垛或转商品棉后需移出中央储备棉存放区域产生的费用由买方自行承担
人民币金额（大写）					

第三条　质量标准：按《棉花锯齿加工细绒棉国家标准》（GB 1103.1—2012）《2023年中央储备棉出库公证检验实施细则》及有关规定执行。

第四条　验收办法：按相关检验机构出具的公证检验证书及有关公告规定验收。

第五条　提货方式：本合同项下货物所有权自出卖人将《中央储备棉出库单》或电子验证码交付买受人时转移至买受人。买受人自提。出库费由买受人自理。

第六条　运输方式：买受人负责运输，费用及风险自理，出卖人可代办运输。

第七条　货款支付方式、期限及结算：买受人自交易成交后次日起5个工作日内，按合同载明的金额和出卖人账号向出卖人支付货款。出卖人不接受承兑汇票和代付款。出卖人在收到货款后向买受人开具《中央储备棉出库单》或提供电子验证码。买受人对所购买棉花验收无异议，且提货完毕后，提出开票申请，出卖人开具增值税发票。

第八条　履约保证金：经双方认可同意，各自向全国棉花交易市场交纳履约保证金人民币1 000元/吨。如合同执行完毕，双方没有异议，由全国棉花交易市场退还各自的履约保证金。如一方有违约行为，按第九条规定，由全国棉花交易市场负责从违约方的履约保证金中扣除相应的金额给另一方。

第九条　违约责任：

（一）买受人未按合同第七条付款，超过合同规定付款期限之日起，出卖人有权单方解除合同，买受人应按未履行的合同数量按人民币1 000元/吨的标准向出卖人偿付违约金。违约金由出卖人上交国家财政。

（二）买受人已支付货款，出卖人未按合同交货，并未能及时纠正的，买受人有权单方解除合同。合同终止后，出卖人应于10个工作日内退还货款，并按中国人民银行同期存款利率标准，支付已预付货款的利息。

（三）买受人须于出卖人开具《中央储备棉出库单》或生成电子验证码之日起10个工作日（含）内提货完毕。买受人10个工作日（含）内因买方原因未完成提货的，买受人应与承储仓库签订商品棉保管合同，并将棉花移出中央储备棉存储区域，全部仓库费用包括但不限于仓储费等及货物毁损灭失风险由买受人承担。

（四）因不可抗力不能执行本合同或需修改合同时，需经双方协商认可并报全国棉花交易市场备案或见证。

第十条　合同履行中发生争议可由当事人双方协商解决；协商不成，可报请全国棉花交易市场调解；协商或调解不成，当事人双方一致同意向出卖人所在地有管辖权的人民法院提起诉讼。

第十一条　《2023年中央储备棉销售竞价交易办法》《2023年中央储备棉销售实施细则》《2023年中央储备棉出库公证检验实施细则》及中国棉花网（www.cncotton.com）或全国棉花交易市场官网（www.cnce.cn）或中国棉花信息网（www.cottonchina.org.cn）适时发布的相关规定与本合同具有同等法律效力。

第十二条　其他事项：

（一）买受人如对购买的中央储备棉质量和重量检验结果有异议，原则上应在《中央储备棉出库单》出具之日起的15个工作日内向全国棉花交易市场提交复检或重新公证检验申请，全国棉花交易市场经初审符合申请条件的，及时转交中国纤维质量监测中心，中国纤维质量监测中心指定复检或重新公证检验机构按买受人申请项目进行复检或重新公证检验；超出15个工作日的，视为质量和重量符合要求。具体按《2023年中央储备棉出库公证检验实施细则》《2023年中央储备棉销售竞价交易办法》《2023年中央储备棉销售实施细则》和有关规定处理；（二）出卖人交货是指出卖人在确认收到买受人货款后开具《中央储备棉出库单》或提供电子验证码，同时向承储仓库发出出库通知。承储仓库根据出库量情况及时安排合同项下货物出库；（三）未尽事宜，双方协商解决。

第十三条　本合同由全国棉花交易市场给出唯一编号，经出卖人和买受人加盖公章以及全国棉花交易市场加盖见证专用章后生效。

第十四条 本合同一式三份，出卖人、买受人各一份，全国棉花交易市场见证一份，具有同等法律效力。（以下无正文）。

出卖人（章）：	买受人（章）：	
地址：	地址：	
邮编：	邮编：	
法定代表人：	法定代表人：	
委托人：	委托人：	见证（章）：
电话：	电话：	
开户行：	开户行：	
行号：		
账号：	账号：	经办人：
税号：	税号：	

关于停止《2023年中央储备棉销售》的公告

各相关企业：

综合考虑当前棉花市场形势，根据国家有关部门要求，中国储备棉管理有限公司定于2023年11月15日起停止2023年中央储备棉销售。

特此公告。

中国储备棉管理有限公司

2023年11月14日

中国纤维质量监测中心文件

中纤发〔2023〕17号

中国纤维质量监测中心关于发布《2023年中央储备棉出库公证检验实施细则》的通知

各有关纤维质量监测机构：

为配合2023年中央储备棉出库工作，做好出库储备棉的公证检验，保障出库储备棉的检验数据客观、准确，根据《棉花质量监督管理条例》等中央储备棉管理和棉花公证检验管理有关规定，中国纤维质量监测中心研究制定了《2023年中央储备棉出库公证检验实施细则》，现予以发布，请认真贯彻执行。

中国纤维质量监测中心

2023年7月27日

2023年中央储备棉出库公证检验实施细则

第一章 总 则

第一条 为配合2023年中央储备棉（以下简称储备棉）出库工作，做好储备棉出库公证检验，保障储备棉出库的质量检验数据客观、准确，根据《棉花质量监督管理条例》等中央储备棉管理和棉花公证检验管理有关规定，制定本实施细则。

第二条 本细则适用于参加2023年中央储备棉销售棉花的公证检验。

第二章 组织管理

第三条 中国纤维质量监测中心（以下简称中纤中心）负责储备棉出库公证检验的管理工作，按照统一检验标准、统一技术规范、统一质量考核、统一经费核算的原则，组织纤维质量监测机构（以下简称承检机构）对出库的储备棉实施公证检验。

第四条 承检机构在本次出库检验中的工作内容包括：按比例抽取检验样品（以下简称抽样）和质量检验。

第三章 工作职责

第五条 中纤中心职责：

（一）根据2023年储备棉出库工作职责分工和检验项目与要求，制定公证检验实施细则，组织承检机构做好相关准备。

（二）根据2023年储备棉出库计划，按照中国储备棉管理有限公司（以下简称中储棉公司）提供的出库地点及数量，及时组织承检机构实施公证检验。

（三）负责提供储备棉出库公证检验进度和相关情况，并及时协调有关单位解决公证检验中的问题。

（四）负责向中储棉公司提供储备棉出库公证检验结果的电子数据。

第六条 承检机构职责：

（一）按照中纤中心的管理要求，提前做好储备棉出库公证检验各项准备工作。

（二）公检实验室及时与承储仓库联系接洽，确认其已落实配合公证检验所需的现场工作条件及搬倒设备，确定启动公证检验的时间；按时到库，负责现场核验出库储备棉的实物、件数、批号等信息与中储棉公司提供的台账等报验信息是否一致，对于现场因场地、垛位等原因清点核验困难的，应由仓库负责填写现场实际件数，并签字确认后，交承检机构留档保存；按照10%的抽样比例要求，逐批抽取品质公证检验所需的样品并与公检实验室进行交接。

（三）公检实验室完成质量检验，上传品质电子数据，出具质量公检证书。

第七条 中储棉公司职责：

（一）负责提供储备棉的出库地点、数量、时间及承储仓库联系方式等信息。

（二）负责通知承储仓库做好公证检验相关准备工作，并抄送中纤中心等有关单位。

（三）负责协调承储仓库配备满足现场检验所需的工作场地及装卸、搬倒等设备。

（四）协调承储仓库配合公检机构做好公证检验，保证检验进度。

第八条 承储仓库职责：

（一）根据承储仓库实际条件，提供满足现场公证检验所需的装卸、搬倒等设备和配合人员。

（二）提供独立并由在库机构负责管理的样品交接周转场地。

（三）指定专人负责解决公证检验期间相关事宜。

（四）保障现场检验安全；负责现场抽样棉包的回包、回垛整理等。

第四章　工作要求

第九条 承检机构依据《棉花 第1部分：锯齿加工细绒棉》

国家标准（GB 1103.1-2012）和中纤中心发布的技术规范，对计划出库储备棉实施公证检验。

质量检验项目包括轧工质量、颜色级、长度、马克隆值、断裂比强度、长度整齐度指数。

在实验室检验过程中，对于发现异性纤维的样品，按批标注发现异性纤维的样品个数。

第十条 中纤中心将中储棉公司提供的台账明细表下发承检机构，承检机构的现场抽样人员据此现场核验棉包实物、件数、批号等信息与中储棉公司提供的台账等报验信息是否一致。有以下任一情况，该批棉花暂不检验，抽样人员与承储仓库确认情况后，及时上报中纤中心，中纤中心协调中储棉公司进行检查核实后，由中纤中心和中储棉公司分别将处理意见书面通知承检机构和承储仓库。

（一）批次棉包实物与报验信息不一致或存在人为调换迹象的，如：同一批次棉包唛头标示不一致、悬挂条码与唛头标识不符、改换包头、无验讫印章等现象；

（二）承检机构收到中纤中心下发的台账信息中批次件数与现场实物件数不一致的；

（三）承储仓库整理出的某批次可抽样包数未达到该批次报验包数10%的；

（四）因复包等原因出现白包数量占该批次总包数的比例达到或超过5%的；

（五）棉包出现严重污染、水渍，发现火烧、霉变等现象，或者有异味及包装不完整、严重崩包（炸包）等现象的。

第十一条　抽样人员依据棉花国家标准规定的抽样方法及国家有关部门要求，按照10%的比例逐批抽取品质检验样品。

样品为长方形且平整不乱，且每个样品的重量应控制在125至150克范围内，符合质量检验的要求。

现场抽样若必须剪开捆扎带开包，应从原取样切割刀口就近位置进行，原则上剪开捆扎带数量不得超过1根。禁止在棉包两端或随意在任意位置剪开捆扎带，禁止未经承储库现场人员许可随意增加剪开捆扎带数量，否则造成的后果由承检机构负责。

第十二条　每个样品应按照纵向、平整要求从棉包上取下，连同清晰可识读的条码卡联逐一装入样品包装小袋中。进口棉若棉包上无可撕取条码卡，可使用条码补打程序，按照编码规则，重新补打条码放入样品袋中。取样过程中要保证样品、条码卡一一对应。

抽样人员须对装有样品和条码卡的包装小袋逐一清点无误后，按批集中装入质量检验样品袋。

第十三条　质量检验样品袋中需放入已填写批号、公检实验室名称、样品数量和包装袋编号的棉花公证检验样品交接卡（见附件1）。

第十四条　质量检验样品袋由公检实验室提供，必须为棉布材料，并印有"棉花质量公证检验专用样品袋"字样和包装袋编号。

第十五条　抽样完成后，样品交接人员应填写棉花检验样品交接单（见附件2），一式2份，1份由留存现场，1份由公检实验室留存。样品交接单的内容必须与实际情况相符。

第十六条 在库机构对已完成检验的批次应逐包加盖验讫印章，印章字迹应清晰可辨认。棉布包装的加盖在棉包包身和包头，塑料包装的棉包加盖在不干胶标签上。对无法加盖印章的棉包，须承检机构与仓库人员共同签字确认该批已检验完成，确认书由承检机构留档保存。

印章内容包括：验讫标志、检验机构代码和中储棉公司英文缩写（CNCRC）。印章形状为圆形，直径6cm。印章第一行内容是中储棉公司英文缩写，第二行内容是检验机构代码，第三行内容是验讫标志。

第十七条 在可以达到随机抽样的比例要求的前提下，可以不进行拆捆，在原棉垛抽样。抽样时仓库应提供必要的配合人员和设备。

在确保安全作业和检验工作质量的前提下，抽样人员应与承储仓库配合，根据仓库实际情况优化流程。

第十八条 抽样人员和公检实验室样品交接人员按照检验操作规程有关要求，逐批清点样品无误后，在样品交接单上签字确认，完成交接。

第十九条 依据棉花国家标准、相关技术规范和棉花颜色级、轧工质量实物标准等，公检实验室对抽取棉样进行质量公证检验。

公检实验室应每日将已完成批次的检验数据进行审核出证，数

（五）棉包出现严重污染、水渍，发现火烧、霉变等现象，或者有异味及包装不完整、严重崩包（炸包）等现象的。

第十一条 抽样人员依据棉花国家标准规定的抽样方法及国家有关部门要求，按照10%的比例逐批抽取品质检验样品。

样品为长方形且平整不乱，且每个样品的重量应控制在125至150克范围内，符合质量检验的要求。

现场抽样若必须剪开捆扎带开包，应从原取样切割刀口就近位置进行，原则上剪开捆扎带数量不得超过1根。禁止在棉包两端或随意在任意位置剪开捆扎带，禁止未经承储库现场人员许可随意增加剪开捆扎带数量，否则造成的后果由承检机构负责。

第十二条 每个样品应按照纵向、平整要求从棉包上取下，连同清晰可识读的条码卡联逐一装入样品包装小袋中。进口棉若棉包上无可撕取条码卡，可使用条码补打程序，按照编码规则，重新补打条码放入样品袋中。取样过程中要保证样品、条码卡一一对应。

抽样人员须对装有样品和条码卡的包装小袋逐一清点无误后，按批集中装入质量检验样品袋。

第十三条 质量检验样品袋中需放入已填写批号、公检实验室名称、样品数量和包装袋编号的棉花公证检验样品交接卡（见附件1）。

第十四条 质量检验样品袋由公检实验室提供，必须为棉布材料，并印有"棉花质量公证检验专用样品袋"字样和包装袋编号。

第十五条 抽样完成后，样品交接人员应填写棉花检验样品交据一经上传，不得变更。

第二十条 检验国产棉的公检实验室通过"储备棉实验室公证检验专用软件"打印证书，并在证书上加盖公检专用章，完成后与承检仓库进行交接，并填写公证检验证书交接单（见附件3）；检验进口棉的公检实验室通过"进口棉轮出检验平台"下载证书，与承检仓库交接后，填写公证检验证书交接单（见附件3）。

检验国产棉的公检实验室需按照《中国纤维质量监测中心关于启用新式公证检验专用章的通知》（中纤发〔2021〕28号）中棉花公证检验专用章样式刻制实体章，印章尺寸长42mm，高35mm，加盖在检验证书标题中心位置。专用章仅限于本次出库检验使用。

第二十一条 公检实验室完成检验后，应将公证检验样品保管30天后，将除用于质量监测、复检等用途消耗以外的棉样按批整理，以批为单位交回承储仓库，并做交接签收，填写《退回样品交接单》（见附件4）；对于承储仓库已按照细则有关规定完成公证检验结果确认的批次，承储仓库可通知公检实验室提前退还样品。

第五章 复 检

第二十二条 本年度出库储备棉有出库重量和质量公检结果的批次可以申请复检。本年度出库储备棉中未及出库重量公证检验的批次，公定重量以入库公证检验公定重量为准，对入库公定重量有异议的可以申请重新进行公证检验。

第二十三条　买方若对出库储备棉的质量、重量有异议,且提供相关自检结果的,可在储备棉出库单开具后15个工作日内向全国棉花交易市场提交复检申请,全国棉花交易市场初审符合申请条件的交中纤中心,中纤中心指定复检机构,按申请人申请项目进行复检。

第二十四条　复检项目:公定重量、轧工质量、颜色级、长度、马克隆值、断裂比强度、长度整齐度指数。

第二十五条　复检原则上使用留样检验,必要时可重新抽样。

第二十六条　申请复检应当提交的材料:《中央储备棉(出库)公证检验复检申请单》(附件5)、购买合同复印件、储备棉出库单复印件、储备棉出库公证检验结果。复检所有申请材料应当加盖买方单位公章。

第二十七条　中纤中心收到符合要求的复检申请资料后,出具《中央储备棉(出库)公证检验复检受理通知书》(附件6),并抄送复检机构,向复检申请人告知复检机构。

对超出规定时限的复检申请不予受理。

第二十八条　复检申请方可在现场监督复检过程,未派代表到达现场的,视同认可检验程序和结果。

第二十九条　复检后由复检单位出具棉花国家公证检验复检证书,原公检证书作废。一次复检为终局检验。

第三十条　复检申请方提起复检申请时应通过全国棉花交易市场预缴复检费用,根据复检允差值判定标准(附件8),复检结

— 9 —

果与原公证检验结果一致的,由复检申请方承担因复检发生的相关费用;复检结果与原公证检验结果不一致的,复检申请方不承担任何费用。

第三十一条 复检的费用按照国家棉花公证检验经费管理相关规定中的费用成本标准执行。

第六章 质量问题和举报投诉处理

第三十二条 对在公证检验过程中发现存在弄虚作假和严重质量问题线索的,承检机构应立即暂停公证检验,报送中纤中心。中纤中心会同中储棉公司通报国家有关部门依法查证处置。

第三十三条 对在公证检验过程中不能正确履行职责或存在严重工作质量问题的承检机构,中纤中心将暂停其公证检验工作,并依据相关规定予以处理。

第三十四条 买方、承储仓库以及其他人员对承检机构的工作质量、工作作风等进行监督,发现问题的可以将问题线索发送至邮箱:jubao@cfi.gov.cn。

第七章 附 则

第三十五条 本实施细则由中纤中心负责解释,并根据2023年中央储备棉出库相关要求对本实施细则部分规定进行补充和调整。

第三十六条 本实施细则自发布之日起施行。

附件：1. 中央储备棉（出库）公证检验样品交接卡
   2. 中央储备棉（出库）公证检验样品交接单
   3. 中央储备棉（出库）公证检验证书交接单
   4. 中央储备棉（出库）公证检验品质检验检毕退回样品交接单
   5. 中央储备棉（出库）公证检验复检申请单
   6. 中央储备棉（出库）公证检验复检受理通知书
   7. 中央储备棉（出库）公证检验复检允差判定标准

附件1

中央储备棉（出库）公证检验样品交接卡

卡号：

捆　号	
批　号	
承储仓库	
公检实验室	
包装袋号	
样品数	

备　注：

取样人员：

公检实验室样品管理员：

交接时间：　　年　月　日　时　分

交接地点：

附件 2

中央储备棉（出库）公证检验样品交接单

单号：

公检实验室		在库机构		
承储仓库				
序　号	批　号	包装袋编号	样品数量	备　注
			只	
			只	
			只	
			只	
备　注				

在库机构取样人员：

公检实验室样品管理员：

交接时间：　年　月　日　时　分

交接地点：

附件3

中央储备棉（出库）公证检验证书交接单

单号：

交 付 方	
接 收 方	
证书类型	
证书总数	品质公检证书　　　张（同一证书编号一式两份统计为1张） 重量公检证书　　　张（同一证书编号一式两份统计为1张）
序　号	起止证书编号
备　注	

交付方签字：　　　　　　　　接收方签字：

交接地点：　　　　　　　　　交接时间：　　年　月　日

附件 4

中央储备棉（出库）公证检验品质检验检毕退回样品交接单

单号：

交付方			接收方		
序号	包装袋编号	批号	样品数量	样品重量	备注
			只	Kg	
			只	Kg	
			只	Kg	
			只	Kg	
			只	Kg	
			只	Kg	
			只	Kg	
			只	Kg	
			只	Kg	
			只	Kg	
备注					

交付方签字：　　　　　　　　　接收方签字：

交接地点：　　　　　　　　　　交接时间：　　年　月　日

附件 5

中央储备棉（出库）公证检验复检申请单

中国纤维质量监测中心：

　　我公司竞拍购买的中央储备棉，经初步检验与公检结果不一致，特提出复检申请，请你中心安排检验机构进行检验。

　　如复检结果与原验结果一致，我公司同意缴纳复检所需费用。

申请单位：（加盖公章）		申请日期	
全国棉花交易市场初审意见		审核日期	
储备棉出库提货仓库			
棉花现存放单位			
棉花现存放地址			
联系人及联系电话			
棉花是否未经使用、件数完整、按批次单独码放			
序号	批号	产地	件数	复检项目	公检结果	自检结果
1						
2						
3						
4						
购棉企业质量验收过程、使用的仪器设备型号、仪器设备检定情况：						

— 16 —

附件6

中央储备棉（出库）公证检验复检受理通知书

_____：

你单位提出的轮出储备棉_____（批号）_____公证检验复检申请，经我中心审核，□同意/□不同意受理。

对我中心同意复检的申请，请你单位据此受理通知书及时联系复检机构，安排相关检验事宜。

特此通知。

复检机构：_____
联 系 人：_____
电　　话：_____

中国纤维质量监测中心
年　月　日

— 17 —

附件7

中央储备棉（出库）公证检验复检允差判定标准

项目	单位	允差值	判定标准
上半部平均长度	mm	±0.6	批次比对，平均长度在允差值范围内，判定为一致
长度整齐度指数	%	±1.5	批次比对，长度整齐度指数平均值在允差值范围内，判定为一致
断裂比强度	cN/tex	±1.5	批次比对，断裂比强度平均值在允差值范围内，判定为一致
马克隆值	——	±0.2	批次比对，马克隆值平均值在允差值范围内，且马克隆值级一致，判定为一致
颜色级	——	——	逐样比对，每批棉花颜色级相符率不低于80%，判定为一致
轧工质量	好、中、差	——	逐样比对，每批棉花轧工质量相符率不低于80%，判定为一致
公定重量	Kg	±1%	复检公定重量与原公定重量相差在±1%范围内，判定为一致

抄送：中国储备棉管理有限公司，全国棉花交易市场。

| 中国纤维质量监测中心办公室 | 2023年7月27日印发 |

中华人民共和国国家发展和改革委员会公告

2023 年第 4 号

为保障纺织企业用棉需要，经研究决定，近期发放 2023 年棉花关税配额外优惠关税税率进口配额（以下简称"棉花进口滑准税配额"）。现将配额数量、申请条件等有关事项公布如下。

一、配额数量

本次发放棉花非国营贸易进口滑准税配额 75 万吨，不限定贸易方式。

二、申请条件

申请企业应于 2023 年 7 月 1 日前在市场监督管理部门登记注册；没有违反《农产品进口关税配额管理暂行办法》的行为。同时，还必须符合以下所列条件之一：

（一）纺纱设备（自有）5 万锭及以上的棉纺企业；

（二）全棉水刺非织造布年产能（自有）8 000 吨及以上的企业（水刺机设备幅宽小于或等于 3 米的生产线产能认定为 2 000 吨，幅宽大于 3 米的生产线产能认定为 4 000 吨）。

三、申请材料

（一）2023 年棉花进口滑准税配额申请表。

（二）企业法人营业执照（副本）复印件。

（三）2023 年棉纱、棉布等棉制品的销售增值税专用发票（复印件）一张。

四、分配原则

根据申请者的实际生产经营能力（包括历史进口实绩、加工能力等）和其他相关商业标准进行分配。

五、申请时限

（一）申请企业于 2023 年 7 月 24 日—8 月 4 日通过国际贸易"单一窗口"棉花进口配额管理系统线上填写并提交申请材料。逾期不再接收。

（二）国家发展改革委委托各省、自治区、直辖市及计划单列市、新疆生产建设兵团发展改革委（以下简称"委托机构"）于 2023 年 8 月 8 日前将企业申请转报国家发展改革委，并抄报商务部。

六、公示阶段

（一）为方便公众协助国家发展改革委对申请企业所提交信息的真实性进行核实，国家发展改革委将在官方网站上对申请企业信息进行公示（公示期和举报意见提交方式将在公示时一并规定）。

（二）公示期内，任何主体均可就所公示信息的真实性进行举报。公众提交举报意见的期限届满后，国家发展改革委将委托申请企业登记注册所在地的委托机构就举报反映问题进行核查。

（三）核查期间，申请企业有权通过书面等方式，就被举报的相关问题向委托机构提出异议。委托机构审阅被举报申请企业提出的异议并完成调查核实后，向国家发展改革委就举报意见的真实性反馈核查情况。

七、其他规则

（一）企业对其提交申请材料和信息的真实性负责，对虚假申报或拒不履行其在申请表中所作承诺的企业，有关部门将按照国家有关规定采取相应惩戒措施。

（二）企业使用获得的棉花进口滑准税配额进口的棉花由本企业加工经营，不得转卖。

（三）获得棉花进口滑准税配额的企业要积极配合国家发展改革委及其委托机构对棉花进口滑准税配额申请、使用情况的监督检查，及时如实提供检查所需资料数据。

（四）对虚假填报申请表、伪造有关资料骗取棉花进口滑准税配额、未按有关规定和国家发展改革委及其委托机构相关要求开展棉花进口业务的，将收回其滑准税配额，并限制其今后申请棉花进口关税配额和滑准税配额。

附件：

2023年棉花进口滑准税配额申请表如下：

附件

2023年棉花进口滑准税配额申请表

申请企业名称：			统一社会信用代码：	
企业注册地址：				
企业性质：□国有　□股份制　□民营　□外商投资			联系电话：	
注册资本（万元）：	2022年纳税额（万元）：		2022年资产负债率：	
配额申请数量（吨，不区分贸易方式）：				
企业生产经营情况	纺纱能力：	锭	2022年棉花用量：	吨
	其中，环锭纺：	锭	其中，进口棉用量：	吨
	转杯纺：	头	2022年纱线产量：	吨
	喷气涡流纺：	头	其中，棉纱产量：	吨
	全棉水刺非织造布产能：	吨	# 纯棉纱产量：	吨
	2022年棉制品出口金额：	万美元	2022年全棉水刺非织造布产量：	吨
	其中，自营出口金额：	万美元		
备注：				

本企业已阅知《关于2023年棉花关税配额外优惠关税税率进口配额申请有关事项的公告》相关内容，郑重承诺：保证本企业符合国家规定的棉花进口滑准税配额申请条件，保证本申请表所填写的内容真实有效、有据可查，没有任何隐瞒或虚假信息。获得棉花进口滑准税配额后，保证按照国家有关法律、法规、规章和相关规定开展进口业务。如违反本承诺，本企业愿意承担相关责任和后果，并接受有关部门相应惩戒。

申请企业（盖章）　　　企业法定代表人（签字）：

填表说明：
1. 企业名称与统一社会信用代码必须一一对应，**一码一申请**。
2. "纺纱能力"指折环锭纺产能，须填报本企业**自有设备且 2023 年 7 月 1 日已投产使用的实际纺纱能力。转杯纺和喷气涡流纺分别按每头 10 锭和 20 锭折算为环锭纺纱锭数，全棉水刺非织造布产能按每吨 6.25 锭折算为环锭纺纱锭数。**
3. 本表棉纱指以棉花为原料之一加工的纱线，纯棉纱指含棉量为 100% 的棉纱线。
4. **填报数据精确到个位。企业须保存与上述填报数据相一致的采购、销售发票和出入库凭证等证明材料备查。检查时，如无法完整提供，将视为虚假填报。**
5. 2023 年 7 月 1 日纺纱能力较最近一次国家发展改革委及其委托机构组织的产能现场核查及抽查有变化的，请保留相关凭据备查，并在"备注"栏说明。

国家发展改革委
2023 年 7 月 20 日

关于完善棉花目标价格政策实施措施的通知

国家发改委网站 4 月 14 日消息，近日，国家发改委、财政部发布《关于完善棉花目标价格政策实施措施的通知》。其中提出：

（一）稳定目标价格水平。继续按照生产成本加合理收益的作价原则确定目标价格水平，合理收益综合考虑棉花产业发展需要、市场形势变化和财政承受能力等因素确定。2023—2025 年，新疆棉花目标价格水平为每吨 18 600 元，如遇棉花市场形势重大变化，报请国务院同意后可及时调整。

（二）固定补贴产量。统筹考虑近几年新疆棉花生产情况以及当地水资源、耕地资源状况，对新疆棉花以固定产量 510 万吨进行补贴。

（三）完善操作措施。新疆维吾尔自治区和新疆生产建设兵团要着力提升质量，进一步用好目标价格补贴资金，在更大范围内实施质量补贴，合理确定质量补贴标准，利用"优质优补"引导优质棉花生产；采取有效措施，积极有序推动次宜棉区退出，推进棉花种植向生产保护区集中；推进全疆棉花统一市场建设，全面推行籽棉交售互交互认，加快实现兵地棉花市场融合、补贴标准衔接；继续实施"专业仓储监管＋在库公证检验"制度，并配套安排相关措施，保障市场价格高于目标价格时有关机制顺畅运行；因地制宜开展保险试点。

国家发展改革委、财政部关于完善棉花目标价格政策实施措施的通知

发改价格〔2023〕369 号

新疆维吾尔自治区人民政府、新疆生产建设兵团，农业农村部、商务部、市场监管总局、统计局、银保监会、供销合作总社：

棉花目标价格政策自 2014 年在新疆实施以来，对保障棉农收益、稳定棉花生产、提升棉花质量、促进产业链协调发展、保持经济社会平稳运行发挥了重要作用。经国务院同意，在新疆继续实施棉花目标价格政策并完善实施措施。现就有关事项通知如下。

一、总体思路

现行棉花目标价格政策框架保持不变，支持力度保持稳定，保障棉农基本收益和植棉积极性。同时，完善政策实施措施，稳定棉花产量，促进质量提升，保障相关机制顺畅运行。

二、完善实施措施的主要内容

（一）稳定目标价格水平。继续按照生产成本加合理收益的作价原则确定目标价格水平，合理收益综合考虑棉花产业发展需要、市场形势变化和财政承受能力等因素确定。2023—2025年，新疆棉花目标价格水平为每吨18 600元，如遇棉花市场形势重大变化，报请国务院同意后可及时调整。

（二）固定补贴产量。统筹考虑近几年新疆棉花生产情况以及当地水资源、耕地资源状况，对新疆棉花以固定产量510万吨进行补贴。

（三）完善操作措施。新疆维吾尔自治区和新疆生产建设兵团要着力提升质量，进一步用好目标价格补贴资金，在更大范围内实施质量补贴，合理确定质量补贴标准，利用"优质优补"引导优质棉花生产；采取有效措施，积极有序推动次宜棉区退出，推进棉花种植向生产保护区集中；推进全疆棉花统一市场建设，全面推行籽棉交售互交互认，加快实现兵地棉花市场融合、补贴标准衔接；继续实施"专业仓储监管+在库公证检验"制度，并配套安排相关措施，保障市场价格高于目标价格时有关机制顺畅运行；因地制宜开展保险试点。

三、工作要求

各有关方面要进一步提高政治站位，加强组织领导，落实工作责任，扎实推进各项措施落地见效。

（一）强化部门协同。各有关部门、单位要认真按照责任分工，各司其职，密切配合，及时发现政策实施过程中遇到的新情况新问题，研究采取针对性措施协调解决，共同抓好棉花目标价格政策各项措施的落实。

（二）精心组织实施。新疆维吾尔自治区和新疆生产建设兵团要切实承担主体责任，按照本通知要求，抓紧完善实施方案，细化实化各项操作措施，规范资金管理使用，保障相关制度执行落地落实，进一步提升棉花目标价格政策实施成效。同时，要配套采取推广主栽品种、加强田间管理等措施，狠抓棉花质量提升；加强棉花生产加工过程质量监测，建立棉花质量追溯体系，实现产销全程可追溯；建立健全棉花出库流向信息登记制度，防止"转圈棉"。

（三）加强宣传解读。各有关方面要持续开展棉花目标价格政策宣传和解读，创新宣传方式，加大宣传力度，稳定棉农生产预期，引导棉农增强质量意识，进一步增进各方面对棉花目标价格政策的理解和支持。

国家发展改革委
财政部
2023年4月10日

新疆生产建设兵团2023—2025年棉花目标价格政策实施方案

为全面贯彻落实新一轮棉花目标价格政策，根据《国家发展改革委、财政部关于完善棉花目标价格政策实施措施的通知》（发改价格〔2023〕369号）精神，结合兵团实际，制定本实施方案。

一、总体思路

（一）指导思想

坚持以习近平新时代中国特色社会主义思想为指导，全面贯彻落实党的二十大精神，深入学习贯彻习近平总书记关于新疆和兵团工作重要讲话重要指示精神，完整准确贯彻新时代党的治疆方略，全面落实兵团第八次党代会和兵团党委八届历次全会部署要求，完善兵团棉花目标价格政策实施措施，更好发挥市场资源配置和政策导向作用，稳定棉花种植者收入和预期，推动兵地棉花市场统一，提升兵团棉花质量和品牌竞争力，促进兵团棉花产业高质量发展。

（二）基本原则

1. 坚持市场决定。充分发挥市场在资源配置中的决定性作用，稳定支持力度，推进棉花产业转型升级，全面提升棉花产业竞争力。

2. 坚持保障收益。保障兵团棉花种植者基本收益，提高补贴兑付的精准性、及时性，稳定市场预期和植棉积极性。

3. 坚持提质增效。发挥政策导向作用，实施优质优补，加大对高品质棉花的支持力度，积极有序推动次宜棉区退出，推进棉花种植向生产保护区集中，着力提升棉花质量。

4. 坚持兵地融合。打破兵地棉花市场壁垒，统一政策制度，全面推行籽棉互交互认，加快实现兵地棉花市场融合。

（三）目标任务。稳定现行棉花目标价格政策框架，巩固新疆棉花产业优势，将全疆棉花产量保持在510万吨左右。利用"优质优补"引导优质棉花生产，全面实施棉花质量追溯，加强棉花质量管理，提升棉花种植者质量意识，到2025年底，全疆高品质棉花比重达到35%。推动兵地棉花市场融合，2025年实现全疆统一棉花市场。

二、完善政策内容

稳定目标价格水平，健全质量提升机制，优化棉花生产布局，推进兵地棉花市场融合，更好发挥政策引导作用，稳定棉花种植者收入和预期，促进兵团棉花产业高质量发展。

（一）稳定目标价格水平。继续按照生产成本加合理收益的作价原则确定目标价格水平，合理收益综合考虑棉花产业发展需要、市场形势变化和财政承受能力等因素确定。2023—2025年，在新疆继续实施棉花目标价格政策，目标价格水平为每吨18 600元。

（二）健全质量提升机制。在现有棉花质量追溯体系基础上，由兵团市场监管局牵头，兵团发展改革委、农业农村局、财政局等部门配合，进一步健全皮棉至籽棉质量追溯奖补体系，质量奖补标准按照可有效激励棉农种植优质棉、同时适应市场对优质棉需求的原则确定。整合现有棉花产业链质量数据，着力破解加工环节质量数据断链问题，力争实现产销全程可追溯。加强棉花生产加工过程质量监测，鼓励加工企业通过分品种收购、分垛堆放、分级加工等方式提升棉花加工质量。

（三）优化棉花生产布局。按照《引导次宜棉区退减棉花种植的指导意见》（兵农种发〔2023〕5号）要求，由兵团农业农村局牵头，积极有序推动次宜棉区退出，推进棉花种植向生产保护区集中。力争到2023年底，21个兵团非优势棉区团场中：第二师24团、36团、37团、38团，第三师41团、东风农场、红旗农场，第四师62团、70团，第六师红旗农场，第十二师221团，第十三师柳树泉农场、淖毛湖农场，第十四师47团、皮山农场、224团等16个团场全部退出棉花种植；第一师5团、第四师69团、第五师84团、第六师101团、第七师131团等5个团场植棉面积不超过该团2020年种植面积。

（四）推动兵地棉花市场融合。兵团发展改革委会同自治区发展改革委等兵地相关部门研究制定兵地棉花市场融合实施方案。2023年，基本统一兵地棉花目标价格政策制度，南疆地区放开兵地棉花市场；2024年，全面放开兵地棉花市场，推行兵地籽棉在收购加工环节上互交互认，实现兵地棉花市场融合；2025年基本实现补贴标准衔接。

三、细化操作规范

（一）资金分配。中央补贴资金全额下达后，原则上于当年全部兑付，用于当年交售量补贴、质量补贴、保险试点区域保费补贴；其中用于棉花质量补贴部分按当年补贴资金总额的5%左右掌握，具体补贴规模由兵团结合实际确定。

（二）标准核定。交售量补贴标准实行一年一定，由兵团发展改革委、财政局根据中央补贴资金到位情况、兵团籽棉交售量、质量补贴规模、兵地差价水平等因素测算补贴标准，报兵团审定后执行。长绒棉补贴标准按照陆地棉补贴标准的1.5倍执行。

（三）补贴对象。交售量补贴对象为兵团棉花实际种植者，包括植棉职工、植棉团场和兵团范围内的其他各种所有制形式的棉花种植主体。

（四）补贴范围。兵地市场统一前，兵团范围内棉花实际种植者将籽棉交售至经兵团公示的棉花加工企业（以下简称"加工企业"），均可纳入兵团补贴范围。兵地市场统一后，兵团范围内棉花实际种植者将籽棉交售至经兵团或自治区公示的加工企业，均可纳入补贴范围。

有下列情况之一的不予列入兵团补贴范围：

1.没有经过棉花种植面积申报、审核、公示的土地上种植的棉花；

2.国家和兵团明确退耕土地上种植的棉花；

3.在未经批准开垦的土地或在禁止开垦的土地上种植的棉花；

4.2024年以后果棉间作模式种植的棉花；

5.未按要求录入信息平台或次年1月31日后交售的棉花；

6.没有籽棉交售票据的棉花；

7.疆内"转圈棉"或疆外违规流入的棉花；

8.恶意掺杂使假的棉花；

9.棉花种植者实际交售籽棉量超过预测产量4%的，超过部分不予发放补贴。

（五）籽棉交售和信息统计。中央预拨资金到位后，由兵团财政局参照兵团棉花目标价格政策信息平台上年度各师籽棉交售数据，拟定预拨资金方案，经兵团审定后预拨各师。次年1月31日为清算补贴籽棉交售信息统计的截止时间，种植者应在此之前将籽棉交售到经公示的加工企业，加工企业将税务发票和磅单信息如实录入信息平台并及时上传。加工企业须向交售棉花的种植者出具籽棉收购税务发票和植棉师统一印制的磅单。税务发票作为棉花种植者获取棉花目标价格补贴的重要凭证，发票一式五联，种植者执两联，加工企业、所在团场、连队各执一联。在使用纸质发票的过程中，稳妥推进使用电子发票。

棉花质量追溯奖补的标准、范围和具体操作流程等，在有关具体方案中另行规定。

四、健全配套机制

（一）强化棉花品种管理。由兵团农业农村局牵头组织发布推荐品种，加快优良品种推广，强化良种良法配套栽培技术推广，加强田间管理，提升原棉品质一致性。

（二）完善种植面积申报、审核、核查机制。由国家统计局兵团调查总队会同兵团农业农村局开展面积和产量申报及分师面积、产量核定，为棉花目标价格政策实施提供支撑。

（三）完善补贴资金兑付机制。由兵团财政局牵头修订完善兵团棉花目标价格补贴资金使用管理办法，规范补贴资金分配、使用、管理，强化对补贴资金的监督检查，确保补贴资金按标准及时、足额兑付给棉花实际种植者。

（四）完善棉花加工企业公示办法和诚信经营评价办法。切实加强兵地沟通协作，兵地棉花市场统一后，由兵团发展改革委牵头适时完善《兵团棉花目标价格改革加工企业公示暂行管理办法》，由兵团市场监管局、发展改革委牵头适时完善《兵团棉花加工企业诚信经营评价暂行管理办法》，力争实现兵地基本操作规程和申报条件保持一致，进一步依法规范在兵团范围内从事棉花收购、加工的棉花加工企业的经营活动，并加大对棉花加工企业不良行为的查处力度。

（五）完善信息平台服务支持机制。由兵团发展改革委牵头适时完善兵团棉花目标价格政策信息平台，优化全产业链的数据支持功能，进一步提升棉花产量数据的真实性、准确性和可追溯性。

（六）提升在库公证检验工作质量。继续发挥"专业仓储监管＋在库公证检验"制度优势，强化对棉花公证检验在库机构和棉花公检实验室的监督管理，保证检验数据的科学性、权威性，实时做好棉花品质分析。由兵团发展改革委积极对接自治区发展改革委，建立健全棉花出库流向登记制度，防止"转圈棉"。

（七）因地制宜开展保险试点。由兵团财政局牵头，制定保险试点方案，鼓励和支持保险公司等市场主体开展多种保险模式探索。

（八）严厉查处套取补贴等违法违规行为。经查实利用疆外棉、"转圈棉"、虚报面积、虚开发票等方式套取国家补贴的棉花实际种植者，追缴其非法所得，取消补贴资格，触犯法律的追究其法律责任。

（九）建立市场监管调度机制。每年9—12月，由兵团市场监管局牵头，每月调度各师市棉花收购、加工市场监督检查情况。兵团市场监管局、发展改革委、农业农村局等部门组成指导组，适时到主要植棉师市开展督导。

五、强化保障措施

（一）提高政治站位。棉花产业涉及面广、关联度深、影响力大，是一项事关兵团基层基础和长远发展的大事要事，对此各级各部门各单位要切实提高政治站位，增强责任意识，以实施新一轮棉花目标价格政策为契机，加快兵团农业结构调整，持续壮大兵团综合实力，从更好履行兵团职责使命、服务新疆工作总目标的战略高度，坚定坚决落实好兵团棉花目标价格政策各项工作。

（二）加强组织领导。兵团棉花目标价格改革工作领导小组负责组织实施棉花目标价格政策，贯彻国家有关决策部署，研究相关政策机制，指导工作落实和督导检查。领导小组办公室设在兵团发展改革委，负责领导小组日常工作，牵头协调各项工作事宜，开展方案谋划、组织协调、政策制定、推动落实、宣传引导等具体工作。各成员单位各司其职、各尽其责，认真落实各项业务工作，并指导各师市业务工作开展。

（三）压实责任分工。各植棉师市作为责任主体，党政主要领导要亲自抓、负总责，各分管领导及相关部门要具体抓、促落实，认真做好棉花种植、生产管理、采收销售、补贴资金发放等各项工作组织实施等事宜。对各级各部门各单位因工作不力出现的失职渎职、损害群众利益等情况，将严肃追查有关领导和工作人员责任。因企业疏忽或恶意操作，未将棉农交售信息及时上传信息平台，导致植棉职工无法享受补贴的，由相关企业承担职工损失。

（四）完善监管机制。各师市要加强部门协作，完善监管机制，加强各环节监管，加大对违规违法行为的惩戒力度，避免出现虚报种植面积、虚开发票、"转圈棉"等问题。建立公安、税务、市场监管等执法部门的联动机制和信息共享机制。对于疑似违法违规行为，及时立案，深入调查。实行社会监督制度，在兵师设立举报电话，及时对举报的问题进行调查核实，并追责问责。

（五）加强宣传引导。兵师棉花目标价格改革工作领导小组各成员单位要及时开展棉花目标价格政策的宣传和解读工作，使用贴近职工群众的语言形式，通过电视、报纸、网络等多种媒体，加大宣传力度，创新宣传方式，让加工企业和植棉职工群众全面了解政策要求，稳定棉花生产预期，提升质量意识，规范生产经营行为，形成共同推动改革的良好氛围。

新疆生产建设兵团办公厅
2023年6月24日印发

第八部分 附件

附录 1 国内主要涉棉机构通讯录

涉棉机构	通信地址	电话
国家发展和改革委员会经济贸易司	北京市西城区月坛南街 38 号	010-68502000
国家发展和改革委员会农村经济司	北京市西城区月坛南街 38 号	010-68783311
财政部经济建设司	北京市西城区三里河南三巷 3 号	010-68551114
商务部对外贸易司	北京市东长安街 2 号	010-65197420
农业农村部种植业管理司	北京市朝阳区农展馆南里 11 号	010-59193366
农业农村部农村经济研究中心	北京市西城区西四砖塔胡同 56 号	010-66115901
中国海关总署信息中心	北京市建国门内大街 6 号	010-65194114
国家统计局工交司	北京市西城区月坛南街 57 号	010-68782859
中国农业发展银行	北京市西城区月坛北街甲 2 号	010-68081453
中国纤维质量监测中心	北京市东城区安定门东大街 5 号	010-87998820
中国棉花协会	北京市复兴门内大街 45 号主楼 7 层	010-66053910
中国棉麻流通经济研究会	北京市西城区复兴门内大街 45 号	010-66095222
中国纺织工业联合会	北京市东城区东长安街 12 号	010-85229207
中国棉纺织行业协会	北京市东城区东长安街 12 号	010-80699609
中国纺织品进出口商会	北京市朝阳区潘家园南里 12 楼 7 层	010-67739273
中国储备棉管理有限公司	北京市西城区华远街 17 号	010-83326500
中华棉花集团有限公司	北京市西城区宣武门外大街甲 1 号 11 层 1105	010-59338188
中棉工业有限责任公司	北京市西城区宣武门外大街甲 1 号 6 层 608	010-59338950
中纺棉花进出口有限公司	北京市东城区建国门内大街 19 号 7 层	010-65281122
国家棉花市场监测系统	北京市石景山区京原路 19 号 1 号楼中储粮油脂大厦 11 层	010-83020089
中国供销集团有限公司	北京市西城区宣武门外大街甲 1 号	010-59338888
北京全国棉花交易市场集团有限公司	北京市西城区宣武门外大街甲 1 号环球财讯中心 B 座 15 层	010-59338602
郑州商品交易所	河南省郑州市郑东新区商务外环路 30 号	0371-65610069
中国农科院棉花研究所	河南省安阳市开发区黄河大道 38 号	0372-2562200
安徽财经大学棉花工程研究所	安徽省蚌埠市宏业路 255 号	0552-3112124
山东天鹅棉业机械股份有限公司	山东省济南市天桥区大魏庄东路 99 号	0531-58675811

附录2 国内主要棉花纤维检验机构

单位名称	地址	电话
中国纤维质量监测中心	北京市东城区安定门东大街5号	010-87998820
北京市纺织纤维检验所	北京市朝阳区朝阳北路60号	010-65585722
天津市产品质量监督检测技术研究院纺织纤维检验中心	天津市华苑产业区开华道26号	022-23078908
河北省纤维质量监测中心	河北省石家庄市中华南大街537号	0311-67568296
内蒙古自治区纤维检验局	呼和浩特市新城区鸿盛工业园区规划路	0471-5160862
辽宁省纤维检验局	辽宁省沈阳市和平区永安北路8号	024-23894057
江苏省纤维检验局	江苏省南京市北京西路6号	18118992768
浙江省纤维质量监测中心	浙江省杭州市天目山路222号	0571-85123534
宁波市产品食品质量检验研究院（宁波市纤维检验所）	浙江省宁波市江南路1588号D座	0574-87878625
安徽省纤维检验局	安徽省合肥市包河工业园省质检中心园区内（延安路13号）	0551-63356467
福建省纤维检验中心	福建省福州市仓山区照屿路17号	0591-83710801 0591-87893952
山东省纤维质量监测中心	山东省济南市经二路343号（济南二环北路18号）	0531-87911540
青岛市纤维纺织品监督检验研究院	山东省青岛市崂山区深圳路173号	0532-88911931
河南省纤维检验局	河南省郑州市东明路北17号	0371-63297181
湖北省纤维检验局	湖北省武汉市武昌区公平路8号	027-88224867
湖南省纤维检测研究院	长沙市时代阳光大道238号	0731-89967239
广州纤维产品检测研究院	广州市海珠区南华东路687号	020-66348635
广西壮族自治区产品质量检验研究院	南宁市邕宁区蒲庙镇永乐路28号	0771-5869795
重庆市纤维质量监测中心	重庆市渝北区高新园云杉北路50号	023-89232606
四川省纤维检验局	四川省成都市蜀都大道少城路7号（人民公园斜对面）	028-86639111
贵州省纤维检验局	贵州省贵阳市云岩区头桥海马冲街45号	0851-6518084
云南省产品质量监督检验研究院	云南省昆明市教场东路23号	0871-65193060
陕西省纤维质量监测中心	陕西省西安市碑林区咸宁西路30号省质检大厦13层	029-62655811
宁夏回族自治区纤维质量监测中心	宁夏银川市贺兰县德胜工业园区清园路1-1号	0951-8614015
新疆维吾尔自治区纤维质量监测中心	乌鲁木齐市河北东路188号	0991-3191710

图书在版编目（CIP）数据

中国棉花年鉴. 2022/2023 / 中储棉花信息中心有限公司编. -- 北京：中译出版社，2024.12. -- ISBN 978-7-5001-8116-3

Ⅰ. F326.12-54

中国国家版本馆CIP数据核字第2024E0M726号

中国棉花年鉴 2022/2023
ZHONGGUO MIANHUA NIANJIAN 2022/2023

策划编辑：刘香玲
责任编辑：刘香玲
文字编辑：王　珏　周辰瀛　张绢花
营销编辑：黄彬彬
排　　版：北京竹页文化传媒有限公司

出版发行：中译出版社
地　　址：北京市西城区新街口外大街28号普天德胜科技园主楼4层
电　　话：（010）68359719（编辑部）
邮　　编：100088
电子邮箱：book@ctph.com.cn
网　　址：http://www.ctph.com.cn

印　　刷：三河市国英印务有限公司
经　　销：新华书店
规　　格：880 mm×1230 mm 1/16
印　　张：20
字　　数：440千字
版　　次：2024年12月第1版
印　　次：2024年12月第1次

ISBN 978-7-5001-8116-3　定价：390.00元

版权所有　侵权必究
中　译　出　版　社